拉康派行知丛书

关于女人，拉康说了什么

Ce que Lacan disait des femmes

L A

C A N

Colette Soler

［法］克莱特·索莱尔 著

张慧强 吴佳 武丽侠 译

广西师范大学出版社

·桂林·

© Éditions Nouvelles du Champ lacanien, 2019

著作权合同登记号桂图登字:20-2023-206号

图书在版编目(CIP)数据

关于女人,拉康说了什么/(法)克莱特·索莱尔(Colette Soler)著;张慧强,吴佳,武丽侠译.—桂林:广西师范大学出版社,2024.1

(拉康派行知丛书)

ISBN 978-7-5598-6545-8

Ⅰ.①关… Ⅱ.①克… ②张… ③吴… ④武… Ⅲ.①拉康(Lacan,Jacques 1901-1981)-女性-精神分析-思想评论 Ⅳ.①B84-065 ②B565.59

中国国家版本馆 CIP 数据核字(2023)第 215093 号

关于女人,拉康说了什么
GUANYU NÜREN,LAKANG SHUO LE SHENME

出 品 人:刘广汉   策划编辑:周 伟
责任编辑:李 影   装帧设计:李婷婷

广西师范大学出版社出版发行

(广西桂林市五里店路9号   邮政编码:541004)
(网址:http://www.bbtpress.com)

出版人:黄轩庄

全国新华书店经销

销售热线:021-65200318   021-31260822-898

山东临沂新华印刷物流集团有限责任公司印刷

(临沂高新技术产业开发区新华路1号   邮政编码:276017)

开本:890 mm×1 240 mm   1/32

印张:11   字数:260 千

2024 年 1 月第 1 版   2024 年 1 月第 1 次印刷

定价:68.00 元

如发现印装质量问题,影响阅读,请与出版社发行部门联系调换。

拉康派行知丛书编委会

主　编

潘　恒

副主编

张　涛　　孟翔鹭

编　委

高　杰　　何逸飞　　李新雨　　骆桂莲

王润晨曦　　吴张彰　　徐雅珺　　曾　志

卷首语

　　本书包含了对一系列文本的组织和修订，其中大部分是 20 世纪 90 年代的文本。所有文本都旨在阐明和更新雅克·拉康本人对无意识中以及文明中的性差异这一有争议的问题的贡献。

　　第一部分是 1989 年发表在《文学杂志》（*Magazine littéraire*）第 271 期上的一篇文章，讲述了精神分析的首个案例：安娜·O（Anna O）；而附录是 1977 年 5 月在法国巴黎弗洛伊德学派（Ecole Freudienne de Paris，简称 EFP）发表的一篇关于性化逻辑的演讲，一篇未发表过的文本。从一个文本到另一个文本，都关乎支撑整本书的问题，即女性性（la féminité）与癔症的区别及其分别带来的社会影响。

目　录

第一部分
开 端

第一章 首个案例：安娜·O

如果没有癔症主体慷慨相助，弗洛伊德是无法发明精神分析的。在这些有耐心的患者老师中，有一个人与众不同，同时也是开先河者，她就是安娜·O。作为弗洛伊德与约瑟夫·布洛伊尔（Joseph Breuer）于1895年所发表的《癔症研究》（*Études sur l'hystérie*）一书中所引用的首个案例，她第一次证明了癔症症状对言语有反应。这就是她对自己那位令人惊叹的医生所说的"谈话疗法"。这位医生并不是弗洛伊德本人，而是他的朋友约瑟夫·布洛伊尔。自从安娜·O因为父亲身患重疾而病倒后，布洛伊尔在1880年12月到1882年6月期间对她进行了治疗。

安娜·O最引人注目的不是她的症状，因为它们是当时癔症主体的典型症状。相反，令人印象深刻的是，至少存在两个安娜。有一个病了的安娜，极度痛苦而且郁郁寡欢，却是正常的；然后还有另一个（l'Autre），她会梦游，处于自我催眠的缺席状态，并且疯狂、狭隘、受幻觉支配。这种分裂是惊人的。两个安娜彼此互不相识，且每个安娜都有自己的出场时间。一个拥有白天，另一个则占据夜晚；前者遵循着日历上的时间，后者则遵循着创伤时刻，即前一年冬天她看到父亲衰弱的那个时刻。有时她们甚至说不同的语言，因为第二个安娜已经忘记了德语而改说英语。发生在一个有魅力、有教养并且很聪颖的年轻人身上的分裂，迷住了来自赫尔姆霍兹学校的名医约瑟夫·布洛伊尔，这并不难理解。如果说他没有放弃，那是因为安娜·O揭示了令他惊讶的事情：梦游的安娜在没有催眠的情况下开口说话的时候，另一个安娜，警惕状态的安娜，从她的症状中痊愈了。这个重大发现使得布洛伊尔发明了在催眠状态下进行回忆的宣泄疗法（la méthode cathartique）。此时这还不涉及无意识概念，也不是精神分析疗法，还需要十年，也就是直到1892年秋天，弗洛伊德才抛弃催眠，跨入了自由联想的大门，开辟出这条道路。

因此，安娜·O为科学进步做出了贡献。这样的贡献不可能不付出代价。《癔症研究》说她痊愈了，但我们知道这个说法是靠不住的，并且知道布洛伊尔的文章隐瞒了她的治疗结束的秘密。这个秘密在弗洛伊德的一些书信中有迹可循，并通过其传记作者琼斯而为人所知。在《癔症研究》的结尾，弗洛伊德坚持强调在癔症的治疗当中与治疗师的联结之重要性，对于已经知道这个秘密的人来说，这是半说的（mi-dire）。

与弗洛伊德的观点相反，布洛伊尔始终想要相信，在安娜·O那里，爱若（érotique）的部分是非常缺位的。他的妻子玛蒂尔德的话从外部给他带来了启示；可她卷入其中太多，没有意识到布洛伊尔慷慨给予病人治疗并不只是出于求知欲。本应是与性无关的治疗却突然导致了布洛伊尔的婚姻危机。他突然之间从一无所知陷入惊慌失措，仓促结束了治疗。第二天，安娜·O，这位分娩幻想的受害者，用下面的话回敬了他："即将出生的是布洛伊尔的孩子。"证明完毕，毫无疑问，但是这个假定的父亲已经开溜了，坚决不想再谈及此事。一年后，他向弗洛伊德坦白，他希望死亡能将安娜·O从她的顽疾中解脱出来，并且十多年后，弗洛伊德用尽坚持与友善的巧言让他同意出版该案例，但仍未采用真实的结局；不难猜到，安娜·O的存在对他来说就是一个控方证人。

布洛伊尔发现了转移（le transfert），但没有认真考虑它。这个温柔的、有着修长且忧郁脸庞的男人所缺少的并非才智、知识或毅力，而是道德勇气。这是弗洛伊德对他的主要批评之一。对我们来说，布洛伊尔知道他所做的事情却想要不知道，而弗洛伊德注意到了并得出了结论；在他们两人之间，在一个人的恐慌和另一个人目光之平静之间，我们清楚看到了，在新知识的出现中，有不可避免的伦理成分。

就安娜·O而言，她完全被抛在了自己的困境中。我们对这个遭到遗弃的少女的幻想一无所知。这些幻想毫无疑问将她置于玛蒂尔德与约瑟夫·布洛伊尔之间，也将她置于她的朋友玛莎与弗洛伊德本人之间。实际上，她是那个受伤的第三者：布洛伊尔拒绝了她为其所生的象征孩子，而玛蒂尔德则为他生了一个实在的孩子，并且安娜·O也不是弗洛伊德的患者。不论情况是怎样的，十多年以后，正是在《癔症研究》时期，我们在一个截然不同的故事里再次看到了她：她以其真名，贝莎·帕彭海姆（Bertha Pappenheim），投身社会工作中。

她既非妻子，亦非母亲，她知道如何去升华其被牺牲掉的女性性：她成为其所收养的孤儿们的母亲，成为女性权益的拥护者和捍卫者。的确，她没能捍卫所有女性的权益。更准确地说，她的工作是为了妓女和孤儿。她已经从自己所遭受的困境中欣然过渡到了积极活跃的抗议活动中，她带着决心与幽默造访了中东的妓院，在那里，她觉得是女性的堕落召唤了她，并以一种开创性的方式，与拥有权势的男人们平等谈判。于是，在这里，两个安娜被重新整合，在一个修复性的职业中平定下来。我们从她的信件中得知，在这些旅途中，她写信给她的"女儿们"，她们是她最初的信徒，她拯救了她们，并训练她们去跟随她的奉献工作。她旧时愿望的痕迹只剩下对蕾丝的异常迷恋——毫无疑问，这是对她已经放弃的女性服饰的隐喻——以及对精神分析的憎恶，她始终在她建立的机构里禁止精神分析。

贝莎·帕彭海姆，她是那个时代的首位社会工作者，仍然处在她所说的"女儿们的链条"当中，她是处女中的处女，认同于对一个位置的忠诚，即作为她父亲的女儿的位置——西格蒙德·帕彭海姆（Sigmund Pappenheim），就是这位父亲的名字。从那些由她的自我牺牲所换来的作品中，她诠释了这个名字，正是在另一个西格蒙德（即西格蒙德·弗洛伊德）将她作为安娜·O而变得不朽的那个时刻。因此，安娜·O是一个分裂的女人，她被夹在两个时期之间，夹在精神分析出现之前与出现之后的时间之间，夹在两种疗法之间，夹在两位治疗师之间，而最后被她的职业重新整合在了一起。对我们来说，一切尘埃落定之时，她仍然在两个名字之间徘徊，这两个名字来自她生命中的两个西格蒙德：她的父亲以及弗洛伊德。

第二部分
你想要什么？（CHE VUOI ?）

第二章　一个女人

三十年前的今天，自弗洛伊德以来的首次，拉康为有关分析经验中的性引入了新的东西。这里的"性"指的是"le sexe"这个词以前的意思，它指的不是两性，而只是那个最初被称为较弱的，然后最近被称为第二性的那个性别。这个创新性的阐释伴随着一个谨慎而得体，但又明确而有力的谴责。拉康斥责这个分析性话语的"丑闻"。他在这里指的是没有能力去思考女性性的特有属性，而且更重要的是弗洛伊德式的"强制"（forçage），这种强制除了把适用于男性的"标准"推给女性之外，什么也没做。这个丑闻本身就是认识论的，拉康说，它由于被精神分析界"闷住"（étouffé）而更为加剧了。无论如何，这显然与性别偏见不无关系，因为事实上没有任何说（dire）[①]能脱离性别认同的偏见。

显然，拉康的论点并没有遭到忽视；它们很快就传遍了世界各地，特别是在当时女权运动的背景下。这并没有什么令人惊讶的：

---

① 此处的"说"和我们通常所说的"言语""言说"并非同一个概念，作为拉康后期发展出来的一个概念，"说"可以从波罗米结的角度来考虑，它是一种可以将实在界、象征界、想象界三个辖域打结在一起的操作。其实在现实的层面，尽管波罗米结通常被认为最少三个环，但在拉康看来，要将三个环打结在一起，是离不开"做"的，我们可以说这其实是第四环，就像"说"。——译者注

弗洛伊德的"阳具中心主义"（le phallocentrisme）遭到很多人反对，他对女性的明显贬低受到了质疑，引发了重新思考。也许可以得出这样的结论：假设的英语对精神分析论点的阻抗，其本身很可能是精神分析家的话语的一个功能。

因此我要重提一个长期以来我一直在问自己的问题。最早我是在 1992 年的弗洛伊德事业学派的会议 ① 上提出这个问题的，那时我问，我们拉康派运动将拉康在《冒失鬼说》（"L'étourdit"）与《再来一次》（Encore）研讨班中提出的这些论点的结果推进到了何种程度。

该问题一经提出，女性主题就在精神分析界流传开了，况且我们的时代本身也加速了我们对这个问题的兴趣。关于分析性话语的丑闻，时至今日我们有了什么进展？这个丑闻是已经消停，还是仅仅换了张面孔？

俄狄浦斯情结式的回应

弗洛伊德把俄狄浦斯情结作为回应与解决之道。但我们还是必须要问，针对的是什么样的问题和困难。

性是一个关于差异的问题，不仅是主体性的也是生物性的，并且可以说是自然性的：活生生的性化有机体的问题。这些差异在解剖学上是可见的，远早于科学向我们展示的那些让性化身体（le corps sexué）得以产生的基因与荷尔蒙。天知道为什么——也就是说没人知道为什么——生命在生物中维持着性别的比例：雄性和雌性的数量大致相当。我们可以看到人类，也就是所有的言在

---

① 此次会议致力于讨论《超越俄狄浦斯情结》（"L'au-delà de l'œdipe"）。

（parlêtres），如拉康所说，在他们的性交／交媾（coïterations）中从来没有太过混乱，而且他们向来很乐意通过"自然"的方式来繁衍自己。的确，科学带来的新技术条件能够改变这个事实，但我们还没到那一步，尽管出生率——不论是过高或是过低——已经开始成为一个问题。

自从弗洛伊德的发现以来，就不可以用本能（instinct）去解释这种人类经验的基本条件，即身体的繁衍。无意识对生物学一无所知，且就生命而言，除了弗洛伊德从中发现的这些东西：冲动的碎片（le morcellement），也就是所说的部分冲动，口腔冲动、肛门冲动、视界（scopique）冲动以及祈愿（invocante）冲动，无意识什么也没有容纳。缺失的是会为每个人指定一个性伴侣的生殖冲动（la pulsion génitale）。因此我们来到这样一个问题，即弗洛伊德在《性学三论》（Trois essais sur la sexualité）数年的写作过程中所加的一个注释中提出的问题：如果只有部分冲动，且如果当其是一个爱与"对象关系"（relation d'objet）的问题时，对相似者（le semblable）的自恋性的选择是首要的，那么我们如何解释两性之间的吸引力呢？如果男性性（masculinité）① 还不足以造就男人，女性性也不足以造就女人，那么异性恋规范是如何建立的？这个问题可以用拉康的方式重新表述：语言如何产生作为缺在（manque à être）② 的主体，让其去实现生命的目标？尽管语言会导致本能的变性效应（l'effet de dénaturation），但它是如何做到这点的呢？

---

① 这个词也常常被翻译成"男子气概、男性特质"。——译者注
② 或译为"存在之缺失"。——译者注

弗洛伊德的俄狄浦斯情结正回应了这个问题。弗洛伊德发现，在无意识中——还应该补充说，在一般性的话语中，如同我们作为男人或女人的合法身份所显示的——解剖学差异是被能指化的（significantisée），而且被化约为拥有阳具的问题，而部分冲动本身对性别差异一无所知。因此，性欲的方向才是需要被解释清楚的问题。我们已经可以看到，对弗洛伊德来说，就此而言，同性恋和异性恋是一样的。

因此，弗洛伊德的俄狄浦斯情结回应了这个问题：男人如何在性的层面上爱女人？弗洛伊德式的回答，归根结底就是，如果不放弃母亲这个原初对象，以及此对象所涉及的享乐的话，那么这是做不到的。换言之，必须要有对享乐的阉割。我们都知道弗洛伊德试图将此种解释应用于女性这边，但是遇到了很多意外和否定。然而我要指出的是，最终他承认自己的努力失败了。他那著名的问题"女人想要什么？"最终承认了这点，并且此问题可以翻译为：俄狄浦斯情结成就的是男人，而不是女人。

因此有一个运动超越了俄狄浦斯情结，而拉康精确地通过逻辑将之形式化。无意识如果依附于语言，那么也就依附于语言的逻辑。由此我们得到一个公式，即无意识是纯粹的逻辑。只有纯粹的逻辑才控制着与它完全不同的东西：身体的鲜活享乐。因此，拉康通过两种对立的逻辑，即阳具对于男人来说是全（tout）的，但对于女人来说是非全（pastout）的，以及两种类型的享乐，一种是阳具享乐，另一种被称为增补的（supplémentaire）享乐[①]，重构了两性差异，就一点也不意外了。

————

① 或译为"额外的享乐"。——译者注

这是否意味着拉康驳斥了弗洛伊德的俄狄浦斯情结？他质疑它，审问它，评论它，最后在《冒失鬼说》中将它化约为他的逻辑，即集合论逻辑，全的逻辑。然而确切地说，通过此种做法，他并未驳斥弗洛伊德的俄狄浦斯情结，并且他认为自己维护了俄狄浦斯情结。他说，只要承认他所提及的逻辑，这一切都可被保留下来。正是此逻辑通过伟大的阉割律法**造就**了男人，每一个男人，在阉割的问题上，他所剩下的只有所谓的阳具享乐，即如同能指本身一般有限和不连续的享乐。

因此，在对俄狄浦斯情结的逻辑化中，拉康也缩减了其范围，且此缩减是决定性的一步：对于任何被称为女人的人来说，真正关乎的是别的东西。相比于保持在阳具性的全中，这个别的东西走得更远，因为它同样与"能指性的存在"（l'être de la signifiance）有关。这种另外的、增补的享乐，远不能归入阳具范畴，而是对它的一种补充；此享乐可以被定位在另一种逻辑中，一种并非集合而是非全的逻辑。因此在这一点上，关于两种性别与阉割的关系，拉康恰恰明确地偏离了弗洛伊德。我引用他的一句话：

> 让我再说一遍，与他不同，我不会强迫女人用阉割的鞋拔子来衡量那件并未被她们带入能指之中的迷人胸衣。[1]

尽管阉割是被推崇的，因其被称作"立足之本"，但必须预见到，人可以用不着阉割。

这难道不应该在分析所特有的要求的层面上产生一些后果吗？

---

[1]　拉康，《冒失鬼说》，载于《即是4》(Scilicet 4)，巴黎：瑟伊出版社（Le Seuil），1973年，第21页。

讨论阉割，对于分析来说是如此必要——并且尤其与其定义的目标有关——人们至少可以从中推论出一个问题，即拉康将什么称为"非全"，这是一个他用来指称那些并不在阳具之全中的东西的新名词。并且，如果与分析的结束有关的临床也包含非全，那为何不问问这两者是如何相交的？

非全的临床表现

逻辑结构既不需要收集事实，也不需要构建一个非全临床，拉康自己提到的是他所说的"临床表现"（manifestations）。他认定它们是不连续谱的，而这让它们明显不同于全体男人的阳具功能。《再来一次》研讨班的开头就是一个这样的临床表现的清单。神秘主义者的狂喜（extatique）——虽然不是所有的神秘主义者——被拿来和女性对生殖关系（rapport génital）的特别享乐相提并论，并与克尔凯郭尔（Kierkegaard）的存在（existence）相连。自拉康提出这个系列以来，我们几乎没有丰富过它。

然而，在这里，正如在精神分析的其他地方一样，我们不能满足于对无法言说之物保持沉默，以便把我们回置于一个单一的逻辑中。首先，由于大写女人（La femme）本身是无法被同化的——因为她"不存在"——因此这并不妨碍女性境况的存在。我说这些并不是指社会在不同时代强加给女性的种种苦难，事实上，也不是指她们强加给自己的某些对象的苦难。相反，我在思考主体的命运，主体被要求去承担那个划在女人身上的杠所带有的重量，拉康为我们所写的这个杠，与被划杠的主体$的杠不同。其次，因为拉康将罗素的逻辑应用于女性问题，而他的这种应用必须从一个特定的立场来陈述，正如主人律法那样，所以，他的说是值得质疑的。拉康提到他小时候读到一本和半只小鸡有关的书，这个记忆让他在阐述主体的分裂之前就为他确立了最初的直觉；我这里关心的是他对于另一性别（l'autre sexe）的最初想法。因此，我对于拉康在创造非全概念之前给予女人的所有公式都很感兴趣。这些公式有很多，我挑选了一条。

　　我对《转移》研讨班中的一句话很着迷，它的出现就像幸运击中了我。在重新审视俄狄浦斯情结时，拉康又提到了克洛岱尔（Claudel），他顺便指出，就其女性特征而言，克洛岱尔是一个笨拙且粗心的女人！然而，拉康认为他有一个例外，在《正午的分界》（Partage de Midi）中，他通过伊赛（Ysé）成功创造了一个真正的女人。这使得我们有机会去寻找拉康认为一个真正的女人得以被认出的那个标记。

　　如今这部戏剧，如同克洛岱尔的其他作品一样，遭到了严重的忽视。是他太过诗意了吗，是他作为基督徒太狂热了吗，或者是他太隐晦了吗？我不知道。关于《正午的分界》这部剧，我们知道，对克洛岱尔来说，并非一切都是虚构，并且这部剧他曾改写了三次。这部剧讲的是爱情中的不可能，而不是不可能的爱。它的结构很纯粹也很象征化：三幕，三个场景，三种光线，三个男人，以及一个女人。伊赛是一位妻子，两个男孩的母亲，但是她宣布："我是令人讨厌的／不可能的（je suis l'impossible[①]）。"[②] 德奇兹（De Ciz）是她的丈夫，可

---

① impossible 既有"不可能的"意思，在形容人的时候，也有"令人难以忍受的"意思。——译者注
② 保罗·克洛岱尔（Paul Claudel），《正午的分界》，巴黎：七星文库（Bibliothèque de la Pléiade, Paris），1967 年，第 1000 页。除非另外说明，我始终引用的是 1906 年的首版。所有进一步引用的参考文献将出现在正文中。

以说他很忙：他出去寻求财富了。阿马尔里克（Amalric），她第一次错过的相遇就是和他，而他是个现实主义者和无神论者，是个索取的人，而不是个被索取的人。在第一幕中，伊赛半开玩笑地问："她把自己给了你，那么作为交换，她又得到了什么呢？"他则回答道：

> 这一切对我来说都太适切了。见鬼，如果一个男人不得不花费他所有的时间去担心他的妻子，去知道他是否真的衡量了杰曼（Germaine）或者佩特罗尼耶（Pétronille）应得的感情，去不断检查他内心的状态，那事情就变得诡异起来啦！［p. 1008］

简而言之，他说："我是个男人。"（p. 995）接下来是梅萨（Mesa），他已经从男人的世界里退出了，去寻求上帝以及与女人的相遇。至于她自己，美丽的伊赛（当然，她是美丽的）会让我们回答一个问题：如果她真的是一个女人，那她想要什么呢？

这个女人想要什么？

我们已经知道她拥有什么——一个丈夫和两个孩子——她讲了很多他们的事，让我们知道了他们让她感到幸福，并且从她登上舞台的那一刻开始，她就被镌刻入阳具交换的辩证之中。我们也很快知道这种幸福并非她想要的：

> 啊？好吧，如果我紧抓住这种幸福，无论你如何称呼它，那我就成另一个人了！如果我还没有准备把它从我头

上甩掉，就像解开我盘好的发髻那样，那就让我受到责难
吧！［p. 998］

然后我们听到了她非常迫切的要求，这是她在第二幕开始时对
她丈夫说的。他刚刚降落在中国，就准备再次离开，前往某个不明
之地，为了一单可疑且不确定的生意；他相信，这就是财富的代价。

> 伊赛——别走。
> 德奇兹——但我一直跟你说我绝对必须得走！……
> 伊赛——朋友，别走……

我把这段情节删节了一点。但她坚持，然后乞求，而且装作害怕：

> 我再次求你不要丢下我离开。
> 你责备我太傲慢，说我从来都不想说点什么要点什
> 么。这下你满足了。看，我被羞辱了。
> 别离开我，别丢下我一个人。

他根本没听懂，真是愚蠢得很，还觉得她在承认他赢了：

> 最终必须得承认，女人需要她的丈夫。

然后她表示怀疑："别对我太确定。"他不相信，而她不得不把
她的意思说的更清楚一些：

我不知道；我感到自己身上有一种诱惑……

我祈求这诱惑不要涌上来，因为这是万万不可的。

［pp. 1017—1018］

这里有个词她脱口而出了。她恳求他不是因为中国危险，而是因为和她最紧密相连的东西。她想让他做的事就是保护她不受她自己的伤害。舞台版本省略的一段情节在 1948 年的新版本中得到了恢复，这段情节更直白地说到了丈夫的作用，至少是对于伊赛的作用：

毕竟，我是一个女人，这并不是多么复杂。

除了像蜜蜂生活在干净又密闭的蜂巢里那样的安全感，女人还需要什么呢？

她不需要这可怕的自由！我不是已经献出自己了吗？

我曾经想要认为我现在会很平静，认为有人给了我保证，认为永远都会有人在我身边，一个带领我的男人……

［p. 1184，新版］

这并没有说明伊赛的诱惑是什么。有证据表明她被另一段爱（un autre amour）所诱惑，或许是一种别样的爱（un amour autre）。如果我们质疑的不是她的请求，而是她的行为，我们就会相信这一点。伊赛背叛了三次：三个男人她都背叛了。在第二幕中，她背叛了德奇兹，那个一无所知的愚钝丈夫，为了那个绝对的、她从上帝那里夺走的男人梅萨。在第二幕中，她与阿马尔里克在一起，他从梅萨那里抢走了她，而她将以背叛回敬之：让他在睡梦中度过一生，她在一首终极祝婚诗中回到了梅萨身边，同时也回到了死亡。死亡总是在场，是爱的对立面，不论是遭到背叛的还是被选择的爱。正是死亡禁止我们像马里沃①那样依据女性的狡猾（这个术语总是很方便理解）这把钥匙去阅读克洛岱尔，就像人们一直被诱惑去做的那样，此外，马里沃也被误读过。

伊赛的诱惑是否属于疯狂之爱：一种如此彻底的爱，毁灭一切，就像死亡？或许吧。这一点伊赛解释给德奇兹听，以便他会让她远离这种诱惑；解释给阿马尔里克听，以便让他衡量他缺失了什么；解释给梅萨听，以便他能知道和理解。

伊赛对梅萨说道：

> 你知道我是个可怜的女人，如果你用某种方式……用我的名字，呼唤我，
>
> 用你的名字，用一个你知道但我听而不知的名字，呼唤我，
>
> 那么我身上的那个女人，她将无法阻止自己回应你。

[p. 1005]

在第二幕精彩的二重唱中还有：

_____

① 马里沃（Pierre Carlet de Marivaux, 1688年2月4日—1763年2月12日），18世纪法国著名的古典喜剧作家。——译者注

……一切的一切，还有我！

这是真的，梅萨，我孤独地存在着。瞧，

世界被抛弃了，而我们的爱对别人又有什么用呢？

这就是被抛弃的过去与未来。

没有家庭，没有孩子，没有丈夫，没有朋友，

围绕着我们的全部世界

已将我们清空……

但我们所欲望的，根本不是创造而是毁灭，呵！

除了你我，别无他物，在你里面，只有我，

而在我里面，只有你的占有欲、愤怒和柔情，它们摧

毁你，并且不再受束缚……［p. 1026］

人们会说：这就是众所周知的想要成为独一无二的愿望——这种愿望必须与对特权的要求区分开来，后者属于分配正义的辖域——以及将爱提升至死亡的高度。事实上，这个主题不仅不新颖而且相当古典［例如，参见丹尼斯·德·鲁日蒙（Denis de Rougemont）的《爱与西方世界》（*L'amour et l'Occident*）①］。克洛岱尔／伊赛只不过是将其提升至绝对的维度：不是神秘的爱，而是爱的一种神秘，它出现于上帝退出之处。它是一种完整之爱的诱惑，一种既绝对又压抑的爱，不仅能扫除妥协之混乱，也能使最珍贵的对象失去实质。它将所有差异推向死亡，并只以湮灭（当然，要与

---

① 已有中文译本，2019 年商务印书馆出版。——译者注

否定区分开）所有与阳具功能相关也即与缺失相关的对象的形式来确认自身。这正是伊赛在谈她的诱惑时所唤起的有害的一面：

> 你要清楚我是哪种人！因为有个东西很糟糕，
> 　因为它很疯狂，因为它对我以及一切来说都是破坏、
> 死亡与毁灭，
> 　这难道不是我几乎无法抵抗的诱惑吗？[p. 1018]

这不仅仅只是一个简单的对爱的申诉 / 呼唤（appel de l'amour），不是吗？此申诉 / 呼唤，难道不是在呼唤一种更根本的东西，即毁灭之绝妙诱惑吗？

女人的标记

伊赛最终要的是什么呢？根据她的摇摆来得出结论，认为如同女人通常说的那样，她不知道她想要什么，这就太简单了。相反，她的摇摆解释了她不敢要什么——从一种她可以假设是她自身意志的意义上说——也解释了在无意识的意义上，她作为大他者的欲望是什么。她或许不知道那是什么，除非那以一种诱惑的形式展现出来，她呼唤丈夫及其更温柔的爱来对抗这种诱惑。她无法唤起它，除非是把它当作某种力量，这力量将大他者带入存在中的一切划杠；这是对深渊的迷恋，是"非人的，且与死亡相似"[1]。因此，支配着迷人的伊赛（带着她美丽的笑容以及她孩子气的恶作剧）的，是打

---

[1]　这些是拉康用在真相本身上的词。

破一切人类纽带的致命渴望，一个抹去所有她爱的男人以及并未登上舞台的儿子们的渴望。但关于她所说的这些人，在某些点上，他们对她来说是多么珍贵。以对深渊之渴望的名义，以对绝对之眩晕的名义，他们被抹除了。就此名义而言，爱和死亡都只是最普通的名字，而且"享乐"或许并非不恰当的。在伊赛那里，打上女性特有的标记的并非背叛。她确实做出了背叛，但不是为了一个对象背叛另一个对象，不是为了一个男人背叛另一个男人；相反，她背叛了所有的对象，这些对象回应了阳具功能所铭刻的缺失，而且她是因深渊之故而做出此背叛的。湮灭的这种近乎牺牲的特点是一种特有的标记，指定了完全不属于阳具部分的界限，以及非全的界限；它就是绝对的大他者（Autre absolu）。

我找到了这个假设的证明，因为拉康在《转移》研讨班第 352 页提到伊赛之后，也引用了莱昂·布洛伊（Léon Bloy）被遗忘的一本书《贫穷的女人》（*La femme pauvre*），他断言其中包含了很多精神分析家会感兴趣的内容。比如，在小说的结尾有一句话——这会让那些读过拉康的人感到惊愕——是关于女主角的："她甚至明白，而且这近乎于崇高，女人只有在没有面包、没有居所、没有朋友、没有丈夫也没有孩子的情况下才真正存在。只有以这种方式，她才能将她的主拉下神坛。"如果我们相信作者，那么我们可以假设，这种形式的放弃仍然留下了两条开放的道路，即圣母或妓女之路，根据他设想的两种模式，也是至福（la béatitude）① 或感官快感（la volupté）之路。这样的公式告诉我们，女人的命运很大程度

---

① 这个词来源于拉丁文 beātitūdō，意思是"享受天国之福的"。——译者注

上取决于时代，在我们这个时代，在可怜的爱情悲剧中寻求庇护的东西——如赛琳（Céline）所说，顺从之人所掌握的无限——可以在狂热信仰的时代找到另一片领地。无论如何，在克尔凯郭尔处理外-在（ex-sistence）的方式中，可以看到此种相同的放弃特征，或者更确切地说，是脱离对象位置的特征。毫无疑问，这种另外的享乐是抒情的隐晦威望或者作诗的神秘可以贴切展示的；我反而想要强调，这个被我称作湮灭的标记指明了一种结构在起作用。事实上，如果非全联系于"并非由一个对象 a 引起的处于次级（au second degré）的善"，那么这差别只能通过一个减法过程被注意到；此过程正是分离过程，对于所有对象而言，分离是一个废除式的解放（une émancipation annulante）——在这个词的力比多意义上——被确认之处。这既不是癔症式的逃避，也不是一个否定式的矛盾情感，因为在这两者之中，我们发现的都是一个空的括号，一切主体的对象都可以去到里面；相反，这个另外的目的也抹去了对象用以维持存在的空（vide）。这有时候给人一种至高无上的自由感！可再次参考弗洛伊德的文章《论自恋：一篇导论》（*Pour introduire le narcissisme*）。

临床计划

由此可见，分析理论中关于前面提到的那些女人的许多论断，可以从另一个角度来理解和启迪。探究这个领域时，我将会给出一些新的例子。

首先，是贫穷女人的例子。正如莱昂·布洛伊所说，他让我们就富有与贫穷这组著名的对子能够讲述一些新的东西，这组对子曾困扰着鼠人的幻想，鼠人案例因弗洛伊德而在精神分析理论中名垂不朽。如弗洛伊德所做的那样，下述两个方面的重心是不同的：一方面是展示出，有或没有阳具作为特征让一个女人适应男人的幻想；另一方面是意识到，一个贫穷——就阳具序列中的所有对象而言的贫穷——的人还是可以在另一种善上是富有的，如拉康所言，一个不从男人的幻想中要求任何东西的人。在这里，可以毫不费力地证明，穷女人在另一种感官愉悦或至福上是富有的。这符合拉康在提到布洛伊的穷女人时所指出的，抛弃了一切的圣人是一个富有的人——当然，是富有享乐的人。

其次，是禁欲的女性。我可以再谈谈弗洛伊德1931年论女性性欲（La sexualité féminine）的文章。在声名狼藉的阴茎嫉羡的命运给小女孩指定的三种倾向中，后两种倾向受到了特别的关注，即男性性情结和他所谓的正常女性的姿态。第一种情况，涉及有（avoir）阳具的阳具主义（phallicisme）及其换喻。第二种情况，它致使女人在异性恋中选择男人作为父亲的替代者，相反，作为一种是（être）① 阳具的阳具主义，这将女人当作对象来回应男人的阳具缺失。弗洛伊德清单上的第一个取向，用他的话来说，就是完全放弃所有的性。当然，弗洛伊德没有给我们展示这种选择的例子，但提到了剥夺（privation）② 的命运，禁欲主义式的放弃作为最初的烦恼之假设效果，是模糊不清的；它清楚地表明，性欲望被抹去了，不仅从行动中，也从幻想中，但它使得跟额外享乐的关系完全是不确定的。

---

① être 根据语境可翻译为"存在，是，成为"。——译者注
② 法语单词 privation 一语双关，它的基础含义是"丧失，失去；剥夺"，同时复数形式有"贫苦，穷困"之义。——译者注

　　这让我重新察看了位于女性这一面的主体的幻想位置，我们别忘了，如果我们坚持拉康的论点，那么此主体在解剖学上可以是男人也可以是女人。如果幻想使用了一个剩余享乐的对象（un objet plus-de-jouir）以便吸收阉割，那么主体只有在其被铭刻入阳具功能和阉割逻辑时才会具有幻想，在此意义上，非全本身不能被认为是幻想的主体。这不就是拉康所说的吗？他在《再来一次》研讨班中强调，只有在男人这一面，对象 a 才是用来弥补性关系之不足（défaut）的那个伴侣。[幻想，就像部分冲动一样，是弗洛伊德通过癔症女人的言词发现的；这么说不构成一种反对，因为癔症主体本身不在非全的辖域中，相反，她认同那些服从于阉割的东西：如拉康所言，是"男性恋的或超越性别的"（hommosexuelle ou hors sexe）。] [1] 于是，在这里可以引出孩子作为对象的问题，及其在被划杠的大写女人的分裂中的位置问题，这里是指在与阳具的关系和 S（Ⱥ）的沉默之间的分裂。

　　从另一个角度来看，拉康的论断应该得到重视，即一个女人只有"从男人看见她的地方"拥有无意识 [2]，这个情况使她自身的无意识处于一种奇怪的悬置中，如果没有知识回应她的无意识，且如果她的无意识外–在于一个以她一无所知的方式起作用的大他者。[3]

　　然而更为根本地说，我们能否要求这样一个主体去要她所欲望

---

① 拉康，《再来一次》，巴黎：瑟伊出版社，1973 年，第 79 页。
② 有趣的是，如拉康在《再来一次》第 80 页所指出的，弗洛伊德首先将对象 a 视作女人的欲望原因。"这确实是一个证明：当一个人是男人时，他会在他的伴侣身上看见他支撑他自己的东西。"
③ 拉康，《再来一次》，第 90 页。

的，去同意她心中的那个东西得到想要的：一个被抛空了所有对象的未知？尽管对对象的一瞥是最终同意罢免分析的条件。我认为，实际上——我指的是在实践中——分析家们反而倾向于建议她用各种形式——有若干种形式——与阳具之全联系起来。至少，我就是这样解释他们过于明显且仁慈地偏心于"结合"（conjugo）以及母性的。我甚至有理由认为拉康就是用同样的方式操作的。然而，这并不排除标记着分析结束的差异特征的问题。分析终点的去除认同（désidentification）与去阳具化（déphallicisation）通常并不会让主体失去安全感：无论她在通过（passe）①的时刻是否犹豫，她都会很快找到她的平衡，因为她仍然被对象——在其作为享乐的一致性中的对象——压载（lesté）着。同样的东西可以用基本症状来表述，但是对于被划杠的大写女人来说，就不一定是这样了，情况超出了她在阳具功能中抓取到的。我们稍后会再提这个问题。

---

① passe 是拉康在他的学派中设立的一个程序，用于证实分析结束的一个制度性框架。寻求通过的人被称为 Passants。可参阅 2021 年西南师范大学出版社出版的《拉康精神分析介绍性辞典》（*An introductory dictionary of Lacanian psychoanalysis*）的第 265 页。——译者注

第三章　关于女人，无意识怎么说？

这个问题在一定程度上是合理的，因为无意识是一种知识，且只要它在分析者所言（les dits）之中被解密，它就是这样。

弗洛伊德关于性的发现在当时的文化中很难被接受。人们可能会问为什么，我们通常会提到那个时期的道德观念，但是并不能确定这些是唯一起作用的因素。无论如何，众所周知，很多人谴责弗洛伊德的泛性论。然而，这是一种奇怪的泛性论，因为我们所说的无处不在的性，实际上却哪里都没有。我说的是大写的性（Sexe），是用一个首字母大写的性来指称（就像在法语中那样）这一半的言说的存在（êtres parlants），也就是我们所说的女人。在其解密的无意识中，弗洛伊德发现，不存在能够描述女性差异的对立性别。这很惊人，在他解释异性恋的尝试中，他试图去弥补这个缺位，而我们可以跟随这个过程。

弗洛伊德式的女人

早在 1905 年，他就发现了冲动——仅是部分冲动。由此他谈到原初的"多形性倒错"，这意味着在无意识中不存在生殖冲动。儿童构建了许多关于两性关系的理论，但是就像合唱指挥家一样，他必须创造出它们。[1] 他从他经历过的部分冲动的隐喻中创造出它们。

---

[1]　克莱特·索莱尔，《孩子与指挥家》（"L'enfant avec Cantor"），1990 年 7 月 9 日。第六届 ECF 国际交流会。

但部分冲动对于男人和女人的差异却只字未提；部分冲动在小男孩和小女孩中都存在，而且没有触及一个问题，那就是女人何以为女人的本质区别。

接下来，弗洛伊德突然意识到一个单一能指普遍存在，这个能指即阳具（le phallus），他称之为阴茎（le pénis）。他一以贯之地用解剖学术语来描述这个差异，即是否有阴茎。从而，他构建了自己的论点——对女性主义者来说，这是一个令人愤慨的观点——将阳具缺失作为整个力比多的首要动力，并且断言主体的性化身份建立在害怕和嫉羡的基础上：拥有它的人，害怕失去它；被剥夺了它的人，嫉羡别人拥有它。在将阉割情结当作成为男人或女人的关键时，弗洛伊德至少含蓄地引入了这样一个观点：人类的性经历了变性（une dénaturation du sexe）。有机体的性化存在，不足以生成主体的性化存在，此外也不能被缩减为解剖学。可以证明这种差别的是，主体存在着持续且显而易见的困扰，这困扰和他们在多大程度上符合他们的性别标准有关。几乎没有哪个女人不专注于自己的女性性，这至少是周期性的；几乎没有哪个男人不担心自己的男性性。这说的并不是变性者（le transsexuel），即那些确定自己在生理层面上有误，自己实际上属于另一性别的人。

最后，关于"对象选择"，一切都始于自恋。这就是弗洛伊德1914 年在他的文本《论自恋：一篇导论》中提出的，拉康后来在他的镜像阶段中再次提起这个问题。首个对象是一个人自己的自我，然后会变成对相似者的同性恋式选择。

在这里，弗洛伊德利用俄狄浦斯情结来解释我们是如何成为男人或女人的。此神话的目的是通过两性各自的禁忌和理想来建立性的对子。

　　那么，在此基础上，弗洛伊德认为女人是什么呢？我们知道他区分了阴茎嫉羡可以发展出的三种可能方式，在他看来，只有其中一种会产生真正的女性性。这就相当于说，在他看来，并非所有的女人都是女人。当我们说"所有女人"（toutes les femmes）时，我们使用的是出生证明或驾照上给出的定义。这个定义本身是由出生那一刻的解剖学所决定的。如果有阳具附属物，他们会说："这是个男孩。"如果没有，他们会说："这是个女孩。"出生证明上的阳具中心主义明显先于弗洛伊德！然而，当我们说"她们并非都是女人"时，我们暗指的是一种女性性本质，这种本质避开了解剖学和出生证明，其起源可以受到质疑。弗洛伊德式的定义清晰又简单。女人的女性性源于她的"被阉割"：她之所以是女人，只是因为阳具缺失促使她转向男人的爱。这首先是父亲的爱——他自己也继承了一种爱的转移，这种转移首先来自母亲（的爱）——然后是丈夫的爱。总而言之：在发现自己被剥夺了阴茎后，如果女孩从拥有阳具的人那里期待得到阳具——即象征化的阴茎——那么她就变成了一个女人。

　　因此，在这里，一个女人仅仅是由她与一个男人建立伴侣关系的路径所定义，而问题在于让一个主体同意与否的无意识条件。正是在这一点上，女性主义者们提出抗议，反对她们所认为的性别等级安排。女性主义者的反对并不是等到当代妇女解放运动到来之后才出现的。它在弗洛伊德的随从中产生，并由恩斯特·琼斯（Ernest Jones）接力。它以平等原则的名义制作，谴责了将阳具缺失作为女性存在的核心，从而将女性存在定位成一个负值的不公正做法。对弗洛伊德来说，这种反对显然与他所命名的"阳具的追还要求"

（revendication phallique）[1] 是同质的，但这个事实并不能决定它是否有效。

拉康是弗洛伊德派吗？

在琼斯等人关于阳具的争吵终止后的几年，在拉康重新审视这个问题时，他选择了一条与弗洛伊德不同的道路。

然而，在表面上，他完全遵循弗洛伊德的理论。例如，在《阳具的意指》（"La signification du phallus"）这篇文本的第一页，他有力地重申了在无意识中以及在我们成为男人或女人的过程中普遍存在的阉割情结。我们知道，他说：

> 无意识的阉割情结作为一个结（nœud）而运作：
>
> （1）于症状的动力结构中……
>
> （2）于发展的……调节中……也就是说，在主体中安置一个无意识的位置，如果没有这个位置，他就无法将自己认同为其性别的理想类型，甚至无法在性关系中回应伴侣的需求而没有严重的风险，更不能恰当地满足由此产生的对孩子的需要。[2]

这绝对是弗洛伊德式的：异性恋对子和幸福母性的可能性，是

---

[1] 本书英文版对应的是 phallic protest，即我们熟知的"阳具抗议"。至于 revendication，有"要求"之意，但在法律上，特指"要求收回、追还"的意思。关于"阳具的追还要求"，可参考本书第十一章。——译者注

[2] 拉康，《阳具的意指》，收录于《著作集》（*Écrits*），巴黎：瑟伊出版社，1966 年，第 685 页。

由一个理想认同来控制的，而理想认同又是阉割情结所制约的。拉康不仅接受了弗洛伊德的论点，还为之辩护。这就像是在打赌弗洛伊德的方向是正确的。他说，这些观点既令人惊讶又自相矛盾，以至于必须假设它们是被强加给弗洛伊德的，因为他是那个发现无意识并且因此有一个独特的途径接近无意识的人。拉康再次拾起弗洛伊德的论点，提炼并澄清它，同时试图抓住那使它变得可理解的东西：问题不在于阴茎，而在于阳具，阳具是一个能指，像任何能指一样，在一个总是跨个体的大他者的话语中占有一席之地。除了这个在某些方面改变了拉康自己所说的"围绕着阳具的争吵"中的转变之外，弗洛伊德和拉康显然携手肯定了无意识是"阳具中心主义"的。

事实上，拉康在这些问题上的发展有两个阶段。第一个（也是最弗洛伊德式的）是在 1958 年前后，在这期间，他创作了《阳具的意指》以及《针对一届女性性欲大会的指导性言论》（"Propos directifs pour un congrès sur la sexualité feminine"）。第二个是在 1972 年至 1973 年间，在《冒失鬼说》以及《再来一次》研讨班中，他还有一些更为明显的创新论点。

然而，1972 年的"性化"逻辑公式，丝毫不反对无意识的阳具中心主义。拉康反对把俄狄浦斯情结视为一个神话或是一出"父亲-猩猩，慷慨陈词的猩猩（Père-Orang, du pérorant Outang）①"的喜

---

① Orang-outang，源自马来语 orang-utan，指的是苏门答腊岛和婆罗洲森林中的大型类人猿，有着毛茸茸的红棕色头发和强壮的手臂，有时缩写为 orang。在这里拉康玩了一个同音异义，Père-Orang 和 pérorant Outang 在发音上相近。——译者注

剧 ①，为的是将俄狄浦斯情结化约为单纯的阉割逻辑。他补充说，这种逻辑并没有调节享乐的全部领域，其中一部分没有经过"阳具大一"（Un phallique），并且始终是实在的，在象征界之外。说大写女人不存在，就是说女人是这种实在享乐的名字之一。至于女人，她们自身是存在的，她们的身体构造在她们的出生证明或驾照上赋予了她们这种地位，她们同样受阳具至上（le primat du phallus）的支配。说她们并非完全（pastoutes）在阳具功能之内，承认她们在阉割所组织的享乐之外还有另一种享乐（une autre jouissance），并不是在赋予她们一些"反阳具"（anti-phallique）本质。拉康澄清这一点是为了避免任何误解。因此，在关于阳具的争论中，他明确地站在弗洛伊德一边，以便"在临床事实的基础上"② 肯定，阳具假相（le semblant phallique）是与性之关系的主人能指，而且阳具假相在象征的层面上组织了男女之间的差异以及他们之间的关系。

因此，必须在三个层面上研究女人：一是在性化的欲望层面起作用的辩证法；二是在共同现实以及两性关系中，她们的阳具享乐的模式；三是增补的享乐（jouissance supplémentaire）所具有的主体性效果，这是女性性所隐藏的，并且使女人并非另一性（autre sexe），而是绝对的大他者。这只能通过她们的说的路径来接近。

欲望法则

事实上，从一开始，尽管拉康声称他只是跟随弗洛伊德，但

---

① 拉康，《冒失鬼说》，收录于《著作集》，巴黎：瑟伊出版社，1966年，第13页。
② 拉康，《阳具的意指》，第686页。

他却开始重塑弗洛伊德的术语。首先，当阴茎作为能指的价值被承认时，它的功能就改变了。阳具，即缺失的能指（signifiant du manque），除了性别差异之外，还能代表语言为任何主体所生成的缺在，因此，缺失中的同等得以重新建立。

接下来，拉康引入了一个新的区分。我引述如下："两性之间的关系围绕着是阳具（être le phallus）和有阳具（avoir phallique）。""是阳具"这一说法在弗洛伊德那里并不存在。它显然是二元对立的一个转变，"有或没有"，弗洛伊德确实使用过这种对立。然而，这并不是说这一说法与弗洛伊德的表述相矛盾。拉康的论证反而强调，在两性之间的关系中，有或没有阳具，只是通过一种转换，使一个人成为男人或女人。弗洛伊德强调对爱的请求是女性特有的。拉康和弗洛伊德稍微有些不一致，他强调在性化欲望的关系中，女人的阳具缺失会转化为"是阳具"所带有的益处，而这是大他者所缺失的。这里的"是阳具"指的是女人，因为在两性关系中，她被召唤到对象的位置。在爱中，由于伴侣的欲望的恩典，缺失几乎转化为一种补偿性的存在效应（un effet d'être）：她成了她所没有的。换句话说，早在这一时期，女性的缺失就已经被正面化/正值化了。

这些文本含蓄且粗略地回应了平等主义者的诸多反对意见。事实上，这不仅仅是一种回应，还定位了他们的逻辑。然而，这样一个抗议者，不管他/她是谁，会满足于看到一个女人很满意自己成为一个阳具存在吗？这并不确定。因为她仅仅是在她与男人的关系中才是阳具。女人可以是阳具，但总是为了另一个人，而不是为她自己，这又把我们带回到了她和男人的伴侣关系，这一点弗洛伊德已经强调过了。拉康的表述无疑强调了（女人）向男人提出的欲望和请求，但也维持了一个女性存在的定义，这个定义必须由另一性别来调停。因此，一系列连续的公式指明了"女人"的位置。所有这些都使她成为男性主体的伴侣：成为男人的缺失之代表的阳具，然后是成为引起他欲望的对象原因（objet-cause），最后成为他的享乐固着于其中的症状。所有这些公式定义了女人与男人的关系，但是对于她自身之中的可能存在只字未提，只是说到了她为大他者而是的存在。这一差距隐含着女性性欲所有发展的基础。

如果我们询问是什么将这个相对的存在判给她，而不满足于对能指——此处就是性的能指——的差异性定义的模糊影射（这是结构主义者很喜欢的），答案很容易得到：在身体与身体的性接触中，男人的欲望——由他的勃起所指示——是一个必要条件，有时甚至不只是必要的，因为强奸行为使其成为一个充分条件。更甚的是，如果这种欲望衰退，就会有各种各样的爱若游戏（jeux érotiques），但没有哪个可以称得上是做爱。在这个意义上，"性"关系／相配（rapport）将勃起的男性欲望器官置于主人位置，结果，在这种关系中女人只能被铭刻在与欲望相关联的位置上。因此，这就不足为奇了，即关于女人的一切说法都是从大他者的角度来说的，并且关乎的主要是她的假相（semblant），而不是她自己的存在；而后者仍然"被除权"（forclos）在话语之外。

临床元素

在这方面，在女人的说的层面上，我们可以提出许多非常精确的临床事实。其中尤为重要的是女孩对母亲的严重抱怨，她责怪母亲没有传授给她任何有关女性性的本领（savoir-faire）。

当然，这种抱怨并不总是直接的。其形式可以是谴责母亲没有女性性或者有过多的女性性；在最常见的情况下，还可以借用换喻之迂回，用一种责备代替另一种责备。对于这样一个主体，哀叹自己没有学到成为一个好厨子的秘诀，意味着，比如说，性方面的某些东西没有传授给她。我们也可以提到癔症主体非常频繁地抗议她对大他者的服从，因为她的自主性梦想只是自我中与异化相对应的东西，而此异化是由她的要求导致的。

也正是在女性的阳具隐喻的层面上，女性主义者的反对中最可采纳的部分得以建立。女人谴责文化的"形象和象征符"（images et symboles）对她们施加的原初限制，她们并没有错——拉康的优点在于他承认这一点，而弗洛伊德则不然。女人是文化的发明，是根据时代变化而改头换面的"癔史"（hystorique）。

然而，我们一定不要忘了，这种服从是社会关系内部要求的一个功能。有一种逻辑在其中起作用，这在美国女性主义者当前某些最极端的立场中显露出来。《泰晤士报文学增刊》9月号 [1] 对玛丽安·赫克斯特（Marianne Hexter）的一本书发表了一篇极具讽刺意味的评论。事实上，她的论点是有些极端的，因为在涉及强奸和性骚扰问题时，她想要摆脱一个边界，而大多数其他女人把这个边界当作虐待的门槛，即不同意。她认为这是一种徒劳的区分，无论是否同意，都要谴责异性恋关系本身就是女性异化的根本原因。虽然这夸张得荒唐可笑，但这种立场并非没有逻辑，因为此种异化是**被铭刻在性的要求中**这一事实的一个功能。

---

[1]　参考文献来自 1992 年。

弗洛伊德从未接触过 20 世纪真正强硬的女性主义者。对此我感到很遗憾，因为想象一下他会如何评论她们是相当有趣的。可以肯定的是，他创造出他的"男性性情结"时是不无轻蔑的，并且流露出明显的不以为然。在他看来，女人唯一可接受的命运——我们可以称之为"承担阉割"（assomption de la castration）——就是做一个男人的女人。

拉康总是试图把精神分析家与主人区分开，研究这些问题的时候，他没有诉诸主人的任何规范，而是把自己仅仅限制在结构限制中。这种导向很明显，例如，他断言女人没有"义务"与阉割有关系，而阉割制约着她与男人的性纽带。[①] 事实上，在精神分析家的眼中，唯一的义务是那不可能避免的事，反过来说，两性之间的关系只是可能的。结果就是，弗洛伊德的立场太过头了，是非常规范性的，也因此是过时的。

弗洛伊德和拉康之间这种分歧的起源是什么呢？这只是一个品味问题吗，甚至是偏见问题吗，拉康更大的自由主义是因为我们文化中的思想演变而成为可能的吗？时代可能起到了一定的作用，但并不能解释一切。我反而认为，拉康在结构方面比弗洛伊德走得更远，因而比他的前辈更成功地将逻辑限制，而不是将社会规范，分离了出来。我刚才用的是"自由主义"这个词，但受实在引导并不意味着自由主义，即使实在给了我们规范。无论如何，本身高度规范化的女性主义论点肯定不会将女人从她们的阳具十字架上解放出来。她们当然有自由不信任男人，对女人来说，避开男人是可能的，

---

① 拉康，《阳具的意指》，第 686 页。

而且越来越容易。科学的发展给了她们这样做的新方法；允许她们把生育从肉体行为中分离出来，这就为她们在没有男人的情况下成为母亲开辟了道路。拉康注意到了这一点——这是一个品味问题，在此我们可以是开明的——但另一方面，她们并没有从阳具问题中解脱出来。这是任何言说之人都不可能避免的；一旦能指处在话语大他者之中，一旦对任何他者——男性或女性——提出最微弱的要求，阳具就开始发挥作用，尤其是从母亲开始，正如弗洛伊德所看到的，母亲在这里是决定性的。

"性的显象"

阳具辩证法包含了对参与其中的人的限制。它尤其在所谓的两性喜剧中发挥着作用，迫使伴侣双方"扮演男人"或"扮演女人"，并走上一条貌似（un paraître）之路，而貌似具有着对比鲜明的功能，一面是保护占有物（possession），另一面是"掩盖他者之中的缺失"。① 在大他者舞会上，女性乔装（mascarade）和男性炫耀（parade）一步一步相互呼应，尽管可能会引人发笑，但并非假装。对阳具的压抑组织了男女之间的关系，凿出了一个位置，让"貌似"成为主人。然而，我们不要误解这种貌似：存在是其连体同胞。

用卡伦·霍尼（Karen Horney）的话来说，乔装是一种面纱效果，但它并不隐藏什么；相反，它泄露了那导向它的欲望。② 这意

---

① 拉康，《阳具的意指》，第 694 页。
② 我参考的是雅克-阿兰·米勒（Jacques-Alain Miller）对拉康的某个言论的展开，这个言论与面具在纪德（Gide）那里的功能有关。

味着解释不会去到面纱后面，而是以对大他者的请求所勾勒出来的东西，以萦绕在这些请求背后的东西来做结论。每一次对华服的使用，由于操纵着貌似，因而揭示了对象与其外壳之间的密切关系。甚至在欲望原因的层面上，衣服也造就了女人。对象只能蒙面前进，因为只有当大他者在对象中认出了其自身的标记时，它才只是一个对象。这就是为什么唐璜（Don Juan）是一个神话。"我说不出你对我来说是什么，"主体如是说。对此，我们再加上一句给对象的话："但你让我知道我是什么……我真幸福！"

　　一般来说，大家都喜欢化装舞会。在这种情况下，他们就像那个小孩，在游戏中重现自己经历的"fort-da"①。然而，正如拉康乐于反复说的那样，在舞会结束的时候，既非他，亦非她。②然而，这场舞会有结束的时候吗？既非他，亦非她；假相与实在之间的缺口只能在这个断言中通过否定被唤起，而"幸运的"（bienheureuse）想象本身很难描述"若是他，若是她"会发生什么。因此，喜剧万岁，这是相互的。既非他，亦非她，但仍然是它（ça）。

　　至于假相的统治在两性关系中深入到何种程度，拉康在1958年回答了这个问题：它一直深入到交媾行为。因此，在它之外一无所有。大他者的作用——性的相异性（altérité）因此被变性（dénaturer）——并没有放过卧室中的亲昵，而乔装并非一件我们一

---

① 即弗洛伊德的孙子玩缠线板游戏，以应对母亲的缺席与在场。——译者注
② 参考的是阿方斯·阿莱斯（Alphonse Allais）的故事，《一出非常巴黎式的戏剧》（Un drame bien Parisien）。拉乌尔（Raoul）和玛格丽特（Marguerite）在一场假面舞会上互相寻找对方。他们最终找到了彼此，但摘下对方面具时，"双方同时震惊了，他们都无法认出彼此。他不是拉乌尔，她也不是玛格丽特"。——英文版注

且进了门就可以脱下的衣服，因为没有哪扇门的外面可以让任何假设的本质重申自身的权利。享乐效果是如何幸免于此的呢？作为证据，首先，存在着女性的性冷淡，对于 1958 年的拉康来说，它是一种防御的结果，这种防御是在"大他者的在场于其性的角色中释放出的乔装维度"① 中孕育出来的。其次，也存在着同性恋选择，这被认为是对请求之失望的一种回应。② 这意味着认同，即欲望的效果，也是原因，如果不是性享乐的原因，至少也是通向性享乐道路的原因。

两性在阳具假相方面的分歧反映在男性和女性处理问题的方式的不对称性上，正如我们所说：一方表现出欲望，另一方表现出可被欲望——而且，语言记录了我所说的两性通用（unisexe）所碰到的阈值，无论后者的版图有多大。一方带着炫耀（un parade）；一个男人把自己裹在孔雀羽毛里，带着一丝防御性的恐吓。从动词 parer（打扮、修整）到 la parade virile（男子气概炫耀），它们有相同的词源，其内涵相差不远，而且其重要性一直存在。另一方，一个女人把自己变成一条变色龙，并给这个过程带来一丝嘲笑的意味。这是让人同意和让人欲望的代价。有各种各样的方法可以做到这一点，但保持不变的就是结构，它总是围绕着主体之缺失的点，没有给一个关于诱惑的新论述留下空间。

可以理解的是，乔装在女人身上是最显而易见的，而且达到了一种忘我的程度：正如拉康所说，这是对她的存在的除权

---

① 拉康，《针对一届女性性欲大会的指导性言论》，收录于《著作集》，第 732 页。
② 拉康，《阳具的意指》，第 695 页。

（verwerfung）①。"我们不要忘了，代表女人的形象和象征符不能与女人的形象和象征符分离开。"② 拉康如是说。"形象和象征符"这个表达，预示了更晚一些被引入的"假相"一词，而且这句话将最初被放在大他者那里的东西铭刻在女性主体性之中。

然而，这句话为什么说的是女人而不是男人呢？大他者的裁决对男人来说不是同样重要吗？难道不是可以反对道，"代表男人的形象和象征符不能与男人的形象和象征符分离开？"事实上，也有男子气概的假相，这是从童年开始强加给孩子的，尤其是被母亲们强加的。她们担心自己儿子的未来，依据期望，依据她们对男人的理想来衡量他，并推动他成为男子气概的标准化身。当然，也有例外，更不用说异常情况了。我们有时会看到母亲强迫儿子扮演"女孩"，但这不是最常见的情况，而且这取决于母亲自身的病理。

然而，从根本上说，男子气概炫耀和女性乔装并不是同源的。男子气概炫耀是"女性化"③的，它揭示了大他者的欲望的统治。这两者之间的不对称在于这样一个事实：女人为了把自己纳入到性的对子中，一定不要是欲望的一方，反而是要让别人欲望，做法是满

① verwerfung 在《弗洛伊德文集标准版》（*The standard edition of the works of Sigmund Freud*）中被翻译为 repudiation（有拒绝、否认等意思），弗洛伊德用这个词命名的是一个不同于压抑的过程，在 verwerfung 中，"自我拒绝不相容的想法以及与之相关的情感，表现得就好像这个想法压根就没有被自我触及过"。而拉康重读弗洛伊德，在解读狼人案例时，将 verwerfung 当作是精神病特有的机制，即某个元素被拒绝在象征界之外，仿佛从未存在过。更进一步地，在精神病研讨班中，他将这个词翻译为 forclusion，这个词通常被翻译为"除权"或者"排除"。——译者注
② 拉康，《针对一届女性性欲大会的指导性言论》，第 728 页。
③ 拉康，《阳具的意指》，第 695 页。

足男人欲望的条件。反之则不然。对于女人来说，假相的作用被她们在性对子中的位置凸显了出来，甚至是被强化了，这迫使她们在结构上让自己着上大他者的欲望所显示的颜色。换句话说，由于阳具是一个总被面纱盖住，即被压抑的一个项，所以欲望的条件对我们每个人来说都是无意识的。正是在此压抑的裂隙中，想象激增，性的诸多理想蓬勃生发，对爱的请求——它本身是可以被表述的——也随之产生。

　　毫无疑问，为了维持性的市场，整个行业都在试图将男性欲望中幻想的想象条件标准化。这在一定程度上成功了，但精神分析给我们的教导是，这并不妨碍每个人都有特定的想象条件。其结果是，诱惑，并非一种简单的技巧，而是一门艺术，而且它并不总是仅仅关乎于集体想象所编制的自动作用。女人，在"让别人欲望"的过程中，并不能避开无意识的介入，无意识总是特异的，在面对无意识之谜时，她们便诉诸乔装，而乔装利用想象来调整自身以适应大他者，并诱捕未知之物——欲望。男人自身被引入进来的前提是，他踏入了这一请求：不仅仅是通过性的欲望，而且是通过想要得到同意，甚至不只是同意，还要得到他者欲望的回应。

被解释的女性欲望

　　如果一个女人被铭刻在性的对子中只是从"让自己被欲望"的角度而言的，那么，作为男性欲望的伴侣，这个位置就把她自身的欲望问题遮住了，而她自身的欲望制约着这种同意。这就是弗洛伊德遇到的问题，这并没有使他放弃对小女孩的肯定，"她看到了它，她知道她没有，而且她想要它"①。但最终这还是让他提出了那个著名的问题："女人想要什么？"

女性欲望，这个表达实际上是成问题的。弗洛伊德的学说至少有一个优点，那就是强调了女性所有可能的欲望和严格意义上的女性欲望之间的区别。他说只有一种单一力比多，因为欲望本身是一种主体现象，与阉割有关。因此，它本质上关联于拥有之缺失（manque à avoir），这并不是什么特别女性的。的确，这就是为什么"男子气概情结"这个概念不仅被偏见所玷污，而且在概念上也很混乱。一切属于获得欲和占有欲之物，对男人来说都是其"有阳具"的换喻。对女人来说，拥有欲可能是以什么名义被禁止的呢？无论拥有欲指的是拥有财富、权力、影响力还是成功——简言之，即日常生活中所有"阳具性的"追求。在这一点上，弗洛伊德和拉康之间的区别是相当明显的。拉康对于女人并没有粗鲁的态度，无论是在他的文本中还是在他的分析中，而且似乎不大倾向于阻止她们去获得任何吸引她们的东西，只要那是有可能的。然而，主体所固有的这种愿望，并没有什么是特别女性的，而女人的欲望本身，如果谈论它还有意义的话，会是别的东西。

弗洛伊德只看到拥有欲的一种变体——拥有男人的爱或拥有阳具孩子。除此之外，他放弃了。在他之前提到的阴茎嫉羡的解决方案——放弃、男性性、女性性——中，必须强调的是，在第三种情

---

① 弗洛伊德，《两性解剖学区别的一些心理影响》(*Some psychical consequences of the anatomical distinction between the sexes*)，詹姆斯·斯特雷奇 (James Strachey) 译。收录于《弗洛伊德文集标准版》，第十九卷，伦敦：贺加斯出版社和精神分析研究所，1961 年，第 251 页。——英文版注

况，即"正常"演变中，主体并不像在第一个情况中那样放弃拥有阳具。根据弗洛伊德的观点，女人式的女人（la femme-femme）的不同之处在于，与第二种情况不同，她并不打算自行获得阳具替代物；她希望从男人那里得到阳具替代物，尤其是以孩子的形式。她并没有放弃阳具替代物，但她同意以伴侣为媒介来获得它。因此，从根本上说，弗洛伊德式的女人是那个愿意说"谢谢"的人。

尽管弗洛伊德没有这样表述，但这显然暗含了将缺失主体化（une subjectivation du manque），这种主体化假设她默认了——而不是抗议——假相的不公正分配，不要求追回——而且她也承认她受制于和男人欲望的相遇。

拉康的表达式并不与此相悖，实际上恰恰相反，因为他说，正是阴茎的缺位造就了阳具。[1] 这意味着，只有在为伴侣化身为阉割的意指（signification）并且把她自己作为负值呈现的条件下，她才是一个对象，这就是为什么拉康如此重视莱昂·布洛伊的《贫穷的女人》——这本书我前面谈到过。这个表达式可以一般化：正是缺失（是否有阴茎）使得对象存在。因此我们有了一个例子，即苏格拉底本人，他展示他的欲望之缺失，从而成为阿尔喀比亚德（Alcibiade）的转移对象。[2] 因此，任何人，无论男女，都有可能与一个女人是同源的，也就是说，仿效对象，与"大一"（Un）组成对子。

然而，对于一个女人来说，如同对于任何一个把自己放在对象

---

[1] 拉康，《主体的颠覆与欲望的辩证法》（"Subversion du sujet et dialectique du désir"），收录于《著作集》，第825页。

[2] 同前。

位置上的人来说，包括分析家，作为一个对象存在（l'être objet）并不能说明她所拥有的对象——即那些引起她自身欲望之物，或者也不能说明是什么使她在关系中处于对象的位置。就此而言，拉康与弗洛伊德相去甚远，在弗洛伊德已经放弃的地方，拉康接受了挑战。

女人并非母亲

拉康是这样做的，首先，他拒绝接受弗洛伊德的做法，将女人化约为母亲，从母亲的角度来解释她。正如我们再熟悉不过的，对于弗洛伊德来说，男人的爱在孩子身上达到顶峰，而孩子被认为处在两性关系的边缘，是唯一"引起"（cause）女人欲望的对象。然而，如果说一个女人的孩子是其性化欲望的答案，这是自相矛盾的。孩子当然是一个女人可能的对象 a，但这种可能性是在**有阳具**的辩证法的背景下提供的，这不是她特有的，并且很少能满足性欲望；本义的女性存在，如果有的话，也是在别处。

在母亲和女人之间，有一道缝隙，这在经验上是很容易察觉的。阳具孩子有时会填充这个缝隙，平息女人的需求，我们在一些案例中可以看到，这样的母性从根本上改变了母亲的爱若位置。然而，从根本上说，孩子作为礼物很少能打消欲望问题。孩子作为两性关系的剩余，可以很好地堵住女人的阳具缺失的一部分；然而，孩子并不是女性欲望的原因，而女性欲望在性的身体接触中发挥作用。

仅仅说她让自己适用于大他者欲望是不够的，因此也必须检视那个维持了这种同意的欲望。鉴于这种欲望未被化约为这样一个请求，即**成为大他者的缺失**，那么用拉康优美的语言来说，它的性化原因（cause sexuée）会被置于"伴侣身上，她所珍爱的属性"一边。[①]
换句话说，它被置于男性器官这一边，而阳具能指将这个器官转换成
"恋物"（fétiche）[②]，并将其提升至剩余享乐（plus de jouir）的等级。[③]
总的来说，如果交媾的享乐"被链接于剩余享乐"，即欲望的原因，
如果幻想的对象 a 对一个男人来说扮演了这个角色，那么对女人来
说，占据此位置的就是被恋物化的假相，它是从伴侣那里切出来的。
由此，从这第一个不对称产生了第二个不对称：对男人来说，伴侣仍
然是绝对的大他者，而对女人来说，他变成了被阉割的爱人。

　　除了女性阳具崇拜这一新表述，拉康接着推断出一种特定的女
性欲望，这是乔装禁止直接触及的。事实上，这种欲望只能被推断
出来，因为乔装遮住了它，使它不可能直接被触及。

　　矛盾的是，而且令我很惊讶的是，这一点没有得到更多的强调，
即拉康正是在思考女性同性恋时介绍了这种欲望。他的论证分几个
阶段进行。他非但没有强调所谓的女同性恋者放弃了女性性，反而
强调女性性是她们最感兴趣的；他提到了一个由琼斯揭示的事实，
他说，琼斯已经"在此清楚地发现了对男人作为隐形目击者的幻
想 [④] 与主体对她伴侣的享乐表现出的关心之间的联系"[⑤]。

---

① 拉康，《阳具的意指》，第 695 页。
② 这个词也常常被翻译为"物神"。——译者注
③ 拉康，《无线电》（"Radiophonie"），载于 *Scilicet 2/3*, Le Seuil, Paris, 1970, p. 90。
④ 比如凡德伊小姐（Mademoiselle Vinteuil），作为一个女同性恋者，她当着亡
　父肖像的面和她的伴侣享乐。可参考《阅读研讨班 XX：拉康论爱、知识与女
　性性欲的主要著作》（*Reading seminar XX: Lacan's major work on love,
　knowledge, and feminine sexuality*），由苏珊娜·巴纳德和布鲁斯·芬克
　（Suzanne Barnard and Bruce Fink）编辑，纽约：纽约州立大学出版社，详
　见第五章《女性的享乐条件》。——译者注
⑤ 拉康，《针对一届女性性欲大会的指导性言论》，第 735 页。

　　这就是说，第一个论点是，如果同性恋女人把自己当作一个与男人竞争的主体，那么这是为了拔高女性性，她把女性性放在其伴侣这边，因此只经由代理参与进去。接下来是一个评论，说的是这些女人在倚仗"她们的男性品质"（leurs qualités d'homme）时带有的"自然性"。第三点，也是最后一点，"也许这揭示了从女性性到欲望本身的路径"。这句话引人注目，很显然不适用于男人，因为对男人来说，路径是从欲望到行动，而不是反过来。因此，从女人在性活动中或其他地方的"扮演男人"出发，拉康做了一个归纳，说的是潜藏在这些活动之下的欲望：在"扮演男人"时，他们揭示了一个女人作为女人所渴望的东西。

　　他说，这种欲望表现为"一种被包裹在其自身连续性中的享乐的努力（……），为了在跟欲望的竞争中被实现，而这欲望是阉割在男人那里释放出来的"[1]。那么，这就是那个著名问题"女人想要什么？"的答案。这种欲望与任何对拥有的追求都无关，而且不同于对爱的请求，它不是对存在的渴望。它被定义为这么一个对等物（équivalent），如果不是和享乐意志对等，也至少和享乐目的对等。然而，这涉及一种特殊享乐的问题，它被排除在特别阳具性的享乐所具有的"离散"且受限特征之外。事实上，它不仅仅是一个简单的愿望，还是她对自己的一种应用，一种与男人竞争的"努力"；为了描述这种竞争，我很乐意冒险使用这个表达式，"（她）享乐，如同他欲望（jouir autant qu'il désire）"。此外，我还要指出，"与……竞争"这个表达意味着好胜心/仿真（émulation），它在后面的文

---

[1]　拉康，《针对一届女性性欲大会的指导性言论》，第 735 页。

本中再次得到了强调，拉康观察到在两性关系中，"性的申诉者"（appelants du sexe）和"欲望的持有者"（tenants du désir），即女人和男人，"作为对手而互相斗争"[1]。

绝对的大他者

我们可以看到，拉康对女性欲望问题的回答已经包含了对另一种享乐的思考，这另一种享乐不是阳具性的享乐，阳具享乐是无意识用来支撑着我们的。

阳具享乐，作为"大一"享乐（jouissance du Un），是被定位的、受限的，在身体之外。这是一种与能指相协调的享乐，如同能指一样是离散零碎的；因此，它适合依据加减来思考，从而成为主体的伴侣。阉割留给言说的存在的东西正是它。因此，它关联于享乐之缺失（manque à jouir），并建立了超我的享乐律令，而罪疚在超我中持续存在着。器官的自淫享乐创造了爱若领域的范例，对男人来说，它被移置到性关系的核心；而对女人来说，其对等物被认为是在阴蒂享乐中发现的。然而，它还有其他形式，我们可以清点出来：从接管曾经专属于男人的领地，到现代女性收藏者建立的一系列匿名器官。然而，阳具享乐并不限于爱若领域。它也构成了主体在现实领域的整体成就的基础，并构成了所有可被资本化的满足的实质。

这就引出了一个问题：对阳具享乐的追寻为两性关系的"封闭领域"留下了什么位置？它在当前的话语中引领了什么样的移置，即对爱与交媾之间的边界的移置？

———————

[1]　拉康，《针对一届女性性欲大会的指导性言论》，第 735 页。

爱情国地图 ① 与现代男人女人的忙碌日程如何协调？我们的思维方式、风俗习惯和社会群体的演变，正越来越倾向于将这一现实领域置于两性通用的符号（signes）之下。② 女人的享乐在很长一段时间内被主流话语限制在家庭中——包括丈夫和孩子那里，而现在她们发现自己正处于一个新的情境中：她们已经看到了所有竞争的大门在打开，而竞争始终是阳具性的。我们这个时代所特有的这些变化，已经对行为和性化理想产生了间接的影响——这一点我会再谈的——特别是产生了新的主体性效果。大多数情况下，这些都是失调效果：在女人身上，主体的分裂因其享乐被加剧的分裂而得到强化。

一种"被包裹在其自身连续性中"的享乐是别的东西，这种享乐没有落在能指的杠下，对阳具一无所知，因此不是由一个对象 *a* 引起的。这种享乐被除权在象征界之外，并且"在无意识之外"。我们能设想这种享乐的临床，让我们觉得女人没有说出全部（ne disent pas tout），因为她们对于这种享乐什么都没说（n'en disent rien du tout）？

正如拉康所说，这是"女性性所隐藏（dérobe）"的享乐，"dérobe"这个词也可以被翻译为"窃取"，它引入了占为己有以及遮

---

① 爱情国地图是一幅被称作为 Tendre（旧指"爱情"）的想象之地的地图，作为版画出现在史居里女勋爵（Madeleine de Scudéry）的小说《克莉里》(Clélie) 中，这幅地图代表了通往爱情的路径，与本书后面提到的女雅士有关。17 世纪的女雅士，她们的热烈交谈以及充满趣味的文字游戏，衍生出了当时的一种法国文学风格"préciosité"（这个词的意思之一专指 17 世纪女雅士的典雅）。——译者注

② 参见本书第十章《科学时代的癔症主体》。

掩这两种细微差别。事实上，一定不要想象增补的享乐只有神秘主义者描述过，他们是分析很少接触到的。我们也必须把增补的享乐与那被理论定位成前生殖期的享乐区别开，孩子，无论其性别，都是在与母亲这个原初对象的关系中开启前生殖期享乐的。这个小小的多形性倒错者，其部分冲动当然会让身体运作起来，但是部分冲动服从能指的碎片化结构，并且和阳具享乐一样，在身体之外。在这个意义上，前生殖期享乐不是另一种享乐，与母亲身体的关系也不是这个享乐的关键。

　　这个问题是关于性关系／相配的问题，或者更确切地说，是关于两种享乐之间的非关系（non-rapport）的问题。这就是为什么拉康提到了提瑞希阿斯（Tirésias）①，并且不满足于区分阴蒂享乐和阴道享乐，对这种区分，分析理论已经给出了一个近似的表述来处理这种享乐的狂喜特性——唯一能让这种享乐接近神秘主义者的享乐的特征。现在来看看白痴（l'idiot）和狂喜者（l'extatique）这一对。白痴独自从大一，尤其是从器官的一那里获取快感；相反，狂喜者以我们无法理解的方式，在我们无法理解之物的基础上，从一种未定位的享乐中获取快感。充满能指与诱导形象的无意识，对这种狂喜的享乐一无所知。它可以在体验中被感受到和表现出来。它是一种从定义上就被掩盖了的实在享乐。因此它重现

---

① 提瑞希阿斯是古希腊神话中的人物，既做过男人，也做过女人。故事版本之一说的是，宙斯与赫拉争论性爱中男人女人谁的快感更强烈，宙斯认为女人在性爱中得到的快乐更多，赫拉的观点则相反。他们把提瑞希阿斯找来询问意见。提瑞希阿斯认为男人享受的只是性爱快感中的十分之一，赫拉因此大怒，将提瑞希阿斯变成了瞎子；而作为补偿，宙斯赋予提瑞希阿斯通过鸟语预知未来的本领。——译者注

于一个必然是超越性的（au-delà）结构中，就像我之前说的：超越了阳具，超越了对象，超越了说的一致性，它否定了一切并非超越性的东西。它是无法衡量的，而且主体发现自身被它"超过"（dépassé）。另一方面，阳具的享乐，它没有超过主体。我不是说它是稳态的，它会令人不安，会引起痛苦（pathos），这是我们知道的，但它仍然适用于主体；在这一点上，它就像对象 a，对象 a 当然分裂了主体，但也贴合主体的缺口（béance）。另一种享乐使女人成为大他者——绝对的大他者。这就是为什么拉康在《再来一次》研讨班中可以讽刺地说，每个喜欢女人的人，无论他是男人还是女人，都是异性恋者。然而，我们怎么去爱那总让我们感到害怕的东西呢？

分析家如何利用这些指示呢？无意识知道很多，但根据定义，它对另一种享乐一无所知。精神分析很强调阳具享乐，这并非偶然，因为只有进入了能指的享乐才与分析实践有关。无意识不停止链接缺失、诱捕性的形象以及固着了享乐的字母（lettres）。也正是从阳具享乐的内部，无意识让一个剩余物出现，并表明享乐并不总是说出一切。然而这并不是在反对分析，因为可研究的是这另一种享乐的主体性结果，我称之为与享乐相遇的"诫律"（commandements）[1]。这种享乐废除了主体，"超过"了主体[2]，把主体留在"一种纯粹的缺位与一种纯粹的感受性"之间[3]，它只能被

---

[1] 参见本书第十五章《因为享乐》。
[2] 拉康，《冒失鬼说》，第23页。
[3] 拉康，《针对一届女性性欲大会的指导性言论》，第733页。

"重新复苏激活"（re-suscitée）[1]，而不能被制作成一个能指。这种相遇分裂了女性的存在，从而生成了防御、申诉和特定的需求。

因此，我会得出这样的结论：关于女人，无意识不一定要知道更多，因为这个"更多"——一个定量的表述——只会令人更困扰大他者是什么，这个大他者是既无法知道，也无法想象的，但它形成了所有被说的东西的边。就享乐而言，"除了'不够'（pas assez）这一回应之外，再没有什么可说的了"[2]。

---

[1] 拉康，《冒失鬼说》，第23页。[拉康用的这个词 re-suscitée 结合了"ressuscitée"（复苏）和"suscitée"（唤醒）。——英文版注]
[2] 拉康，《或者更糟》（"Ou pire"），参阅 *Scilicet 5*, Le Seuil, Paris, 1975, p. 9。

第三部分
鉴别性的临床

导 读

　　说女人是绝对的大他者，即是说她将一点都不像人们所说的她，她始终在象征界之外，而且在双重的意义上说是实在的：无法被言说，以及她获得的是非阳具性的享乐。从定义上说，绝对的大他者挑战了人们归诸她的任何可能的品质。

　　分析性的举动，在建构女人临床的努力之中，注定了要么说的是别人，尤其是母亲，要么说的都是女人所不是的吗？我还可以说，关于她，"什么都可以说"，但其意思指的是任何可说的：总会有一个相关的可能例子以及许多反例。女人们，按照定义来说，都是原创。她们是个享乐种族。

　　但是，不存在之物还是可以被言说的。如同拉康所言，"她被叫作女人（dit-femme），而且是受诽谤的（diffâme）"[1]。多个世纪以来，这一点已被见证过，这也许是一段抵御恐怖的历史。有一场关于享乐的种族主义，却没有大写女人的临床，有的只是想象性的以及投射性的临床。

　　然而，受到非全所影响的女人的临床，无论在癔症、强迫症、恐惧症还是在精神病的模式中，都不是要被排除在外的。

---

① 拉康，《再来一次》，第 79 页。

第四章　癔症与女性性

在余下的精神病学的眼中，癔症主体遭到了误解。另一方面，精神分析家一定不要以不错失她为借口，到处认出她，混淆癔症与女性性。我们正遭受着在临床上频繁混淆癔症之苦；每一位约见分析家的神经症女人，几乎都事先被认为是癔症的，至少如果她没有被怀疑是疯子的话。这是一个临床错误，拉康一向坚持采取相反的方向，因为癔症非常精确。弗洛伊德曾描述了"漂亮的屠夫妻子"的梦，拉康在对此描述的绝佳分析中，给了我们癔症范例。

作为介绍，并且为了指出我展开的方向，我将提到拉康的两个论点。

第一个论点，癔症主体……是实践中的无意识（l'inconscient en exercice），将主人逼至墙脚，生产知识。①

我们要注意，这个定义并没有指明癔症主体是一个女人。其含义是，每个主体都有些癔症，这可以给那个略微遭到遗忘的观点，即神经症有个癔症内核，带来新的活力。

第二个论点更晚一些，而且更令人惊讶，这个论点声称在癔症中，一个男人要优于一个女人。② 这令人吃惊，因为我们可以看出，这不是普通的偏见。然而，为什么我们会有这种偏见呢，为什么我

---

① 拉康，《无线电》，第 89 页。
② 拉康，《乔伊斯症状 II》（"Joyce le symptôme II", 1979），收录于《乔伊斯同拉康》（*Joyce avec Lacan*, Paris: Navarin, 1987），第 35 页。

们会把癔症与女性性混为一谈呢？

在《治疗的方向》（"La direction de la cure"）中题为"欲望必须从字面上理解"的第五节，拉康评论了"漂亮的屠夫妻子"的梦，非常有启发意义。这段简短的文字，是一个真正的短小精悍的杰作，在其中，他没有像在文本其余部分那样与他的同代人论战，而是提出了他自己的论点。通过这单独一个例子，他打造了三重论证：首先是无意识的语言结构（langage），他对此评论了十年；其次是真正的弗洛伊德式无意识是什么——由梦的语言结构所表征的欲望；最后是无意识的癔症式愿望是什么。

语言结构

弗洛伊德讨论这个梦是为了说明梦是一个欲望的表达，尽管其所述（énoncé）的是一个欲望的失败，或者说是一个愿望的失败。以下是这个梦：

> 我想举办晚宴，但我家里除了少许烟熏三文鱼（un peu de saumon fumé）外什么都没有。我想着我可以出去买点东西，但又想起这是星期天下午，商店可能全都关了门。接下来，我试着给一些承办酒席的人打电话，可电话却坏了。所以我不得不放弃举办晚宴的愿望。①

我们知道，拉康从索绪尔（Ferdinand de Saussure）的文本中提

---

① 弗洛伊德，《梦的解析》（L'interprétation des rêves），巴黎：法国大学出版社（PUF），1967 年，第 133 页。

取了一个其中没有的数学型（mathème），但这个数学型浓缩了他的分析。他把能指（signifiant）的大写 S 写在所指（signifié）的小写 s 之上，以表明所指是由能指产生的，是能指的效果。

$$\frac{S}{s}$$

这已经说明，所指完全不同于指示物，不同于物本身，不同于我们言说时对准的实在。接下来，拉康用雅克布森（Jakobson）的理论重读弗洛伊德，在隐喻和换喻[①]中识别出两种操作，通过这两种操作，所指得以产生。隐喻用一个能指代替另一个能指，用 S' 代替 S；S' 压抑了第一个能指，使它降格到所指的级别。其结果就是拉康所说的正向意义效果（effet de sens），他在所指的层面上用正号来表示这一点。

$$\frac{S'}{S} \rightarrow S\,(+)\,s$$

换喻将两个能指组合起来——组合不是替代——而不产生额外的意义，拉康在所指的层面上用负号来表示这一点。

$$(S \rightarrow S') \rightarrow S\,(-)\,s$$

梦是一个隐喻

拉康借助这种语言结构来解读"漂亮的屠夫妻子"的梦，而且阐述得很妙。对于他的论证，他当然使用了弗洛伊德的评论，该评论不仅分析了这个梦的文本，还分析了这个梦所唤起的联想。

---

① 见《无意识中字母的动因》（"L'instance de la lettre dans l'inconscient"）里面展开的隐喻换喻公式，该文收录于《著作集》，第 515 页。

弗洛伊德说，梦中出现的那块烟熏三文鱼是对梦者朋友的影射，那位朋友声称自己有吃三文鱼的欲望，却禁止自己吃。碰巧的是，"漂亮的屠夫妻子"对鱼子酱也是如此；她声称想要鱼子酱，并说服她的丈夫相信这一点，却坚持不让他给她买。一个女人梦见鱼子酱，一种在肉铺里买不到的食物，这已经打开了一道门，通往别处之物——至少在食物方面。由此出发，弗洛伊德大胆推断，这一对癔症主体的行为具有这样一层意味：对不被满足的欲望的欲望。所有这些都先于这个梦，还不是无意识的一部分。

拉康没有讨论弗洛伊德的这个论点。他把这个论点变成了一个数学型，并以能指和所指的结构来书写："对鱼子酱的欲望"是能指，其所指是"对不被满足的欲望的欲望"。

$$\frac{S}{s}; \frac{\text{对鱼子酱的欲望}}{\text{对不被满足的欲望的欲望}}$$

我们看到，拉康并没有把能指化约为语言（la langue）的要素，因为他把"对鱼子酱的欲望"变成了一个能指。任何离散的元素，只要能被分离出来并与其他离散的元素组合起来——而这些其他元素也能被分离出来，并能承载意义——都可以被称为能指。在这里，能指是"对鱼子酱的欲望"，但也可以是一个形象，甚至是一个手势。例如，拉康提到一个巴掌只要进入了诸表象的组合结构，就可以成为一个能指；一个躯体元素、一种身体疼痛也可以是能指，在弗洛伊德揭示的癔症型转换中就可以看出来。

然而，弗洛伊德所说的鱼子酱并没有出现在梦中。出现的是三文鱼，并且通过一种隐喻效果取代了鱼子酱；隐喻效果使一个能指（鱼子酱）消失，让另一个能指，即三文鱼出现。这个梦的隐喻结构已经可以写作如下：

$$\frac{S'}{S} \rightarrow S'(+)s;\ \frac{三文鱼}{鱼子酱} \rightarrow 三文鱼(+)s$$

如拉康所说："但是，隐喻如果不是一种正向意义效果，即主体获得她的欲望意义的某种通道，又是什么呢？"[1] 我们可以看到，正向意义效果，也就是隐喻所产生的额外的正向意义，无非是弗洛伊德所命名的梦中欲望，此欲望是非常无意识的。

$$(+)s = 欲望$$

因此，意义就是欲望本身。如果我们展开能指所指数学型的这两个层面，那么这句话就更加清晰了。正如能指的组合在一个链条中展开，而这可以用 S_1 和 S_2 这两个部分来象征化，那么所指本身也以两种形式呈现。首先，有意指，它是语法性的。这是在文本说明中所使用的，比如我们根据语法、词汇以及语义定义来检查一个句子。但这并没有穷尽所指，因为对于产生的每一个意指，我们都可以问，而且我们通常不会不问，这是什么"意思"（veut dire）。这个问题涉及能诉（énonciation）对准的是什么。因此，总是有一些意义（sens）超出了意指。

$$\frac{S_1 \rightarrow S_2}{s} \begin{array}{l} \nearrow 意指 \\ \searrow 意义 \end{array}$$

"这是什么意思？"归根结底，我们又回到了"它想要什么？"的问题。与其说是要知道这个主体想对你说什么，倒不如说是这个

① 拉康，《治疗的方向》，收录于《著作集》，第 622 页。

主体在言说时想要什么。这些都是解密须知，导向对欲望的解释，而且从这样的关切出发，拉康解开了语言结构，没有语言结构，解释就没有规则可循。梦是一个隐喻，使欲望维度呈现了出来。然而这还没有说出这个无意识欲望是什么。

为了抵达无意识欲望，我们不能简单停留在这两个朋友不被满足的欲望上：一个是对自己的三文鱼，另一个是对自己的鱼子酱。对鱼子酱不被满足的欲望的确不是无意识的，而是前意识的欲望，因为这个欲望仅仅是从病人明确的言语中推导出来的。无意识欲望不是从明确的言语中推导出来的，而是通过隐喻，作为所指被触及的。因此，有必要"深入下去，以便了解这样一个欲望在无意识中意味着什么"。

梦中的换喻

在开始解释无意识欲望之前，我将先考察换喻。我们必须首先区分不被满足的欲望和对不被满足的欲望的欲望。关于这个主题，有两段很难的内容。不被满足的欲望由鱼子酱这个能指表征，因为它"将这种欲望象征化为不可触及的……"这里我们处在基本数学型的层面。

$$\frac{S}{s} ; \frac{鱼子酱}{不被满足的欲望}$$

然而，拉康继续说，一旦欲望"滑向……鱼子酱，对鱼子酱的欲望就变成了这个欲望的换喻——因存在之缺失而成为必然，而这个欲望就在这种存在之缺失中维持自身"。我们姑且用能指在上所指在下的数学型将这个运作写作如下：

$$\frac{\text{鱼子酱}}{\text{不被满足的欲望}} \quad \to \quad \frac{\text{对鱼子酱的欲望}}{\text{对不被满足的欲望的欲望}}.$$

$$\text{鱼子酱} \to \text{欲望 鱼子酱}:(-)s$$

为什么对鱼子酱的欲望是对不被满足的欲望的换喻，而不是隐喻呢？拉康在同一页上评论了他所说的换喻的少许意义（le peu de sens），即在那个一般公式中写在所指层面的"负号"。他说："换喻如同我一直在教你们的那样，是一种效果，这种效果是由于**没有哪个意指不指向另一个意指**这一事实而变得可能的；这些意指最共通的特征在其中被制造出来，也就是少许意义（通常会与无意义的东西相混淆），我重复一下，少许意义被证明是这种欲望的根源，赋予这种欲望一点点性倒错，而人们很想在当前的癔症案例中指向这种性倒错。"

我将暂时把他对性倒错的强调放在一边。

我想首先强调的是，一直就没有能指的替代：与梦的隐喻不同，在梦中三文鱼压抑了鱼子酱，而鱼子酱只有通过联想才会重新出现，鱼子酱和对鱼子酱的欲望，没有哪一项从链条上消失过。在所指的层面，我们从不被满足的欲望转向对不被满足的欲望的欲望时，是否有一个正号？似乎有，提到鱼子酱的缺失（不被满足的欲望）和让人理解这种缺失被欲望（对不被满足的欲望的欲望）是不一样的。那为什么拉康接着说没有正向意义效果呢？

这只能通过区分意义和意指来理解。"不被满足的欲望"和"对不被满足的欲望的欲望"，这两者的意指是不同的。然而在意义（要放在这些意指的分母上）的层面，什么被转移了？（值得注意的是，弗洛伊德第一次使用"转移"一词，与梦中对能指的工作有关。）被转移的东西无非是一种表示缺失的标志，缺失是所有欲望固有的，并且坚持着。"不被满足的欲望"和"对不被满足的欲望的欲望"没有相同的意指，但在主体中缺失具有的意义是一样的。

$$\frac{S}{s} \overset{\longrightarrow}{\underset{\longleftarrow}{}} \begin{array}{c} \text{意指} \\ \text{意义} \end{array} \qquad \frac{\text{鱼子酱}}{\text{不被满足的欲望}} \qquad \frac{\text{对鱼子酱的欲望}}{\text{对不被满足的欲望的欲望}}$$
$$\text{缺失具有的意义} \qquad \text{缺失具有的意义}$$

在"不被满足的欲望"和"对不被满足的欲望的欲望"这两者中坚持的单一意义只是一个"少许意义"，即与同样的缺失相关的"少许意义"，它没法告诉我们这个梦明确的无意识欲望是什么。就是这解决了对可能的性倒错的强调问题。对于那些想把我们的这两个朋友的匮乏策略归结为受虐癖的人，拉康的回应是，这只是一种显象，"这种显象的真相是，欲望是对存在之缺失的换喻"[1]。那么，就无意识主体想要某种确定的东西而言，关于这个主体，我们可以说些什么呢？

无意识主体

无意识主体不是那个在转移性的召唤的维度上向弗洛伊德叙述自己梦境的漂亮癔症者。"好吧，我亲爱的教授，你对此有什么要说的？"你最好赶紧干活！无意识主体，如果我们有可能将其具像化的话——不过当然，我们不能，所以我使用的是情态动词"可能"——那这个主体将是隐喻性替代的施动者。

这个主体不是那个人——那个人经历了她全部的哑剧——而是由这个隐喻决定的东西。因此，它等同于它所表征的欲望。我们发现这个主体"在一个能指滑动中，其神秘性在于，主体甚至不知道

---

[1] 拉康，《治疗的方向》，第 623 页。

要在哪里假装是这个能指滑动的组织者"①。

因此，我们必须区分这两者：一方面是作为语言结构的无意识，它被解密——隐喻和换喻的能指构形（formations），另一方面是在这种链条组合中被转移的，且只能被解释的无意识意义。这就是作为欲望的无意识，作为无意识主体的无意识。

三种认同

对"漂亮的屠夫妻子"的梦相当简单的解释是通过区分三种认同来推进的。

在精神分析被发明的很久之前，人们就知道，癔症主体倾向于制造认同，但癔症型认同很复杂，而且是分层的。

第一种认同

这是对那个朋友的认同，我们可以在拉康的 L 图上标出这个认同的坐标，在 L 图中，想象轴被主体与主体的象征关系轴穿插。

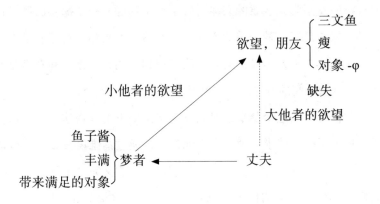

---

① 拉康，《治疗的方向》，第 623 页。

这不仅仅是认同一个单一能指，更是认同一种已经指明了欲望的行为（拒绝自己说的想要的东西）。此认同要被置于想象轴，通过能指的指示符，认同小他者的欲望，即相似者的欲望。

对朋友的这种认同，其指示符是病人对鱼子酱的欲望，这个欲望复制了朋友对三文鱼的欲望。鱼子酱和三文鱼作为不可触及或被拒绝的对象，是她们不被满足的欲望的能指。

然而，对朋友欲望的这种认同，只能放在和第三项的关系中理解，这个第三项可以被写作 A，在这里恰好是由丈夫，由一个被推动着去欲望的人来填补的位置。他必须被定位在大写他者的位置上，因为为了诱惑他，她必须依据他的欲望来确定自己的方位；这个欲望本身只是通过他的要求来定位，是他的要求具有的意义。

这种结构很容易解读，因为其丈夫的要求非常明确。他是一个自称知道自己想要什么的男人：他喜欢曲线玲珑的女人。碰巧的是，病人曲线玲珑，各方面都满足他的要求。另一方面，她的朋友非常瘦，不具备那些可以让她丈夫获得性满足的先决条件；因此，她丈夫对她朋友不为人注意的兴趣引发了一个问题。一个欲望已经被指明了，但却是以一种否定的模式：他有另一种兴趣，对那满足不了他的东西感兴趣，尽管他的冲动已经得到了满足。欲望和对满足的要求，这两者间的分界线在这里很明显。

我们可以在这个梦里这对朋友的交集中再次发现这一点。这位朋友提出了一个请求：她想来吃晚饭。她通过恭维屠夫妻子来传达这个意指："你在你家吃得真好。"这句话的意义完全不同，而且我们机智的屠夫妻子明白这一点：唤起丈夫的欲望会让她朋友高兴，这个男人喜欢"那瓣屁股"（la tranche de postérieur），尽管没有什么迹象表明她想把自己当作秀色献给屠夫。情况恰恰相反。

病人的梦被呈现为一个愿望，并由一个要求来表达，甚至由一通电话来表达，这个愿望回应了朋友的请求，并由电话象征化。其意指很清楚；她想取悦她的朋友，但梦中假定的意图却失败了，从而揭示了另一个意图："如果你觉得我会帮你捕捉我丈夫的缺失……"

朋友在这里作为支撑欲望——欲望可以简单地理解为缺失——的人而介入，而屠夫妻子则是带来满足的对象。在这个案例中，对于癔症主体的典型分裂，我们有一个最低限度的、非常确切的例证：满足对象和欲望对象之间的分裂，享乐对象和缺失对象之间的分裂。拉康在其教学的某些时期使用的对象原因这个概念，凝缩了对象的这两个方面：一方面，它是缺失的对象以及维持欲望的对象；另一方面，它是作为剩余享乐的对象。因此，它有双重功能：引发缺失以及填补缺失。癔症主体则把这两个方面分开。

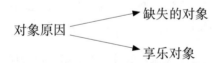

第二种认同

因此，对朋友的想象认同并不是什么普通的认同。其驱动力处在主体与大他者关系的象征轴上，在这个案例中，大他者是那个丈夫。更确切地说，这种认同的基础是一个关于大他者欲望的问题："难道不可能是，在他一切都得偿所愿时，他也有一个仍然出岔子的欲望吗？"[1] 屠夫妻子是否从屠夫的角度来看待自己的朋友？她从男

---

[1]　拉康，《治疗的方向》，第 626 页。

人的角度审视 agalma[①]，也就是她朋友的魅力，其诱人的瘦带有的奥秘。因此，由梦的隐喻所表征的主体，是关于大他者——这里指的是那个男人——的问题，她作为主体已经认同了大他者。

"主体在这里成为这个问题。在这方面，这个女人认同这个男人，而那块（tranche）烟熏三文鱼则占据了他者欲望的位置。"[②]

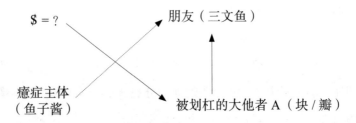

$$\$ = ?$$

朋友（三文鱼）

癔症主体
（鱼子酱）

被划杠的大他者 A（块／瓣）

那块烟熏三文鱼是从哪里来的？这是拉康第一次引入这个能指，而在梦文本的转译中提到的是"少许三文鱼"（un peu de saumon）。事实上，这是一个凝缩：三文鱼来自那个朋友，而这个块（la tranche）则来自丈夫。他扮演快活的人，曾说过"d'une tranche de derrière d'une belle garce"[③]。因此，"这个块"，和"少许"（le peu）的意思一样，并非全部；它成了大他者的欲望的能指。拉康说"这个女人认同了这个男人"时，既不是他变戏法弄出来的，也不是对行为和想象姿态的研究；而是解密能指的结果。这与任何心理学直觉都无关。

因此有两种认同：第一种是认同朋友，处在想象轴；第二种则

---

① 这个词一般翻译为"神像，小神像"，拉康在《转移》研讨班把这个词从柏拉图的《会饮篇》(The symposium) 中提取出来，和对象 a 关联起来。在《会饮篇》中，阿尔喀比亚德向宴会上在座的各位颂扬苏格拉底，说自己在苏格拉底内心看到过这么一个神圣珍贵的小神像。——译者注

② 拉康，《治疗的方向》，第 627 页。

③ 这句话直译过来是：一个漂亮姑娘／婊子的一瓣屁股。——译者注

处在象征轴，是认同那个男人的欲望。我们立马可以看到，这个癔症女人对那个男人的认同一点也没有排除女性性哑剧；病人的鱼子酱游戏是女性乔装的一部分。她"扮演男人"（faire l'homme）[1] 是在欲望的无意识层面上，和什么假小子外表没有关系。

第三种认同

如果我们只停留在这第二种认同上，我们就会把癔症主体当成一个没完没了的问题。她将是一个其存在可以用一个表达式来定义的人，也就是关于大他者的问题的表达式。然而，关于大他者的问题并非不可言喻。它有一个能指：阳具，这个能指在这里被定义为缺失的能指，并且与之相关的是第三种认同。"成为／是阳具，哪怕是一个有点儿瘦的阳具——这不就是对欲望能指的最终认同吗？"[2]

$$\frac{\Phi}{\$} = ?$$

对最终认同的这种表达，预期了拉康在《无意识的位置》（"Position de l'inconscient"）这篇文章中对他所说的分离轴的发展，主体将自己与大他者的能指分离，做法是认同其欲望的能指或对象。因此，这个梦里面运作的三种认同大相径庭：第一种是认同那个维持了欲望的对象；第二种是认同欲望主体；第三种是认同欲望能指。主体——如果她说了"我"——可以说："我当然是存在之缺失，但至少我可以成为大他者中的缺失之物。""是阳具"是机智的屠夫妻

---

[1]　faire l'homme 这个表达是有歧义的，可指"扮演男人"，亦可指"塑造男人"，根据语境，这里翻译为"扮演男人"，作者在下文会提到另一层意思。——译者注
[2]　拉康，《治疗的方向》，第 627 页。

子梦中的欲望表达式，它是这么一种愿望：通过大他者的缺失来让自己存在。

癔症与女性位置

拉康也用同样的表达，即"是阳具"，来指明女人在性化关系中的位置。我们是否应该由此得出结论，说癔症与女性性是一体的，就像由子宫（utérus）引申出"癔症"（hystérie）的词源学① 明显蕴含的那样？拉康的回答完全不一样，癔症和女性性的界限必须是明确的。

我们来区分成为阳具的愿望与那种让一个女人成为阳具的性关系中的位置。这种位置表示的不是一种认同，而是一个场所，即男性欲望的补充的场所。幻想公式，$ \$ \diamond a $，将欲望着的主体和其伴侣（作为那种补充其欲望的对象）之间的不对称形象化。这个对象可以被看作是 a 形象，但也可以被看作是一个能指，因为对象选择是有诸多象征条件的——也可以被看作是 a 享乐。无论在哪种情况下，它的价值在于它是回应主体阳具缺失的东西。转译了这种不对称的是，在性关系中，男人必须去欲望，而女人只要允许自己被欲望就够了——让她同意就够了。因此，我们必须检视这么一个问题：在这种同意之外，什么是独特的女性欲望。②

这个问题不能用性行为来解答，因为有各种各样的方式让一个人把自己定位在这种欲望中。在这一点上，拉康非常明确地区分了

① 古代西方医生认为，癔症的病因是子宫在体内偏离了正常的位置。——译者注
② 参考前面的章节。

女人的方式和癔症主体的方式，尽管两者可以结合起来。在癔症主体的情况中，对欲望的认同排除了对享乐对象的认同。这一论点在拉康的教学中随处可见，尽管他对这一论点的表述在不同时期有不同方式。①

因此，我们有了一个观点，这个观点总是可以验证的，也就是，在与伴侣的关系中，癔症主体施展了一种减法策略。如同拉康所说的"躲闪"（dérobade），而且弗洛伊德已经揭示了诱惑和拒绝这种双重举动，掀起裙子的手和把裙子拉下来的手。"漂亮的屠夫妻子"以一种迷人无害的形式展示了这一点：她没有拒绝让自己被丈夫享乐，我们确切地知道她自己由此获得了什么享乐，但我们知道，唯一令她感兴趣的是她丈夫身上未被满足的东西。如果她认同了她朋友，那是为了试图，至少是想象性地，使她那被满足的丈夫不满足。这并没有什么恶意；只是希望把自己变成大他者中的缺失之物。

朵拉的情况也不失为一个典范。对她来说，确实，大他者是被分割的。有两个男人：K 先生这个拥有器官且想要获取快感的男人，以及她父亲这个被明确说成阳痿的男人。他当然对 K 夫人感兴趣，而且也从中获得了一些好处，但无论如何，就该器官特有

---

① 我可以就这些进展给一点提示：1951 年，《关于转移的发言》（"L'intervention sur le transfert"）这篇文章将认同自己性别方面的困难归于朵拉；1958 年，"漂亮的屠夫妻子"的案例给出了一个范例：选择欲望之缺失而不是享乐；1973 年，在《德文版〈著作集〉的导言》（"Introduction à l'édition allemande des *Écrits*"）中，拉康再次确认了这一点："癔症主体认同了那被当作对象的缺失，而不是缺失之原因。"最后是 1979 年，在关于乔伊斯的讲座中（《乔伊斯同拉康》，第 35 页），他明确区分了一个作为症状的女人和症状-癔症主体。

的阳具享乐而言，他对她并不感兴趣。对于"漂亮的屠夫妻子"来说，这两个男人——性享乐的男人以及拥有无能/阳痿的性欲望的男人——已经结合成了一个男人：享乐的屠夫和欲望的屠夫。然而，这两个男人着迷的都是那个小神像式的（agalmatic）对象，它使他们欲望。从 K 夫人到圣母马利亚，这就是朵拉感兴趣的一切。

我们不应该由此得出结论，认为癔症主体拒绝让自己有任何享乐。她是一个以缺失为食的主体，这在很大程度上就是一种享乐，但不是一种活生生的享乐。换句话说，从缺失中获得快感和从肉体中获得快感是非常不同的事情。非常准确地定义癔症位置的是那种让享乐不被满足的意志。肯定促使临床工作者受误导的是，癔症主体，特别是在如今，并不拒绝和男人睡觉，甚至可能收集情人。人们由此得出结论，认为她们致力于享乐……但精神分析临床不是以行为观察为指导的，哪怕它经常让我们能够解释这种行为的反常和神秘。

一个女人的位置是不同的，拉康以相反的方式定义女人的位置。我已经提到了他在 1958 年的文本中对女性欲望的解释，他在其中回应了弗洛伊德的著名问题："女人想要什么？"这个回应可以概括为"她想要获得享乐"。不仅是它获得更多快感——这是提瑞希阿斯（Tirésias）的信息——而且也是它想要获得快感。

不能说癔症主体想要获得享乐，也不能说她不想要。那么，她想要什么呢？我们可以从已经说过的内容中分离出一个表达式。癔症主体在把满足之缺失引入大他者的享乐中时，对准的是额外的存在（un plus d'être）。一个女人想要获得快感；癔症主体则想要存在/成为。她甚至要求自己成为——为大他者而成为什么，不是成为享乐对象，而是成为那滋养欲望和爱的珍贵对象。我们可以绘制一个表格，以呈现拉康为这两种结构提出的差异性特征。在女人这一边，也就是在左边，参考的是享乐，因此有一个加号；在癔症主体这一边，也就是在右边，参考的是欲望，因此有一个减号。在左边，有一个想要获得快感；在右边，有一个想要存在 / 成为。为了补全这个表格，我们必须说明这个实际享乐的真相，并澄清一个女人对于获得这种享乐的想望。与此相对的是，想要把享乐给别人。如同拉康在《冒失鬼说》中所说，一个男人从一个女人那里得到的享乐分割了她。这意味着，这个伴侣的享乐来到了她自己的欲望原因的场所。我们来明确区分一下女人为大他者提供享乐（offre à jouir）——这不同于癔症主体提供欲望（offre à désirer）——以及另一方面，女人特有的享乐。事实上，经常发生的情况是，有些女人既不想让男人获得快感——这是癔症主体主要的性倒错，弗洛伊德不难察觉到这一点——也不想（自己）获得快感，因为享乐不一定是可欲望的。

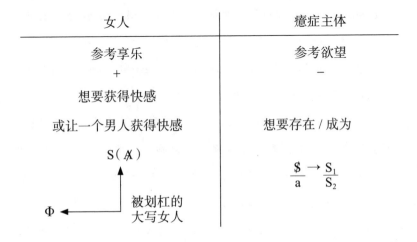

女人	癔症主体
参考享乐	参考欲望
+	−
想要获得快感	
或让一个男人获得快感	想要存在 / 成为

使（某人）欲望

在书写癔症话语时，拉康首先想表明她最可贵之处：她从主人那里获得了知识产物，如同苏格拉底与柏拉图以及癔症主体与弗洛伊德的关系所显示的：

$$\frac{\$}{a} \quad \frac{S_1}{S_2}$$

然而，她的真理与此不同，在这个真理和她的话语所获得的东西之间有一个缺口，因为癔症主体想要——我用"想要"这个词来标记其中的不可能性——得到**一种关于对象的知识**。她想要大他者能够说出女人作为小神像这一珍贵的对象是什么；事实上，问题不仅在于癔症主体激发大他者的性欲望，还在于让他说出（欲望）的原因是什么。因此，有一种满足之缺失，冲击着不可能言说之物，而且这是由生产出来的各种各样的知识所维持的。"告诉我，你的欲望在瞄准哪里，我还是别人！"这个问题当然能让恋人一直交谈下去，而且也有一个与超我相连的功能。然而，这并不是一个推向享乐（pousse-à-jouir）的超我，而是一个推向知识（pousse-au-savoir）的超我。这就是沙可（Charcot）的不足之处。癔症主体当然是在寻找一个男人，但这个男人被"知的欲望"（désir de savoir）所驱动；她在寻找一个男人来认识对象。

在精神分析的历史上，其结果是，多亏了弗洛伊德所倾听的癔症主体，一系列的部分对象才得以确立。她们都被作为大他者——那个男人——欲望的欲望所激活，她们对弗洛伊德的教导不是在女人方面，而是在男性欲望的原因方面。一个女人被分割在阳具能指（Φ）和大他者中缺失的能指［S（Ⱥ）］之间，对她来说，

伴侣不是对象 a。

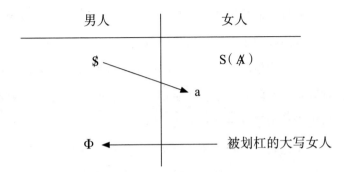

就此而言，癔症是必然的；性偏见——按自己的标准来评判伴侣——的**先验性**引导人们相信自己在谈论女人，而在屠夫妻子的梦中，她们在讲男性伴侣的语言。

在这些问题上，拉康确实改变了他的构想。在他曾以"有或是阳具"来区分两性的地方，他开始说"有或是症状"。这两个表达式并不等同；它们是对立的。阳具是缺失之负功能；症状则是享乐的正功能。因此，想要"是阳具"——拉康一度以此让癔症主体受辱——恰恰意味着不想是症状。这就是他在1979年论乔伊斯（Joyce）的第二次演讲中明确指出的，他在该演讲中再次强调了癔症主体的位置和女人的位置之间的区别。他说，一个女人被指定为是症状。癔症主体则不然，她的特点是"对他者的症状感兴趣"，因此她不是最后的症状，而只是"倒数第二个"。

成为一个独特的症状——至少为"大一"而成为——确切地说，不是癔症主体的需求，从朵拉案例以来我们就知道这一点。这在经验中被转译为这样的事实：即使是一对一，癔症主体也不构成一对，而至少是一个三角，有时更甚。临床上的困难在于，反过来说就不对了。一个女人，不管她是强迫症、恐惧症，甚至是精神病主体，也可以与我所说的症状中的对手有一些关系，而这个对手并不承担另一个女人在癔症的情况中所扮演的角色。此外，强迫症男人也有自己的三角，因为他用另一个自我的欲望来滋养自己的欲望。无论如何，对癔症主体来说，对他者的症状感兴趣意味着不同意是症状。然而，这也不是为了有一个和男人一样的症状。与人们过于草率的想象相反，无论是谁，若不是一个女人，不一定就是一个男人。拉康确实指出，苏格拉底不是一个男人。还有第三个位置，即经由代理而有一个症状。这并不意味着身体对身体的关系，拉康明确指出了这一点。我们可以在拉康的教学中追寻所有那些让他逐步接近这一确认的表达式。可以肯定的是，朵拉对 K 夫人这个症状感兴趣，但她并不想成为 K 夫人，在 K 先生把他妻子的位置给她时，她扇了 K 先生一巴掌。由于"漂亮的屠夫妻子"在现实中承受着她丈夫的殷勤关注，因而她更清楚地表明了，她只是梦想着离开这个症状位置，正如拉康在《精神分析的反面》(L'envers de la psychanalyse) 中所说，她梦想着把她亲爱的屠夫留给别人。至于苏格拉底，很明显，他并不想成为阿尔喀比亚德的症状，他对阿伽通（Agathon）感兴趣，阿伽通则是占据那个（症状）位置的人。

尽管如此，我们还是可以理解，为什么癔症容易和女性位置混淆，为什么癔症在女人中更常见。女性性意味着与大他者，即与男人的关系，以便使自己成为一个症状。一个女人对"让他获得快感"的重视并不排除"让他欲望"，这是它的条件。因此，在我看来，女人的癔症内核得到了强调。癔症主体也受大他者调停，但却是出于不同的目的，而不是为了把自己变成他的症状。作为一种话语，癔症决定了一个从不孤单的主体，即使她是孤立的，这个主体在现实中总是与另一个被主人能指所定义的人结合成一对，并且质询他在性方面的知的欲望。她的欲望被大他者的症状所滋养，乃至几乎可以说她使自己成为其原因，但在这种情况下，这个原因是知的原因。激活她的不是知的欲望，而是她想在他者身上激发这种欲望。

癔症主体的"塑造/扮演男人"（faire l'homme）如何定位？这个说法有好几个意思。首先，它指的是癔症主体的挑战，她的"让我们看看你是不是一个男人"，意思是说"勇敢的男人会站起来吗"，也是她对一个男人的认同。然而，这种认同并不是什么别的认同，正是在这一点上我们经常犯错。这种认同可以是认同他的阳具之占有，或者相反，是认同他的阳具之缺失。两者实际上都可以在同一主体身上找到，但独特的癔症型认同——我们在朵拉和"漂亮的屠夫妻子"身上可以找到——正如拉康在他1973年的文章《德文版〈著作集〉的导言》中重新表述的那样，是认同男人，这是就他没有得到满足，他也未被满足，他的享乐遭到阉割而言的。临床工作者很容易在这里迷失方向，因为这种认同的后果可以在经验中以极端女性性的假相为形式出现。看一看"漂亮的屠夫妻子"：在想象的、可见的层面上，她表现成一个女人，与她的朋友竞争。然而，这种乔装的结果是，在象征层面上，作为主体，她认同那个有所缺失的男人。

我们也可以领会为什么拉康可以论证，在癔症中男人优于女人。让某人欲望知识的这种欲望，在他身上，不受享乐限制。如果我们跟随拉康，那么在这方面，苏格拉底是一个典范。苏格拉底呼唤阿尔喀比亚德，想让他参与自己的辩证法，参与哲学知识的制作，但从他那里既不寻求爱的效果，也不寻求享乐效果。苏格拉底对爱的追求如此之少，乃至阿尔喀比亚德向他提供爱的时候，他拒绝了，并且在这个年轻人的激情面前完全不慌不忙。

然而，在与大他者的这种关系中，我们不要忘记了上帝这个绝佳的被划杠的大他者。拉康于《再来一次》中确认，女人关切的是上帝，这句话似乎很神秘，尤其是在我们把它应用于当代女人身上时。然而，在男人之外，总是有一个比男人更大他者的大他者，这恰好是因为后者的阳具质量。有一种信念认为阳具钥匙可以告诉我们，男人的本质是什么，这种信念使女人在相互交谈时所说的话活灵活现。1958 年，拉康以同样的口吻说道，无论一个女人拥抱谁，她自己真正希望的是一个遭到阉割的男人[1]：一个大他者，其神秘不会受到阳具钥匙限制。

女性之爱

为了标明女性性和癔症之间的边界，我现在再谈谈女人的爱，这种爱通常被说成是嫉妒的、独占的。嫉妒是因为它要求存在。事实上，它不仅仅要求存在：在其互惠充盈的时刻，它成功制造了一种对阉割的暂时纠正，暂时消除了存在之缺失带来的效果。常见经验的这一相当明显的方面在癔症中得到了凸显，但并非癔症特有的。它或多或少出现在所有主体那里，尽管在男人女人那里存在着一些差异。

另一方面，女性之爱之所以是嫉妒的，是因为它与她的享乐特征有关——这是最有趣的。与阳具享乐不同，另一种额外的享乐

---

[1] 拉康，《著作集》，第 733 页。

"超过了"主体。这种超过首先是因为这种享乐和语言所规范的现象的不连续结构是异质的，其结果是，这种享乐不提供一种认同。

我们可以看到这如何不同于男人的情况，因为阳具享乐——该享乐与主体现象具有相同的不连续结构——具有认同价值。男人夸耀他们的表现，而这些表现总是阳具性的，他们越是积累阳具享乐，就越把自己看作男人。从小学开始，男孩就互相展示自己的生殖器，比较它们，看谁能尿得最远，以此运用它们。这个器官还没有在严格的性欲层面上运作，但话语已经让男孩知道，别人会根据这个器官来衡量他。后来会有性征服，一个人若是男人，就会计算征服次数。甚至有时会发生这样的事情，而且这是一个有趣的现象，也就是说，名人在他们公关的建议下，会声称有一个他们从未交往过的情妇，因为这表明他们是真男人。事实上，在我们那个国度，政界、演艺界或体育界的所有知名人士都会用一个女人来装扮自己。这是事实。一个男人若是要触及一个团体所特有的想象力，也许没有什么比这更有必要了。就好像我们知道，男人在展示他的女人时，也在展示他自己。此外，我们可以看到，我们这个时代的解组家庭（les famillles décomposées）① 还没有成为规范。在各个层面上——政治、职业、财富——一个男人通过阳具性的占有来保证自己是一个男人。

对女人来说，情况就不一样了。在爱中或别处的阳具享乐——权力的阳具享乐——对她来说当然是不受禁止的。很明显，所谓的妇女解放让她们越来越多地接触到各种各样的阳具享乐。问

_____

① 我使用这个词汇当然是参考了"重组家庭"（famille recomposée）。

题在于，做得和男人一样好并不能使你成为一个女人。因此，出现了精神分析长期以来一直能够定位的主体性冲突，其形式因时期而异；从阳具性的占有到做一个女人而有的困扰感，时不时地有人如是说。

女性特有的这另一种享乐并没有为女人提供更多保证。除非在特殊情况下，否则一个女人不会靠她的高潮次数或狂喜程度来使自己被认作一个女人。她远没有公开这种享乐，她可能恰好将其隐藏起来。换句话说，既然她不能成为大写女人，那么剩下的就是成为一（个）女人（une femme），被一个男人选中。她从大他者那里借来了这个"一"，以确保她自己不只是某某主体。这正是她作为一个言说的存在之所是，言说的存在臣服于阳具主义，但除此之外，她还想被认定为一个被选中的女人。因此，我们可以理解，为什么女人，无论她们是否癔症，都比男人更爱爱情。

第五章　女人是受虐狂吗？

鉴于女人在阳具中心辩证法中代表了绝对的大他者，一切都被归诸她。[①]

"女人想要什么"这个问题对弗洛伊德来说是个绊脚石，且继续萦绕在诸多话语中，但有个答案却一直在流传：她想要受苦。精神分析家难以领会女性性的本质，于是提出了女性受虐狂的论点。在他们看来，一个主体可以把自己当作一个对象——在女人与男人的欲望的关系中就是这种情况——而不成为受虐狂，似乎是不可想象的！受虐狂，在其上演的场景中，努力把自己"讽刺性地"展现为一个对象——"你想怎么对我就怎么对我"。女人，在她们这一边，以最高的音量强烈谴责她们的位置所特有的异化导致她们所承受的一切。她们强烈谴责，乃至让人怀疑是什么促使她们采取这种位置的，因为如果她们不想，那就没有什么能迫使她们这样做。拉康注意到了这一点。因此，还有我提到的各位女性主义者的呐喊，她们把自己的极端位置推到了想要禁止每一种性关系的地步，她们质询自己的女同胞："女人，你们是受虐狂吗？"然而，并非跨过了快乐原则的限制就成了受虐狂；相反，那将是言说的存在的普遍受虐狂，并不是女性特有的。

---

① 拉康，《针对一届女性性欲大会的指导性言论》，第 732 页。

对这一概念有过错的陈述来自弗洛伊德，特别是在他 1919 年和 1924 年的两篇文章中，即《一个孩子在被打》（"Un enfant est battu"）和《受虐狂的经济学问题》（"Le problème économique du masochisme"）。这个论点并不坚持认为有受虐狂的女人——是有一些，也有受虐狂的男人。此论点也不满足于只是确认女人受苦——她们确实因为阳具缺失而受苦，但并不胜过男人因阉割威胁而受的苦。弗洛伊德的论点确认了女性欲望在本质上是受虐的，其目的在于通过痛苦来获得享乐，甚至使自己成为他者的殉道者。拉康说，这是偏见，甚至是"骇人的"偏见。弗洛伊德后继的诸位分析家，尤其是女分析家，更愿意维持这种偏见，而这一论点在与之相反的临床事实的积累面前"仍然没有受到质疑"。然而，除了弗洛伊德的具体陈述之外，这真的是他的论点吗？

受虐狂隐喻

弗洛伊德的表达式，至少如果我们把它们分离出来的话，似乎就没有任何怀疑的余地。表达式有很多，我将引用其中最引人注目的两个。在提到受虐狂男人的情景时，他一再说"他们的受虐态度与女性的相吻合"[1]。更为激进的是，他提出了"女性受虐狂"这个概念，将其与色情受虐狂或道德受虐狂区分开，并将其定义为"女性本质的表达"[2]。

弗洛伊德对这些表达式的评论足以让人对它们在上下文中的含

---

[1] 弗洛伊德，《一个孩子在被打》，收录于《神经症、精神病与性倒错》（*Névrose, psychose et perversion*，PUF，1973），第 237 页。
[2] 弗洛伊德，《受虐狂的经济学问题》，同前，第 289 页。

义深信不疑。它们的目的不是要揭示女性性的问题，而是要揭示性倒错的幻想和做法，特别是男人那里的。① 它们铭写了弗洛伊德所发现的这两者的等价关系，即受虐狂"让自己被打"的倾向，和弗洛伊德所说的女性在性关系中的"角色"。为了让自己被当作父亲的对象——弗洛伊德把这种表达等同于让自己被当作女人来对待——受虐狂除了让自己被打之外没有其他办法。我们看到，在这里，"女性位置"这个词应该得到澄清。它并不直接指向我们所说的主体位置。它首先指的是性伴侣对子中的一个位置，在那里，另一个人，即男人，才是欲望主体。弗洛伊德坚持强调受虐幻想和俄狄浦斯欲望之间的联系，强烈肯定了打人的他者与父亲的等同——哪怕在主体有意识的想象中，那是母亲——这清楚地表明，他正在探索性伴侣对子的一个版本。

他首先列举了享乐表象的换喻。"被堵住嘴、被捆绑、被痛打、被鞭打、以某种方式被虐待、被迫无条件服从、被玷污和被贬低"②；然后是其中暗含的冲动的顺序和种类：口腔的、肛门的、施虐的，无论一个人是否让自己"被吃掉、被殴打、被性占有"；最后是对象的一系列化身：依赖的孩子、坏孩子、被阉割和经受交媾的女人。如我们所见，弗洛伊德在有条不紊地探索那补充男性欲望的对象的一个版本。尽管并未说出来，但他令人惊讶地发现了拉康多年后构想的东西：这个对象是无性的。这就是他在把它修饰为"前生殖的"时所说的。因此，根据拉康后来的表达式，受虐狂在这里被援引为，事实上，对不存在的性关系的弥补。这是一个隐喻。

---

① 弗洛伊德，《受虐狂的经济学问题》，第 289 页。
② 弗洛伊德，《受虐狂的经济学问题》，第 292 页。

弗洛伊德对什么是"明显的受虐狂特征"[①] 的定义确认了这一点。根据他的说法，受虐狂用一种享乐表达式替代另一种：在生殖意义上，用"被打"来替代"被爱"（être aimée）。弗洛伊德将这种替代修饰为"退行的"，这通常在我们没有更多思考的情况下被重复。通过这一修饰，他真正引入了一些非常精确的东西，而这些东西往往没有被注意到。对弗洛伊德来说，退行意味着无意识中的真正变化。压抑虽将一个欲望从舞台上抹去，但可让它保持不变，并让其在无意识中与自身相似。相反，正如弗洛伊德所说，退行则改变了无意识中事物的状态。如果他不是在说他所谓的退行的欲望以及享乐真的不一样了，又是在说什么呢？我们可以推断，对弗洛伊德来说，以受虐的方式成为对象与在性关系中成为对象是两种不同模式的欲望和享乐。弗洛伊德当然把他在男人身上发现的受虐狂修饰为"女性化的"。他这样做是为了表明，在这种受虐狂的起源中，如果主体最终渴望被打，那就是要像被父亲占有的女人一样。然而，由于他补充说退行性的替代在无意识中产生了真正的变化，因此他恰恰指出了受虐狂渴望的和女性渴望的异质性；他表明了，被殴打和处于女人的位置是不一样的。

顺便提一下，值得注意的是，弗洛伊德在他后来的 1925 年、1931 年和 1932 年的文章中处理女性欲望的问题时，并没有诉诸受虐狂。[②] 他的阐述顺序值得留意。他首先为小女孩回答：她想要阴

---

① 弗洛伊德，《一个孩子在被打》，第 229 页。
② 可分别参阅这些文本：《两性解剖学差异带来的一些精神后果：道德受虐狂》（"Quelques conséquences psychologiques de la différence anatomique entre les sexes"），收录于 SE XIX；《女性性欲》（"Sur la sexualité féminine"），收录于 SE XXI；以及《女性性》（"La féminité"）这一章，收录于《精神分析新论》（Nouvelles conférences d'introduction à la psychanalyse）。

茎。如果有人问"男人想要什么"——令人吃惊的是，没有哪个人是在没有答案的情况下做梦都想着提出这个问题的——那就不得不说，他想要一个对象，其作为剩余享乐的价值可以补偿阉割的负享乐（moins de jouir）。尽管存在差异，但两性在这里都参照阳具，因而是相等的。弗洛伊德只用一个罗盘来区分男人和女人：阉割的化身，一个单一的参照物，唯一可以被验证的参照物。因此，他只通过将阳具缺失主体化来处理女人的特殊性。我们要留意一下，这种缺失恰好为女人打开了成为一个对象的可能性，而不是成为被打的对象——尽管情况有时候是，她让自己被打，不管这是不是她想要的。因此，弗洛伊德的发展顺序开始于将大他者化约为大一。他为此受到的指责还少吗？

这种指责并不完全是合理的。弗洛伊德在阐述"女人想要什么"这个问题的最后，毫无疑问地表明，他觉察到了阳具方案的"部分性"（partialité）①，也就是其不完整性，而非偏见和偏爱。《女性性》一文的第一页就明确指出，"精神分析并不试图描述一个女人是什么"；弗洛伊德说，那是一项"它几乎无法完成的任务"。这句话是在两个精确的观察之后说的。首先，弗洛伊德再度自问，是否有可能将被动性和女性性相似看待。他明确得出结论，认为这种概念"没有任何用处，也没有给我们的知识增添什么"②。在第二页，他又提到了受虐狂假设。他重申受虐狂是女性的，因为"社会规则和她

————

① partialité 指的是倾向于某一部分，比如倾向于这个人、这个意见，而不是另一个人、另一个意见，因此兼有"部分性和偏心"之意。——译者注
② 弗洛伊德，《女性性》，第 102 页。

的体质迫使女人抑制自己的攻击本能"①，但他不愿肯定女人本身就是受虐狂。他指出，也有受虐狂男人，并得出了这样的结论：我们"已经准备好了听说心理学也无法解决女性性之谜"。

我的结论是，弗洛伊德觉察到了，参考阳具并不能穷尽女性性问题，他没有把超越阳具的东西与受虐冲动混淆起来。在这个意义上，"受虐狂女人"这个论点不是弗洛伊德的：他引入并探索了这个论点，但知道如何认识到它并非那个答案。

我还注意到，在论女性性欲文章的结尾，弗洛伊德顺便回顾了——这在他的作品中难得一见——他同时代的学生对这个问题的各种贡献。他提到了海伦·多伊奇（Helene Deutsch）论女人的受虐狂的文章。② 因此，有人会期望他对这一论点采取一个立场，但他根本没有这样做。颇为有趣的是，他为一些非常不同的事情向她表示祝贺：她承认了与母亲原初的、前俄狄浦斯的关系。因此，他仍然以其稳妥的审慎，比一些后弗洛伊德派领先一步。在探索受虐幻想时，他发现了现实中的其他东西。首先，他发现了幻想本身的功能，因为它超越了两性的临床结构，并在一定程度上始终与神经症的症状内容相隔离（ségrégation）。然后，他发现了痛苦和自拉康以来我们所说的享乐之间的密切关系。事实上，弗洛伊德专门论述受虐狂的文本——在许多方面都很珍贵——对我们的教导不在于女人本身，而在于性的非关系以及言说的存在的矛盾享乐。

后弗洛伊德派的混淆可能没什么值得提起兴趣的。拉康再次讨

---

① 弗洛伊德，《女性性》，第 102 页。
② 弗洛伊德，《女性性欲》，第 227 页。

论这个问题时，拒绝了他们，认为他们辜负了弗洛伊德的工作。他们中的大多数人都把非常异质的现象归于受虐狂。在这个类别下，他们已经混淆了，首先是专门意义上受虐式的性倒错，其次是冲动活动对于那超越快乐原则之物的意味，最后，更广泛地说，是每个主体为自己的欲望付出了什么，这是剩余享乐的代价，此享乐是他的幻想为他保证的。幻想当然建立在对享乐的限制之上，但人们也可以注意到，在每一种情况下，生命逻辑被化约为一个基础算术，这个算术在幻想中找到了先验之物；与此有关的整个问题涉及通过损失（丧失）和利润来传递的剩余享乐。然而，同意付出这个代价并不代表这个人是受虐狂。如果是这样的话，那么问题就会是主体的普遍受虐狂，我们将不得不说我们都是受虐狂；如果有一个决定性的欲望，就更是如此了。

这些混淆当然并非无害的，特别是涉及女人问题的时候。我们有时会察觉到奇怪的偏见，在这种偏见中，把事情归咎于受虐狂，这种做法具有的理想化功能浮出水面。我将从多伊奇的《女人心理学》①一书中摘取一个既典型又有趣的例子：她对卡门（Carmen）这个人物的评论。她以一种令人触动的新鲜感，解释了为什么这个人物会深深打动每个女人。这是因为卡门对男人的举动就像一个孩子拔掉苍蝇的翅膀一样。这样的行为震撼每个女人，直抵存在深处。很好，可为什么呢？是因为她要拐走这个已经变成了能指的珍贵器官吗？根本不是的！这里是多伊奇的无价评论：每个女人都认识到

———————
① 多伊奇，《女人心理学》（*La psychologie des femmes*），PUF, vol. I, 1974, p. 247。

了卡门的悲剧和无意识的"过度女性的受虐症"（masochisme hyper-féminin）。因为，我们不要搞错了，在摧毁一个男人时，她是在摧毁她自己的心，并确保了她自己的丧失。这当然很令人惊讶。我们想象一下，这个论点适用于世界上所有的折磨者，适用于那些造就了人类历史的各种施刑者……

受虐狂印象

因此，还需要一个关于受虐狂和女性位置的鉴别性临床。我将以这样的观察开始：要提出这个论点的话，一定有一些东西容易混淆，我会提到一些临床事实。其中包括：女人自己悲叹自己的受虐倾向。那么，受虐狂和女人有什么共同点？答案很简单：两者都在他们各自与那被认为是在欲望的伴侣所组成的一对中，把自己放在对象的位置上。这个位置显然让人想起一个第三项：分析家。受虐狂、女人和分析家形成了一个系列，三者都扮演着"对象的假相"——当然其模式是非常不一样的；没有什么能让我们假设，每当有人让自己成为对象的假相时，涉及的总是同样的欲望。因此，我们必须提出受虐狂的欲望、女人的欲望和分析家的欲望的问题。

我们谈论女人的存在时，不要忘了这种存在被分割在她为大他者之所是和她作为欲望主体之所是之间，被分割在一方面作为补充男性阉割的存在，与另一方面她作为无意识主体的存在之间。拉康有时指出，她在性伴侣对子中的位置的直接原因不是她自己的欲望，而是他者的欲望。对她来说，让自己被欲望，也就是给予她的同意，就够了。强奸现象充分表明，这种同意甚至不是一个必要条件。拉康，在这些年里，随着他的教学进展，用各种表达式指出了这种为大他者而存在。我们可以分离出其中三个："是阳具"（没有人本身可以是阳具），"是对象"，最后在 1975 年，"是症状"，但所有这些都没有回答那个来到对象位置上的人的欲望问题。这就是为什么受虐狂的、女人的和分析家的欲望对我们来说是有问题的。

那么，就一个女人而言，正如我在上面所指出的，还有待从她在性伴侣对子中的位置推导出她的欲望，因为我们显然可以假设，刚才提到的同意是欲望的指示符。弗洛伊德自己也是这样理解的，他从爱若的作用——生殖式地被占有——滑向那被假设为与之相对应的主体性"处置"（disposition），他是用一个愿望来表述的：被父亲爱……

我说"扮演对象"（faire l'objet）并不是为了表示一种假装，而是因为这个表达有个优点，即让我们可以有一种灵巧的细微差别——强调了没有假相的调解，就没法实现为大他者而成为的存在。因此，想象界也在发挥作用。分析家也是如此，他 / 她让自己适用于转移，就像那个女人一样，她的乔装在琼·里维埃（Joan Riviere）命名之前就有人看出来了。与人们所相信的相反，受虐狂也是如此，他们只在舞台上行动宣泄（passage à l'act）[1]。弗洛伊德恰如其分地强调了这种场景类似游戏的性质，拉康则在不同场合指出，受虐狂不应被认为是真的；受虐狂——他将其修饰为"熟练的幽默大师"——通过自己的模仿来拔高"一个示范性人物"。[2]

我们可以试着对这三种情况下的对象假相做一个初步比照：受虐狂想要让自己成为一个被贬低的对象；他塑造出被丢弃之物的样

---

① 或译为"通向行动"。——译者注
② 拉康，《与现实之关系中的精神分析》（"La psychanalyse dans ses rapports avec la réalité"），载于 *Scilicet I*, Paris: Editions du Seuil, 1958, p. 58。

子，把自己变成一个垃圾。相反，一个女人让自己穿戴出阳具光辉，以便成为小神像式对象。分析家，根据转移强加给他的变形，他一开始处在假设知道的主体这个小神像地位，最后变成废料。因此，问题是要知道什么能促使他重现这种"安排"。

这些区分仅仅是一个初步的近似，因为小神像式对象只有通过它所包含的缺失才变得动人。这个结构性的事实是我们很可能会说的"受虐狂式乔装"的基础。没有它，女性受虐狂的论述就不那么合理了。乔装无疑有好几个面向。最常见的是，它隐藏缺失，玩弄美丽，或玩弄拥有，以便掩盖缺失。然而，还有一种受虐狂式乔装，反而展示缺失或痛苦，甚至是缺失之痛。受虐狂式乔装有时会发展到在不足的基础上制造竞争的地步，甚至挑起虚假的弱点。

在这方面，我实践中有一个案例一直让我难忘。那是一个年轻女人，她经历了她所谓的透支地狱（l'enfer du découvert）。尽管法语单词"découvert"有着语言学上的含糊不清，但她自己的意思是极其现实意义上的，与银行业务有关。① 这个东西由她丈夫看管，而且几乎导致她每天都会与他争执。由于她每月都有收入，因此透支也是月度循环的一部分，这是从强迫性的恐惧到偿还欠款的循环；夫妻争吵在告诫和责备之间摆荡。我们可以猜到，丈夫被要求充当提供财务的人，负责填补银行账户缺口。他没有回避这个任务，但其行动并非不带抗议，并非不让她主动求助，并非不引导她提出请求，而这一切通常以泪水和爱告终。这种游戏持续了一段时间，直到命运介入，一小笔遗产来填补透支，扰乱了这对夫妇的生活。我

---

① 作者在这里指的是 découvert（透支金额）和 découverte（发现）的相似性。——英文版注

将略过细节。"现在，你是那个傲慢的人。"丈夫这么对她说。于是他成了抱怨者（"我不再有什么用处了"），并拒绝她的丰厚相助。病人最后说了一句相当奇怪的话："我很清楚，他不可能了解我有多少钱。"结果发现，这个女人自从成年后，一直有两个银行账户，但只有其中一个账户，首先是她父亲，然后是她丈夫知道的。在秘密账户中，她有她所谓的"小金库"，因为打从 17 岁起，她就定期把她能从大他者目光中减去的所有钱存入其中，这使她能够隐藏她的收入，并扮演穷女人。这种乔装已经到了真正模仿的地步，用缺钱的幌子作为阳具之缺失的换喻，而这有诱惑价值。然而，我们不应该假定，就有阳具而言，她的享乐少得可怜，因为她对此没有给出其他指示符；相反，使她陶醉的是"有阳具"所具有的秘密特性。

受虐狂式乔装，其逻辑不难领会：这可以说是对爱情领域中阉割内涵的无意识适应。由于对象想象的阉割特征是男人对象选择的条件之一，因此一切发生得就像一个无意识猜测强加了类似计算的东西：如果他爱穷人，那么我们就把她变成穷人。然而，我们不应该认为，与我前面举的例子允许我们假设的相反，这里只有模仿，因为讨好可以上升到真正牺牲的地步。乔装与受虐狂的共同点在于，乔装使小神像式对象的底面闪现出来。乔装带出了那构成这个对象之光辉的缺失，并可能宣告在爱中被许诺给乔装的命运：将他者化约为一个剩余享乐。

女人印象

拉康说女性受虐狂"是男人欲望的幻想"[1]，这给了我们此种状

---

[1] 拉康，《针对一届女性性欲大会的指导性言论》，第 731 页。

况的关键。此种状况是在两个因素的交织中产生的：一方面，男人欲望的条件要求对象具有阉割意指。女人对男性幻想出了名的适应，将她们推向拉康在《电视》（*Télévision*）中所污名化的无限"让步"，除其他效果外，还产生了受虐狂式乔装，并向我们表明了此种乔装的意义：展现出来的痛苦和缺失的特征被登记在拉康所说的"朝你/贞洁的厄运"（les malheurs du vers-tu）① 中，以指明在大他者的欲望或享乐中被寻求之物的磨难。

除了假相所扮演的角色外，受虐狂式乔装与性倒错场景大相径庭。在乔装中，一个女人屈从于大他者的爱的条件，以便男人的幻想在她身上找到"它的真理时刻"。然而，由于压抑，乔装是摸黑进行的，"完全出于偶然"，拉康如是说；因为被无意识掩盖的欲望，其特殊动机不为人知。我们可以看到什么有利于乔装滑向受虐狂：由于阉割是欲望的唯一条件，对所有人都有效，因此这种乔装是所有乔装中风险最小的。然而，它仍然受运气摆布，好运或坏运，因为阉割只以非常特殊的形式对每个人生效。

受虐狂本人没有给机遇（tuché）留下任何余地。相反，他把一种契约关系强加在享乐之上。他声称要建立的，不止是一种享乐权，更是一种义务，让享乐受到规约，即兴发挥被排除在外，他则使自己成为这个义务的主人。没有什么能比这更对立于女性位置了，女性位置总是被定位于大他者的时间中。与真理时刻不可能有任何契约可言。性对象，无论一个时代的性的象征符有多少典型参

---

① 拉康，《精神分析的反面》（Le Seuil, Paris, 1991），第 75 页。[vers-tu 可以翻译成"朝你"，和 vertu（贞洁、美德）同音异义，因此让人想到萨德一本小说的标题，即"贞洁的厄运"。——英文版注]

数——这些参数由一个行业维持——都不是契约性的。这就是为什么拉康指出，"女人的社会申诉"始终"超越契约秩序"。①

另一个更加本质性的对立位于这个层面：这两者借助——以及通过——假相在对准的东西。我们必须区分他们所展示的关于他们想要的东西。这里有一个简单的对立：我们当然不是很清楚一个女人在寻找什么，但我们姑且承认她是通过爱来寻找的。相反，广为人知的是，真正的受虐狂几乎都是男人，他的目标是大他者的焦虑（l'angoisse）点，即假相失效的点，准确来说，在这个点面前，每个人都会退缩，因为没有人愿意把自己置于纯粹焦虑的边缘。受虐狂知道这一点，并将他的"模仿"②的稳定保证建立在这一点上，在这种模仿中，他将自己表现为被丢弃的对象：至少，我是这样理解拉康为什么将受虐狂修饰为一个"爱开低级玩笑的人"（plaisantin）的。

这就是一般的神经症主体，尤其是癔症主体，通过选择欲望之缺失以防范享乐之实在的可能性而小心翼翼避免的点。受虐狂表现出一种受到强烈确定的享乐意志，这种享乐意志声称是通过痛苦来实现的，实际上他实现了一种他不了解的欲望，这种欲望对准的是大他者的焦虑，也就是假相幻景消失的点。我们姑且说，他使自己成为大他者焦虑的原因，作为与对象有关的实在之处的唯一信号，超越那错失了这种实在的假相。他所计划的对享乐的超越，仍然在明智的限度内，没有超出能指强加给他的碎裂（morcellement）。

我们现在可以看到，为什么女人，就其本身而言，根本就不是

---

① 拉康，《针对一届女性性欲大会的指导性言论》，第 731 页。
② 拉康，《与现实之关系中的精神分析》，第 58 页。

受虐狂。她们的目标根本不是那超越了假相的大他者，尽管她们的魅力十分得益于这种假相——几乎就是一切。女性乔装既不是受虐狂——后者瞄准的是那超越了假相的大他者——也不是忘恩负义之人赋予假相的谎言。相反，它是对假相的适应；如同拉康所说，女人准备为男人做出的让步是没有限度的：她的身体、她的财物、她的灵魂，对她有益的一切都可以让步，以便装扮自己，好让男人的幻想能在她身上找到其真理时刻。① 她经常带来的嘲笑音符，即使是真的，也是表面的，虽然这在她的存在之异化——性化结构使她注定被异化——上标上了些许抗议。然而，如果越过了这一点，就等于牺牲了女人本身的假相。经验表明，大多数女人都保持着这种假相。

将女人的让步定位为乔装的一部分，是为了标明她们的牺牲具有的条件特性，那只是为了一个非常确切的好处而付出的代价。让我们以一种凝缩的形式说，一个女人有时会呈现出受虐狂的样子，但这只是为了给自己一个女人的样子而已，即为一个男人做一个女人，因为她想要做大写女人。她为了定位自己的存在而呼唤来作为阉割之补充的爱，定义了她对大他者的臣服以及她的异化；这种异化加剧了主体特有的异化。然而，这也是女性主义者几乎让我们遗忘的领域，这是她作为欲望的对象原因的权力。

然而，在这里，她明显也在瞄准某些超越了假相的东西。甚至比瞄准更甚，有一个通向大他者享乐的通道（见《再来一次》），这种享乐本身远远超出了阳具享乐的不连续性。在爱中以不断让步为

————

① 拉康，《电视》，第64页。

代价而获得的存在效果，必须与作为额外获得的，且本身就超越假相的享乐区分开来；这种享乐使我们把她的乔装令她放弃的东西相对化。唯一的缺点是爱的危害。

"道德受虐狂"?

在这里，我们可以相对于弗洛伊德首次所说的道德受虐狂来重新思考女性位置。如果弗洛伊德没有论证女人是受虐狂，那么相反，他确实发现并确认了文明中的普遍受虐狂。对痛苦的青睐似乎活化了性倒错的受虐狂，弗洛伊德对此非常感兴趣，仅仅是因为这打破了快乐的稳态，并且支持了1920年关于超越了快乐原则之物的假设。他在《文明及其不满》(*Malaise dans la civilisation*)中又提到了这一点，以便说文明越来越不受限制地要求人们升华，教育人们采取牺牲的立场。他以这种方式表述的是，为了文明的理想而牺牲冲动。这显然是一种被迫选择。

这个牺牲主题值得进一步研究，而当前的政治形势使它重新变得尖锐。主体性本身之中有一种牺牲；为了使主体出现，存在必须被牺牲，让位给能指。然而，这个牺牲位置是另一种东西。其判断标准与其说是其献祭的对象，不如说是该行动本身的驱动力——我们姑且说它是牺牲的原因。要通过利润和损失来传递的对象更加多样，因为它们只有一个共同的单一特征：为主体代表任何价值的享乐。从这个事实来看，要牺牲的东西与主体特异的利益有关，而不是普遍的。最常见的情况是，主体牺牲一点剩余享乐以换取另一点。这些都是结构使然的"有条件"牺牲。由于无限的享乐已然被排除在外，言在就注定有享乐冲突。没有其他的冲突了。因此，每个人都把时间花在为另一个东西来牺牲某个东西：为志向牺牲家庭，为事业牺牲爱情，为知识牺牲幸福，为心爱的男人牺牲孩子，为富女人牺牲穷女人。我们可以想想马克思，还有他的剩余价值使他过上的地狱般生活；我们也可以想想俄狄浦斯，以及他为自己的激情而同意付出的代价。

关于女人的牺牲，有一个广为人知的场景，在精神分析的历史中有这样的描述：一个女人为了对象而撤退，退到那种为了心爱的男人而放弃所有个人志向的主体之中，她全身心地支持这个男人。海伦·多伊奇虽对这种类型的放弃做了相当拔高的描述，却完全没有举例说明过，但她认为她能在其中认识到真正的女性性。然而，这只是一种有条件的牺牲，这种牺牲从属于一种自恋式满足，即通过他者的授权来实现自己，比如作为"某某的妻子"。言尽行毕之际，我们这就进入了满足之推算的辖域。然而，男人和女人并不是用同样的方式来利用这些有条件的牺牲的。女人通常会大肆喧哗她们为了达到目的而不得不付出的代价。男人通常比较审慎，甚至是谦虚，但这无疑是因为，抱怨与男子气概炫耀不相容，却有利于女性乔装。

弗洛伊德在《文明及其不满》第七章中描述的内容更进一步。那是真正的牺牲立场：把有条件的牺牲转变为目的本身，这背后有一个地狱般的逻辑，即想要自我变成"受虐狂"——实际上，想要通过牺牲冲动之满足来获得享乐——以喂养和维持贪婪超我的血性。在《康德同萨德》（*Kant avec Sade*）中，拉康呼应了弗洛伊德的文明；康德在气势恢宏的《实践理性批判》（*Critique de la raison pratique*）中主张，我们感官中的所有病态的东西都必须牺牲掉，让位给律令中的普遍品质[1]，而一旦这样做了，剩下的就是那个隐藏的对象：那命令牺牲的轰隆之声。尽管这种道德属于那个先知的声音已经沉寂的时代，并希望像科学一样达到普遍性，但其激烈程度并不亚于更早的时代。[2] 与放弃有关的诡计——不如说是通过放弃来获得享乐——使文明人与看上去的相反，成为一个喜欢享乐之缺失的人，但问题是要知道女人是否在与男人的"竞争"中对此有所贡献。

这种竞争之存在并不是弗洛伊德的论题——远非如此。他的《图腾与禁忌》(*Totem et tabou*) 已经提出了一个有所放弃的兄弟社会，这是一群从享乐之缺失中获得享乐的兄弟，其中并不包括女人。他声称超我的要求在女人身上比较宽松——从他的文风来看，这并不是恭维——由此在逻辑上得出的结论是，女人不太倾向于为文明做出牺牲，她仍然更扎根于原初满足。

我们自己的阐释难道没有更新这种观念吗，即就有阳具而言，有一种特别女性化的蔑视药方——这种蔑视会超越其作为乔装的重要性并抵达真正的牺牲？我自己不也曾强调在保罗·克洛岱尔的《正午的分界》一书中伊赛的超凡脱俗吗？根据拉康的说法，伊赛是一个真正的女人，她为了一个致命的绝对牺牲了一切。拉康在这个系列中也提到了纪德的妻子玛德琳（Madeleine），并在她身上看到了美狄亚（Medea）。[3] 这三个人的共同点在于一个绝对的行动，这

---

[1] 我在这里使用的词汇是康德借以将主体的"病态"利益领域和无条件律令分割开的词汇，而且这种无条件律令将其普遍价值授予道德法则。

[2] 拉康，《评丹尼尔·拉加什的报告》("Remarques sur le rapport de Daniel Lagache")，收录于《著作集》，第 683、684 页。

[3] 拉康，《青年纪德，或欲望的字母》("Jeunesse de Gide, ou la lettre du désir")，收录于《著作集》，第 761 页。

个行动打破了任何辩证法的半成品，开启了一条不归路。一个在激动之余，烧掉了一沓优美的情书。第二个为了打击自己的伴侣，平息自己的怒火，甚至将牺牲她心爱的孩子。伊赛并没有完全与另外两个人落入一个系列中。

牺牲式的女人，这个主题在前分析性的文化中并没有得到强调——情况恰恰相反。《旧约》（Ancien testament）把亚伯拉罕的牺牲带到了我们这个时代；在这场牺牲中，一切都在父子之间上演。所罗门的审判当然指向一个女人牺牲式的放弃，但像诺玛（Norma）一样，她只是作为一个母亲出现在那里。至于如此受关注的美狄亚，她实际上说明了女性牺牲的反面：一个女人的绝对报复胜过了母亲的牺牲。我们在哪里能找到真正的女性牺牲呢？伊菲吉妮亚（Iphigenia）、阿尔塞斯提斯（Alcestis）、安提戈涅（Antigone）：一个女儿、一个情人、一个妹妹或许可以帮助我们找到具体的特征。

玛德琳和美狄亚的特点都在于极端的报复。如果拉康在玛德琳的阴冷形象中认出了女人的标志，那么这与其说是因为她接受了失去珍贵的信件，不如说是因为她通过一种穿越假相的行动，直击"剧烈痛苦"的核心。在那里瞄准的不是拥有阳具，而是存在，它不可替代、独一无二。这就是纪德所确认的，他提到了这些丧失的信件在他的心脏中留下的黑洞，如同拉康指出的，这些信件的副本并不比对象 a 本身的副本多。不确定的是，对玛德琳来说，她自己所经历的丧失的特征，是否在她的行动中以珍贵信件的形式占主导地位。对她来说，这些被纪德视为等同于他的存在的著名信件，难道不是在她发现享乐无所不包的邪恶如何挑战了被拔高的爱情的话语时，被残酷地剥夺了它们的小神像吗？

伊赛则不同。她抛下了一切，但什么都没有牺牲，因为对她来说，唯一还有价值的是她所遇到的爱的享乐。就像哀悼聚集了主体所有的力比多并使力比多暂时撤离世界一样，她的爱使她远离了世界。这种湮灭有其自身的逻辑：如果爱一度消除了阉割效应——如果这种爱是绝对的，那就更是如此了——那么作为一种关联，它就会清空那些回应了阉割的诸对象的价值。这就是为什么拉康想让人想到女人那里与阳具无关的享乐时，要研究神秘体验。的确，众所周知，神秘主义者的狂喜之爱将她从她的生物利益和所有普通欲望中抽离出来。然而，这种抽离与受虐狂式的牺牲激情毫无关系。神秘主义者证明了，她欢快地放弃了世界，不是因为喜欢受苦，而是因为大他者之物捕获了她：诱惑，也许是梦想，即在无限之爱的享乐中废除自己。这是一个遥远的、准神性的地平线，在那里，被化解的东西，在其作为乔装的重要性之外，是这种受虐狂：它被错误地归诸那些被拉康命名为"性的申诉者"的人。[1]

伊赛、玛德琳和美狄亚并不是通常意义上的牺牲者。的确，她们喜欢存在之享乐胜过拥有之享乐，喜欢绝对的享乐胜过可计数的享乐，但只有拥有之意识形态才能把这解释为一种牺牲。弗洛伊德在认识到这反而是对文明超我的拒绝时，对该种情况解读得更贴切了。也许这是一个关键，可以用来理解有人用如此多的统计数据向我们宣布的事情：当今的女人，资本主义话语时代的女人，比男人更抑郁。

---

[1] 拉康，《针对一届女性性欲大会的指导性言论》，第 736 页。

第六章　女性的痛苦

一段时间以来，我们要是一直在倾听医生的声音以及统计数据，就会听到这样的消息：在现代文明中，女人比男人更抑郁。不管是真是假，这个小小的谜团都值得我们探究。

关于抑郁症的争吵

有一场关于抑郁症的争吵。其中涉及精神分析和精神病学之间更大的争吵；精神病学以一种自诩科学的方法为名，越来越倾向于把主体除权在外。这种争吵已经持续了一段时间。精神病学自以为跟药典一样现代，向过时的经验主义效忠，每当问题涉及主体的时候，就绕开主体的维度。要反对精神病学，我们可以恰如其分地谴责"抑郁症"这个术语"概念上的误用"，还有就是，这个术语据说包含的诸多现象，它们是不一致的。

如此之多的研究都一致得出了这个结论，所以我认为这么说是可以的：单数的抑郁症，根本不存在。抑郁状态当然存在，而且可以描述和分类，但其程度和变化却貌视任何想将这个概念统一起来的企图。我们可以说"精神病本身""强迫症本身""癔症本身"，但我们不能说"抑郁症本身"。我们甚至不能像我们说"诸性倒错"（les perversions）那样说"诸抑郁症"（les dépressions），因为我们无法描述那会赋予这个术语一致性的诸多类型。至多，我们可以在各种各样的现象中分离出忧郁型精神病的一致性，但条件是我们不把忧郁型精神病化约为悲伤心境。

尽管如此，一些新的数据必须得到考量。正如拉康肯定的，事实不存在于语言之外。就此而言，我们没法怀疑抑郁症的事实正在文明的不满中倍增。我们也许可以对此表示痛惜和谴责，但情况仍然如此。我提到的"我们"，就是群众，群众总是在怀旧，梦想着其他更有英雄气概，或更斯多葛学派，或者无论如何更惊心动魄的时代。然而，事实仍然存在于主体的抱怨之中，也存在于医生和精神病学家对万物的诊断之中。这种新的抑郁症风气已经受到批评，但不幸的是，这种批评无缘结束这种现象。精神分析家自己也很担心，因为讲述给他的抱怨越来越频繁地使用抑郁症这个词汇，这既激起了对分析的请求，也常常反对善言（bien-dire）规则。

我们可以坚持认为，大家之所以参照起了抑郁症，是因为他们受人影响去这么做。这个论点很中肯——我们越是以医生被假设的知识名义诊断抑郁患者，就会有越来越多的主体说他们很抑郁——但这也很空洞，而且不分青红皂白。这不就是通常的情况吗？除了特定主体的特别发明之外，每个人不是都在说一种来自大他者的语言吗？他受到影响而使用这种语言，因为他从大他者那里"以颠倒的形式"收到了"他自己的信息"。

事实上，身为精神分析家，我们不能再讲当今精神病学家的语言了，哪怕我们得出的诊断类别来自古典精神病学。

我们接连谈论的各种症状，遵循弗洛伊德和拉康给出的例子来说——癔症、恐惧症、性倒错、偏执狂、精神分裂症、忧郁症、躁狂症——是 21 世纪之初的精神病学给我们描述的。弗洛伊德和拉康都没有挑战它们的中肯性，他们都承认这些类型的一致性。《精神分析引论》(*Introduction à la psychanalyse*)的第十七章题为"诸症状的意义"，在末尾，弗洛伊德谈及这一点时显然很有教益。除了按历史的和特异的意义提出解释外，他还对那被赋予某种事实的解释感到疑惑，这种事实也就是，存在各种类型的症状。他认为只有诉诸人类的典型经验——系统发生学——才能解释它们。使这种晦涩的提法变得多余的是对结构的揭示，这在另一篇引论中被提到过，也就是德文版《著作集》的导言，拉康在那里提出，临床类型虽然在分析性话语出现之前就被阐述过了，但它们进入了分析性话语的结构。只有这种对结构的参考，才使得我们既能设想古典精神病学所描述的现象具有的一致性，又能设想另外一些也已经被注意到的事情具有的一致性，即诸症状会变，而且已经变了，还有就是，它们就像拉康用一个精心设计的新词所说的，是癔史的(hystoriques)。它们在自身的显现中是历史性的(historiques)，因为它们是语言和时代话语的一个功能，但在其结构上却是跨历史的；仅这一事实就使我们不必在历史的每一个转折点上重造我们的词汇；它还向我们表明了，在其变化的图景之下认出同一结构是很重要的。

抑郁症概念的这种不一致显然不应该阻止我们思考抑郁现象。它们要被包括在那些讲述给精神分析家的痛苦的复合整体之中。分析缺乏进展时，我们又在转移中发现了它们，并且一直持续到其最后阶段。弗洛伊德和拉康都证明了这一点：弗洛伊德，在治疗结束时偶然发现某些女性主体有严重的抑郁；拉康，则是通过吸收那通向抑郁位置的时刻而发现的。两个人都没有在这一现象面前畏缩不前，但面对这一现象时，有个问题是，每次出现这种现象，都要知道它指向什么原因性的结构。①

一个时代标志

有人提出了一个问题，即这一现象在哪方面要归因于我们这个时代。我们这个时代肯定铭记了新的抑郁症话语的兴起。抑郁人士的倍增是其主要主题，这是一个被诊断为时代标志的主题，是一种代价高昂的症状，用弗洛伊德的话说，其导致精力和金钱大出血，给社会增加了负担，并对卫生政策提出了挑战。

这些新患者并非自发产生的。将现代主体命运的首因定位在我们的文明中，这很明显，如今甚至很普遍：一个由科学话语和随之而来的自由资本主义全球化所制约的命运。现实的确已经变了：超我标准化，生活方式匿名化，社会纽带恶化，世界灾难，诸如此类。

对于主体而言，与大他者的死亡、渎职和焦虑有关的体验，使他们不仅缺失过去的伟大事业，还缺失他们先前的信仰。因此，在文学舞台上，从卡夫卡（Kafka）到贝克特（Beckett），再经过佩索阿（Pessoa）和其他许多人，我们看到新的爱胡说八道的人物、荒唐可笑的角色，在他们的迷途之境中摸索，从而揭示了 20 世纪沃尔特·惠特曼（Walt Whitman）热情、鼓舞人心、所向披靡的活力的隐藏面。

任何据说是契约性的伦理学都无法成功平息那针对这种抛弃的

---

① 关于转移之中的抑郁现象问题，可参阅塞尔日·科特（Serge Cottet）的文章《崇高的惰性》（"La belle inertie"），载于 *Ornicar?* n° 32。

抗议，束手无策（hilflosigkeit），弗洛伊德如是说。作为一个优秀的逻辑学家，我们这个时代肯定写不出《哥德尔与海德格尔同哈贝马斯》（"Gœdel et Heidegger avec Habermas"），不像拉康可以写出《康德同萨德》。在这场假相危机中——其中最重要的是父亲危机——主体忧心如焚，寻求一种新的欲望，将他从孤独、沉默的冲动满足中解脱出来。上帝不再起作用，知识的主人也一样。如果癔症要发挥其作用的话，我们无疑可以打赌，诸位小神及其邪教会回来，因为癔症主体没有大他者就无以为继。然而，在等待这一切的同时，我们可以看到其逻辑，在这样一个世界里，人们已经不再对任何事情扬起眉毛；在我们这个时代，事实上，天平在大家眼中已经向另一方倾斜了，结果是所有价值都落入虚假嫌疑那一侧。在这样的世界里，拉康重读过的边沁（Bentham）老派的功利主义重新焕发了活力，普遍的享乐犬儒主义重新成为主人。在这个时代，总有点"美的灵魂"①的神经症主体很抑郁，这是有逻辑的；事实上，一段长程的分析并不总是能成功地使他们直视拉康所说的、任何借助语言来制作的"犬儒式平衡"。

为什么抑郁人士不被爱

显然，伴随着这些新的考验，也许作为一种补偿，人们可以到新的地方求助。由于健康权已扩大到精神范畴，因此主体性的抱怨日益增长的合法化已得到了承认。精神分析在很大程度上促进了这

---

① "美的灵魂"出自黑格尔的《精神现象学》（Phänomenologie des Geistes），对拉康来说，是自我的完美隐喻，也阐明了偏执狂误认的结构。可参阅2021年西南师范大学出版社出版的《拉康精神分析介绍性辞典》的第32页。——译者注

种合法化，尽管精神分析并非唯一接收叹息的实践。在科学文明中，主体特有的维度遭到除权，人们可以相信，在对抗这种除权的斗争中，我们因此成就斐然。然而，仿佛在伪科学文明的狡猾之下，有了抑郁症这个诊断分类，我们就拒绝接受我们听到的抱怨所具有的意义。主体谴责自己的痛苦，我们却不知道如何解读他们所说的与结束或丧失有关的私人经验，因此我们把他们的抱怨化约为所谓的疾病的功能失调。

令我印象深刻的是，当前的话语无论如何也没有让人们可以将一种人性的积极价值赋予抑郁症。其他时代知道如何给各种用来质疑生活的方式赋予意义，哪怕付出在我们看来是一场错觉的代价。信仰的主题和对上帝的呼唤庇护了许多令人羞愧的渴望，虔诚升华了人对世界的厌恶。[见多恩（Donne）的《论暴死》（*Biathanatos*）]浪漫主义的理想化懂得如何把一个破碎之人的自我沉迷开脱为爱情带来的绝望，甚至把这样的绝望变成一种诱人的姿态。至于病态的、波德莱尔式的脾味，难道不是因为假设的对愚蠢的抗议而受到认可的吗？这些只是几个零散的例子，出自宗教或文学升华领域，但它们使得我们能够衡量当代话语有多厌恶——而且是多么古怪地厌恶——抑郁症，即便是对抑郁症大加谈论的时候。

由于无法以升华的形式来阐述抑郁症，这种话语就把抑郁症视作一种缺陷（bavure），而绝非一种价值。医生谈起抑郁症的时候，说的是一种与健康有关的缺陷，但抑郁症也被视为一种过错，而且不仅仅是精神分析家这样认为。就我们的文明对乐观主义的模糊律令而言，抑郁症无疑是一种现代过错，违背了"面对现实"

这条戒律。主体本人认为抑郁症是一种放弃，并常常称之为放弃斗争。

当然，不再有所成就的主体向来会得到特别的共情，这尤其得感谢癔症。我们也许会羡慕或嫉妒那个欢乐而且有活力的人，但他很少能真正唤起大家的共情。相反，对那个被打倒的人，我们更愿意受其悲伤感染，同情心总能让人关照以及支持他。尽管如此，如今在我们中间，"忧郁／布鲁斯"（blues）并不能使我们团结起来，一个重视竞争与征服的文明——即使归根结底，这只是市场的文明——也不能爱它抑郁的公民。甚至在这个文明把他们越来越多的人弄成资本主义话语的疾病时，也未能爱他们。此外，我前面提到的共情，很多时候会减轻，因为那个不放弃其抑郁症的主体会使我们恼怒，而且有时让我们逃离。[温尼科特（Winnicott）会告诉我们，我们是在一种躁狂防御的影响下这样做的！] 不仅如此，这个主体还会让别人倾尽全力的努力一无所获。他／她所做的是让我们体验到别的东西：除了争论带来的无能以及尝试说服带来的不胜任——不管认知主义者是否喜欢这样——他／她还揭示了我们对这个世界的依恋是不合理的。然而，这种不合理并非没有原因：S（Ⱥ），即大他者中缺失的能指。她证明了我们所认为的生命意义有着根本的偶然性，并在我们身上引出了拉康所说的"主体生命感最深的关节"（joint le plus intime au sentiment de la vie）。①

抑郁人士让我们感到不安，因为他用他特有的存在威胁到

---

① 拉康，《论精神病一切可能疗法的一个先决问题》（"Question préliminaire à tout traitement possible de la psychose"），收录于《著作集》，第 558 页。

了社会纽带。因此就有了定罪。这并不新颖，但今天的人们却对此有共识，尽管动机各种各样。宗教狂热的时代可能会把抑郁症解读为是在侮辱信仰，是在攻击与神圣大他者的纽带，并使之成为一种罪过。如今这个时代则认为抑郁症既是一种疾病，也是一种投降。拉康将悲伤定位成一种道德上的怯弱，由于他参照了科学之前的时代——圣·托马斯（saint Thomas）、但丁和斯宾诺莎（Spinoza）——那他当然与别人有关悲伤的一切说法划清了界线，但他对悲伤的评判不亚于其他人。因此，我们就有必要把握精神分析与公共话语在裁决上的不同之处。

抑郁症说了什么

精神分析家只能通过患者对其抑郁症的说法来了解主体的抑郁症。执业的分析家只知道患者向他／她倾诉的抑郁症在当前或过去的情况。这条道路在其边缘留下了整个临床空间，因为这条路上还没有那些已经越过语言之墙到了另一边的人，那些被精神病学家接手的人。我指的是忧郁状态，在这种状态下，主体被凝固在沉默或僵化的痛苦中，无法向同伴发出任何呼救之声。精神分析家必须像弗洛伊德和拉康两个人一样，了解这些极端的案例，甚至要能用他的知识来阐明这些案例，但它们仍然在分析过程的把握之外；分析过程无法接收那些被痛苦和无言的僵化所围困的人，那些拒绝运用言语的人。在这一点上，有人可能会怀疑，在精神分析和抑郁状态的一致性之间——前提是这种一致性是存在的，并假定其表达是有意义的——是否没有一种相互排斥的关系。然而，谈到抑郁症的时候，我们就姑且相信精神分析内部和外部的相关说法吧。

在我看来，抑郁状态太容易被化约为悲伤情感了。也许我们之所以这样化约，是因为我们是以拉康对悲伤的裁决来对待悲伤的，即悲伤乃道德上的怯弱。然而，抑郁状态是不被化约为这种作为感受的情感的。凡是说"我很抑郁"的人，在这里肯定指的是痛苦和悲伤，以至于一个快乐的抑郁人士几乎会是一个矛盾体，但反过来说就不是这样了。不快乐的主体并不总是抑郁的，而且一个抑郁的人也可以对自己的感受无动于衷。为了证明这一点，我们可以说有个主体从来没有抑郁过，但我们无法想象有这么一个人："悲伤"这个词对他来说没有任何意义，他也无法提到自己有什么样的经验能称得上是悲伤。的确，有一种一般化的悲伤，这意味着悲伤基本上是不可避免的，甚至是普遍的，因为悲伤与言在（parlêtre）状态有关。弗洛伊德就是这样看待悲伤的，他认为悲伤是力比多的某些化身造成的正常结果，即使力比多有病理的形式。[1] 主体作为语言的效果，在本质上是阴郁的。[2] 拉康的论点与此并不相悖，他认为，悲伤，在精神分析伦理学的语境中，是一种怯弱。他把这种情感变成了那个对于"寻找自己对无意识的应对之道"的义务听之任之的人特有的命运。[3] 因此，悲伤是一种过错，一种罪过，"悲伤只位于思想中"，但正如其他地方的情况一样，没有人能够完全在无意识中找到自己，因此，在悲伤之罪中，某种结构上不可化约的东西得到了

---

[1] 弗洛伊德，《精神分析引论》(éd. Payot, Paris, 1964)，第 258 页。

[2] 对于这个观念的历史，见《土星与忧郁症》(Saturne et la mélancolie)，作者雷蒙德·克利班斯基 (Raymond Klibansky)，由欧文·潘诺夫斯基、弗里茨·萨克斯尔 (Erwin Panofsky, and Fritz Saxl) 和雷蒙德·克利班斯基联合修订而成。伦敦：尼尔森出版社 (London: Nelson)，1964 年。

[3] 拉康，《电视》，第 39 页。

一个位置。

要是某人确定自己很抑郁，那么事实上，情况总是超出了单纯的情感维度：主体把抑郁说成兴趣或能力的丧失，并使用诸如"力气、勇气、活力之类的东西，我一点都没有了"之类的表述；有时候，正是生活本身，在他／她看来没有什么意义或滋味了。这不只是悲伤，悲伤用到的是不同的词语。这种东西触及了主体的生气，而且在他／她所从事的事情的层面，在惰性的效果中，有着无可置疑的反响；除了感情色彩，这些效果还触及兴趣和行为的原则。我们很可能会得出这样的结论：若是悲伤已经通向行动（passée à l'acte），通向了抑制意志动力的行动，人们就会说到抑郁症；然而，这样说就等于未能认识到悲伤本身只是一个效果，未能认识到我们必须在别处寻找力比多紧缩的原因，这种紧缩使主体不只是悲伤，还仿佛"没了动力"。利用这种表达，呀呀语（lalangue）不正是记录了对那个原因的隐含参考吗？我在一个主体身上发现过同样的参照，他从一个完全可以说是忧郁的抑郁中走出来，并极其准确地证明了这一点："我那时并不痛苦，但我不再有我的戒律了。"而且他坚持认为，除了用这种自我发明的表达之外，他没法用其他方式说出来。这样的表达与拉康的说法惊人地一致，拉康的说法是，忧郁的主体企图抵达对象 a，"其控制逃脱了他"[1]。

事实上，用通俗的话来说，抑郁状态是用身体隐喻来表述的。

---

[1] 拉康，《焦虑》研讨班，1973 年 7 月 3 日。（拉康的原话是："一开始他攻击这个形象，以便抵达其中的对象 a，后者超越了他，其控制逃脱了他——而且其坍塌会把他拽向自杀冲动，带有自动性和机械式，你们知道，忧郁症的这类自杀是带着必然的且基本上被异化的特征而实施的。"——译者注）

借助身体形象，抑郁状态被说成，被禁锢了，动弹不得了，这个身体"不再好使了"，"什么也面对不了"。就像拉康在他论焦虑的研讨班上指出的那样，痛苦不就是在一种僵化的以及运动受阻的形象中让人想起的吗？所有这些沉积在语言系统中的表达方式，都只是主体经验的碎片，可是，尽管它们的隐喻力量可能退化了，但它们仍然留下了痕迹。它们是不能把话说好的怠惰的最后一招，它们一般被每个主体从他的语库中抽取出来的词语挤掉，以便同时说出空虚和惰性，因为对抑郁的所述总是指明了一个交叉口，悲伤在那里与抑制相结合。

将欲望原因倒过来

今天的精神病学非常重视这个抑制维度，乃至误解了其中的主体性意味，而支持假设的自我缺陷。我们并不以这种方式理解抑制，但也没理由忽视这一维度。弗洛伊德本人在其中看到了主体的分裂效果，并把这归咎于对被压抑之物返回的麻痹性防御，或者归咎于自我的惩罚式禁止，以及对这两者所要求的（力比多）投资的分配。[①] 他显然已经认识到这是一种主体现象，并把这种现象与抑郁明确联系起来。诚然，在他著名的三要素中，也就是抑制、症状与焦虑，以及在拉康《焦虑》研讨班的相关讨论中，"抑郁"这个词因缺席和差异而闪亮。抑郁的悲伤，确实不是焦虑，而焦虑是与那不可同化的实在有关的典型情感。相反，抑郁的悲伤是一种"感情

---

① 弗洛伊德，《抑制、症状与焦虑》(Inhibition, symptôme, angoisse, éd. PUF, Paris, 1965)，第4—5页。

/ 真挚的撒谎"（senti-ment）①，在原因方面具有欺骗性；它也不是症状——既没有结构，也没有一致性——而是主体的一种状态，可以经历波动，并与不同的临床结构相容。

抑郁症既不是一种结构，也不是一种与实在有关的情感，但它有在抑制中运作。这就是弗洛伊德的理解，他在第一章末尾谈到了抑制，并明确指出，在"抑郁状态"中，抑制是"普遍的"②，凝固了整体的力比多运作。由此看来，抑郁状态虽然变化多端，起伏不定，但都可以被定位在一个单一的表达式中。我将把它称为"欲望原因被悬置"；冷漠痛苦的渴望之缺失，可以称得上是抑郁，在欲望原因之有效性的陨落中，找到了其结构条件。因此，谈论抑郁，无非就是通过欲望原因的失败与摇摆，以倒过来的形式处理这个欲望原因。

此外，我要指出，这个论点当即解释了我要说的精神分析的抗抑郁效果。尽管效果可能有限，但也同样明显，其力量来自这样一个事实：自始至终，精神分析都是通过欲望原因来运作的。在一段分析的开头，首先，它把主体引入一个期望的时间性，维持或恢复欲望的矢量；结论，如果确有得出的话，则标志着有些东西超越了抑郁位置。③

---

① 作者在这里玩了一个双关语，sentiment 有"感情"的意思，其中 senti 的意思是"真挚的"，ment 则是 mentir 的动词变位，意思是"撒谎"。——英文版注
② 弗洛伊德，《抑制、症状与焦虑》，第 5 页。
③ 见《与通过有关的临床经验》（"Leçons cliniques de la passe"），这是克莱特·索莱尔在卡特尔小组 A（1990—1992）中的产出［其中的加一是塞尔日·科特，另外两个组员分别是皮埃尔-吉尔斯·盖根（Pierre-Gilles Guéguen）、赫伯特·瓦克斯伯格（Herbert Wachsberger）］，收录于《论分析的结束》（Comment finissent les analyses），巴黎：瑟伊出版社，1994 年，第 181 页。

这个表达式对所有的结构都有效：既适用于神经症中原因的摇摆，也适用于忧郁型精神病中原因的打入冷宫。一方面，精神病特有的除权，以及与之相关的"享乐"溢出，将原因打入冷宫。其形式多样，并不总是显眼可悲：从最不显眼的冷漠、冷淡和行动不能——有时可能与"正常"相混淆——直至极端阵发的痛苦和忧郁型惰性。另一方面，在神经症中，经常也会发生这种情况：拉康所说的"纯粹丧失带有的力量"暂时失效了。① 这种表达让人想到了那被弗洛伊德本人定位在丧失对象中充满生机的效力，并很贴切地表明了，它是"在能指序列中被实现的死亡"②；这种力量主宰着生命感和生命动力学，同样也主宰着其抑郁后果。结果，后一种情况是一个更加偶然的接合，位于对象关系的关节处。

阉割的效力

如果有人问："我们是因为阉割中难以忍受的东西而抑郁的吗？"答案只能是否定的。倘若阉割是我们给物的丧失——即由语言所导致的丧失——所起的名字，那么阉割也许总是隐含在抑郁情感之中；但是，阉割若是抑郁产生的条件，就远远成不了其原因。我们甚至可以强调相反的观点：欲望原因只从阉割效力中获得其功能，这就是拉康所说的"纯粹丧失带有的力量"的意思。这种力量，如果不是那驱使并维持所有秩序的动力学以及它们的征服、它们承揽的东西，又是什么呢？它若不是那给予主体——这个主体已经被能指杀

---

① 拉康，《阳具的意指》，第 691 页。
② 拉康，《治疗的方向》，第 629 页。

死了——一个坚定欲望的反常且悖论性活力的东西，又是什么呢？

如果有一种情感从属于阉割，那指的不是抑郁，而是焦虑，甚至是恐惧，它们大不一样。没有一种悲伤的真理吗，就好比我们的语言暗示的那样？真理不令人悲伤；真理可怕又不人道，而恐惧不会让我们抑郁；相反，恐惧唤醒我们。一段分析，远远不是溶解阉割，而是复制阉割。（有段时期，拉康对此的称呼，依据他描述主体转变的词汇，是"承担阉割"，他后来还借用命题函数"$\forall x.\Phi x$"来表达这一点，依据集合论逻辑重写了阉割。）因此，有这样一种构想：一段分析溶解了那可以被称作为抑郁诱惑的东西，并且有时成功地将抑郁诱惑翻转为热情，而用不着什么劝诫或暗示。

抑郁不是由阉割直接导致的——阉割可能是我们唯一的普遍现象——而是由每个主体用来解决阉割的特异方案导致的，这些方案因偶然性而千差万别，但总蕴含着伦理维度。由此而言，说主体"在结构上是抑郁的"——也就是暗示这是阉割导致的——并不准确。更准确地说，"主体在结构上易于抑郁"，这种抑郁总是产生于和对象接合之化身的关系中。

鉴于原因将阉割中的缺失链接于那回应了该缺失的、作为剩余享乐的对象，因此可以说原因的临床发生在两个边界之间。在这一端，阉割奠定了欲望力量，竖立了那个拥有小神像力量的对象。阿尔喀比亚德，"欲望性的化身"[1]，和我们非常不一样，他例证了这一点，因为对他来说，阉割被包含在对象中：$a/-\varphi$。在另一端，火焰熄灭，与世界的关系丧失了，忧郁者被石化的存在停滞了，这个存在

———————

[1]　拉康，《主体的颠覆与欲望的辩证法》，第826页。

本身变成了被拒绝的对象，化身为阳具参照物之外的享乐：a/φ_0。

在这两端之间，各种模棱两可的神经症现象应有尽有。它们模棱两可，是因为神经症主体的抑郁状态也是欲望样式。若是欲望摆脱了冲动，摆脱了拉康所说的沉重灵魂，脱离了"受伤倾向的耐寒分枝"①，并且倾向于将自身化约为冲动的负例，那么这些神经症现象就是欲望中剩下的东西。在这种情况下，我们可以说，可以带来快乐的东西这个主体都有，但他并不快乐，他挑战并谴责所有已经得到实现的剩余享乐。这不是欲望的零水平，而是欲望或多或少已然被化约为阉割（$-\varphi$）的基础了。这种状态下的主体从某种东西上获得享乐，因为他／她拒绝生活提供的东西，挑起了空荡的虚无乌托邦——不存在的他物——对此，保罗·克洛岱尔在其《缎子鞋》（ *Le soulier de satin* ）一书中，有如下惊人陈述："就是这种虚无之外的虚无传达了一切吗？"而且，实际上，难道不是这使得主体能够从一致性中获得享乐吗，这种一致性可以被称作阉割非肉身的（a-corporelle）一致性，可以被写作（$-\varphi \cong a$）？

从癔症到强迫症，不同的形式并未排除与那悲伤的自体爱若（auto-érotique）快乐抑或沉默的冲动享乐的各种各样的组合，但此处的重点在于那使得该现象被分割的全部的曲线。这样的现象包含了征服欲到忧郁症被废除的欲望；包含了神经症主体成问题的或未定的欲望、对象爱、自我憎恨以及自恋性的自我投资。这种欲望与享乐的关系必须被表述出来：从欲望本身变成一种防御的那一刻开始，在欲望下坠之处，享乐升起。因此恰好也可以说，抑郁状态是

———————
① 拉康，《治疗的方向》，第 629 页。

一种享乐模式，但这个表达式有效的前提是，在每一种情况中，我们成功地赋予它特异的坐标。

鉴别性的临床

在此我又遇到了这个问题：女人是否以及为什么更容易抑郁。最近的统计数据声称得出了这个结果，然而对于躁郁型精神病，在男人和女人那里没有重大的差别。我们要是考虑到除权大帝国对两性分界一无所知的话，这一点就没什么好惊讶的。至于与抑郁症相关的统计数据，对数据不甚信任的精神分析家可以忽略它们，并将其视为只是人为的东西。如今被视作抑郁症的区分性特征的是抱怨。

对抱怨的喜好以及忍受，在两性那里是不一样的。如果说女人更喜欢抱怨，那是因为承认存在之虚弱、悲伤、痛苦、怯弱，简而言之，承认一切降低自己活力与斗志的东西，更符合标准的女性性形象，而不是男性性理想。另外，抱怨本身就是女性化的，所以那些被定位在男人这边的人学会了克制抱怨，而在女人这边，没有什么阻碍她们运用抱怨，而且抱怨甚至可以变成取悦艺术的一部分。

> 一丝疑惑和忧郁，
>
> 妮侬（Ninon），你要知道，会令你更加迷人。
>
> 在一份致词中，缪塞（Musset）如是说。

我们不要忘了，弗洛伊德自己就将女人的抑郁与她们面对阉割的立场联系起来，他将阴茎嫉羡当作引发疾病的因素。我们知道他依据转移经验向我们描述了惊人的女性路线：一开始是嫉羡，接着是期待一个替代品，最后是严重的抑郁，面对不可能之事陷入绝望。这三个阶段与色情狂的三个时刻并非没有同源关系，某位精神病学家在不久之后描述了这一点，而经验性的发现也与这一路线不相矛盾。甚至看起来，我们欣然承认，自卑感、负面价值感、自尊缺陷，就像今天人们所说的那样——这些感受非常适合描述抑郁状态——在女性那里更为频繁，而且实际上与嫉羡非常交融。嫉羡唤醒了无力感的体验，每个主体都在贬低式的比较辖域中遇到了这种体验，而在这种辖域中，人们想象别人比自己更少暴露在这种体验中。

这个问题显然不是统计学问题。而是要知道是什么奠定了男女之间在抑郁状态方面的不对称。为什么"欲望的持有者"会比"性的申诉者"[1]更少臣服于抑郁？既然这是一个欲望原因的问题，那我们就在爱情不幸中寻找答案，此种不幸很可能为女性安排了一种在男性中没有的哀悼。我在这里指的是性化的爱，而不是对孩子的爱。母亲身份也包括它的那份担忧、折磨和放弃，但我认为它更多的是导致痛苦，而不是抑郁。

我们一向知道，对于悲伤和失望，爱是自发且几乎是自然的治疗；爱所唤起的充实和喜悦的情感与作为抑郁位置特征的不快乐和空虚的感觉完全相反。奇怪的是，在这里，两性之间存在着一种不对称，这种不对称与在同性恋中观察到的情况相当相似：男人的不对称性与欲望困境有关，女人的不对称性则是由爱情失利引起的。我将讨论此问题的这一方面。

————

[1] 拉康，《针对一届女性性欲大会的指导性言论》，第 736 页。

额外的忧郁

弗洛伊德认出了爱的阳具价值，因为他将男人的阉割焦虑等价于女人因丧失了爱而有的焦虑，但拉康的表达式区分了是阳具与有阳具，使我们能够更好地表述这一价值。这就是那种不对称性：是阳具——是维持作为一个女人的唯一认同——从爱中获取养分。男人则不然，男人的男子气概是通过性能力及其加倍的换喻在有（阳具）这边得到确认的。做一个女人则是由爱双重维持的：因为"被爱"等同于"是阳具"，但也因为一个人只在自己的缺失的基础上去爱。因此可以说，爱是女性的。

就是这让拉康用一个既挑衅又极其严谨的表达式去确认：一个男人在爱的时候——这当然会发生——是作为一个女人在爱。这是就他自己臣服于缺失来说的，因为就他作为男人的存在而言，他对爱一无所知——一切都表明了这一点——因为他"在他的享乐中是充足的"①。由此而言，是女人在爱，但这是因为她们召唤爱。爱被召唤，是因为爱是一份礼物，而欲望是"被索要的"。由此我们可以理解与爱相遇带有的抗抑郁效果，虽然这种相遇包括了身体与身体的联系，但不能化约为此种联系，因为爱是被发送给说的，从而引发了两个无意识的神秘承认。

不幸的是，爱有风险且短暂，我们向来就知道这一点。这就是为什么爱渴望不停被书写；爱想把自身提升至必然性的高度。一个人成功遇上爱的时候，爱是令人振奋的，而丧失爱的时候，爱还是

---

① 拉康，研讨班《不上当者犯了错/诸父之名》（"Les non dupes errent"），1974
年 2 月 12 日的课。

令人抑郁的。把欲望原因放在大他者那里，这使主体因大他者的回应之无常而受摆布，并因其缺位而受威胁。当然，这种异化也在男人那里运作，只不过他们的存在是由爱以外的东西来滋养的。女人则更经常把爱变成一种原因，失去爱的时候，无论是偶然的还是因为文明——如今正处在危机之中——的行动，她们就会陷入困境。更糟糕的是，爱没有消失的时候，其在场也可以用一个大他者的分量压垮主体；使这个分量更具压倒性的是，欲望原因被归于大他者。弗洛伊德认识到了这一点，他强调爱和忧郁症是"被对象压垮"的两种情况。拉康在第一个研讨班中毫不讳言，说爱是一种自杀。爱的欣喜、充实和喜悦掩盖了此种事实：一个人把自己交给了大他者；其程度各种各样，但在某些类型的神秘主义中可以达到自愿自我废除的极端地步。因此，无论是出场还是消失，爱总是编排了一点幻灭，女人委身于爱，总会变得有点像个寡妇！这种情况的后果是多种多样的：其中包括严重的哀悼——这很常见——至少是哀悼生活中快乐的紧缩，或不可预见的蜕变，如典型的缩减至有（阳具），有时，这个过程把一个对爱情失望的年轻女人变成一个泼妇。那么，谁会来告诉我们某些类型的女性贪婪的动机呢，例如巴尔扎克笔下的欧也妮·葛朗台或布努埃尔（Bunuel）笔下的特里斯塔娜（Tristana）？

一丝悲伤

到目前为止，我只在对存在的阳具性认同的层面上讨论了爱的效应及其后果。然而，这些效应和后果也必须与享乐领域相联系。拉康标出了一个精确的表述，此表述首先将爱中满足不了的东西与性的非关系相联系，其次将专门的女性要求与她作为绝对大他者的地位相联系，而此地位并不完全在阳具功能之中。

值得注意的是，就女人而言，拉康从未与弗洛伊德完全步调一致，他带来了与性化及其后果有关的新东西。他保持了弗洛伊德对女性缺失的强调，提出每个主体本身都被铭刻在阉割之阳具功能中；然而，涉及安置差异时，他在一个补充性的、"不全"是阳具性的享乐方面认出了差异。这是一种从语言中遭到除权的享乐，是无意识不了解的，是无法被同化的，并被拒绝和驱逐到系列的极限，从而被隔离。就是在对可能路径的超越之中，这种享乐才可以被解密。我们看到了一个问题：如果悲伤的补救措施是"在无意识中重新找到自己"，在其标志和虚构中重新找到自己，那么没有被铭刻在那里的享乐，其情感将是什么呢，而女人，鉴于她是她自己的大他者，对这种情感负有责任？①

在这里，我们可以回过头来谈谈罪疚问题。我们知道，弗洛伊德把罪疚和法则之父，也就是和《图腾与禁忌》中的亡父联系在一起，对亡父，一神论之父的谋杀从未结束。显然，这只是一个神话，但这个神话提供了一个不可削减的结，将罪疚和对这位亡父的爱打成结，这位亡父已经成为"父之名"（Nom-du-Père），我们对他永远负有债务。在这个问题上，弗洛伊德和拉康有着明显的分歧。

拉康没有把罪疚与这个父亲联系起来，而是与享乐联系起来：与享乐相联系，是因为享乐外–在于象征界（正是象征界的缺陷使

---

① 这是拉康在《主体的颠覆与欲望的辩证法》中用来指涉享乐的表达，"其缺失使得大他者不一致"。

得享乐有错，这个错包括了存在和性）①，而且被象征界所标记。然而，享乐之所以可以说有错，一方面是因为享乐外-在，另一方面是因为享乐受能指损害，甚至是受能指损伤。原罪是双重的：既是因为在那里的享乐，也是因为已然不再那里的享乐。在这方面，父之名——其"真正功能"是"将欲望与法则结合起来（而不是对立起来）"——远不是引发罪疚，而是将其抹去。② 这是唯一真正解释了这一事实的论点，此事实也就是，罪疚只有在精神病的情况中才会被提升到谵妄的确定性，而精神病正是父性调解缺失的地方。

此外，弗洛伊德的理论将忧郁型罪疚归结为对原始父亲的认同，这个观点与拉康的说法并不矛盾，前提是我们在原始父亲那里看到的不是父之名，而是谋杀发生之前作为"享乐者"（jouisseur）的父亲。我想把你们的注意力引向弗洛伊德最后的一些言论，一共 9 条，可以追溯到 1938 年 6 月，因为这些言论预示着一种不走父亲路线的方法。③ 这一系列的言论本身指出了弗洛伊德思想中的引力，因为其中四条涉及女性的自卑、与未被满足的爱有关的罪疚、抑制和神秘主义。我将只研究抑制，因为正如我所说，抑制与抑郁有关。他把抑制的首因归结为幼儿自慰，因为这种享乐"本身就是不足的……"（insuffisante en soi）。这似乎是在说，阳具享乐实际上是无法令人满足的。这是"不应该的 / 绝不可能失败的"（qu'il ne faudrait pas）享

---

① 在这一点上，参考是多重的。尤其可见，《评丹尼尔·拉加什的报告》，第 666—667 页；《主体的颠覆与欲望的辩证法》，第 819 页。

② 拉康，《主体的颠覆与欲望的辩证法》，第 824 页。

③ 弗洛伊德，《发现、想法、问题》（Résultats, idées, Problèmes, PUF, 1985），第 288 页。

乐；这种享乐在定义上就是让人罪疚的，对其令人抑郁的抑制暴露且拒绝了其无意义。

享乐的存在，不被任何能指，甚至不被阳具能指所标记，只能在话语中通过侮辱来瞄准；侮辱是"任何对话的第一个和最后一个词"①，被定位于不可言说的边缘。因此得再谈谈女人，她被诋毁了。这不仅仅是因为人们刻薄，还因为人们无法用阳具享乐的言词来**说**她。这里的重点在于，这种用言词概括她的能力对她来说也是不可能的，对男人来说同样是不可能的，而且经验表明，她诋毁自己往往甚过男人诋毁她。我们要认识到，在她的忧郁特征中，她试图说自己是大他者。她的享乐是无法解密的，并且超越了她，因为此种享乐不进入无意识；一个女人不可能"找到［她］处理无意识的方式"②。因此，额外的悲伤总是有可能的，如果我们想用吉罗（Guirault）应用于某些谋杀——在这些谋杀中，主体直接瞄准了存在的**劣性反应**（kakon）③——的术语来说的话，此种悲伤"动机不明"。

这与前面提到的不足感无关：这种特征和这种情感可能并不排除"自卑"体验，但它们本身指的既不是阳具性的缺失，也不是享乐，后两者反而引发了焦虑和抑制。忧郁型侮辱的谵妄——这当然是别的什么东西——在这种语境下是有启示的：极端情况下，这种谵妄表明，在针对自己的侮辱中，拒绝被除权的享乐，是在这种享乐被驱逐到自杀的行动宣泄之前的终极言语堡垒。更常见的

---

① 拉康，《冒失鬼说》，第 44 页。

② 拉康，《电视》，第 39 页。

③ kakon 可翻译作"劣性反应""负性反应"，是一个少见的术语，源自拉康 1948 年的文本《精神分析中的侵凌性》("L'agressivité en psychanalyse")，拉康在这篇论文中使用了 kakon 的概念。——译者注

是——在精神病之外——拒绝发展到了侮辱的地步，就像是来自这个享乐之处的第一级矛盾升华，"从这个地方，'宇宙是"非存在"（non être）之纯净中的瑕疵'被喊了出来"①。

这种"享乐"地位为女性对一个被选择之爱的特别召唤赋予了意义。然而这种要求将无法解决享乐的不和谐；相反，它将重复享乐的不统一，在使两性更加接近的同时，让绝对的大他者存在，让女人总是大他者：她自己的大他者。因此，爱不会让她独自面对她的**异性**（hétérité），但至少可以用爱人的名字来指示它：罗密欧让朱丽叶成为永恒，特里斯坦（Tristan）让伊索尔德（Iseult）成为永恒，但丁让贝阿朵莉丝（Béatrice）成为永恒，就是这样的情况。由此可以推断出，对一个女人来说，爱的丧失越出了阳具维度——而弗洛伊德曾将爱化约至阳具维度——因为在丧失爱的过程中，她丧失的是被命名为大他者的她自己。对弗洛伊德来说，哀悼的工作总是酌留了一个无法化约的内核，即对丧失的存在无法舒缓的固着，这个内核更加令人难忘，是因为它完全是陌异的，不可能被同化。② 然而，拉康让我们看到了这个现象的另一面，在这一现象中，令一个女人难忘的是爱带给她的转变：大他者——爱通过同样的举动，打造并……恢复了的大他者。这就是神秘之爱给我们的启示。

善言的好处

精神分析是否像弗洛伊德认为的那样使女人抑郁？事实上，这

---

① 拉康，《主体的颠覆与欲望的辩证法》，第 819 页。
② 见迈克尔·顿海姆（Michael Turnheim）的《同一他者》（*L'autre dans le même*，Champ lacanien, Paris, 2002）。

个问题又以另一种形式回来了：在何种程度上，精神分析所特有的善言伦理可以减轻主体的享乐负担，尤其是那些不完全处于阳具享乐中的人的负担？

精神分析正是**借助转移之爱**来运作的，但不**为**爱工作。相反，它采取了由爱提供的自发方案，并把它推向绝望。有趣的是，1914 年左右，在专门讨论转移的一些文本中，弗洛伊德问过自己这个问题，并且对于应该把什么归于爱而犹豫不决。我们知道，他的回答明显是很粗暴的。与人们的期望相反，关于爱，一段分析向我们保证不了什么。

善言不会让哪个人不受享乐悖论的影响，无论是从阳具性的限制还是从有时回到女人那里的增补来看，都是如此。然而，精神分析是当代唯一为我们提供一个……其他原因的话语，而且，主体若是我过去提到的这个"逻辑分析者"（analysant logique），就会有知识上的收获。如今，这种知识并非没有治疗的和主体性的这两种效果；知识将被体验到的无能提升为那些超越了此种无能的结构限制，以此触及阉割恐惧的原则，有时甚至到了制造出一种热情效果的地步。因此可以得出结论说，那种辜负了善言的悲伤，可以被正当地污名化为一种过错。至于爱，虽然其偶然性并没有减少，但它不会丧失，而且，倘若我们相信雅克·拉康，那么我们甚至可以使爱"比它迄今为止所构成的大量饶舌更有价值"①。

---

① 拉康，《意大利版注解》（"Note aux italiens"），载于 *Ornicar* ? n° 25, p. 10。

第四部分
母　亲
——

第七章　无意识中的母亲

　　父权陨落了，这已不再是新鲜事。人们乐意说这都是科学影响的错。事实上，也确实是这样。但是，没有父权的话，家庭会变成什么样子呢？母亲的地位难道跟那作为 20 世纪标志的分子解聚效应（l'effet de désagrégation moléculaire）不具有相称的分量吗？还有，个体不是比家庭更加表明了其最后的残余物吗？

　　拉康说，没有父亲也行（se passer du père），前提是利用（s'en servir）他。至于母亲，似乎我们也可以用不着她，甚至说，我们也愿意或者也打算不用她。这已经指明了不对称性。不过，至少在孕育一个生命的时候，还是需要母亲这个条件的。弗兰肯斯坦（Frankenstein）① 的梦想证实了这一点，而且，人工繁殖技术的进步也没有否认这一点，至少目前还没有。拉康之前有时会用 pondeuses②

———————

① 弗兰肯斯坦，英国作家玛丽·雪莱（Mary Shelley）在 1818 年创作的长篇科幻小说《弗兰肯斯坦》的主角，全名《弗兰肯斯坦——现代普罗米修斯的故事》，又译为《科学怪人》等。弗兰肯斯坦是个狂热的科学家，他热衷于探索生命的起源，尝试用不同尸体的各个部分拼凑组合，最后创造了一个有生命的生物体，故事由此展开。2011 年英国奥利弗剧院（Oliver Theater）和英国国家剧院（National Theatre）联合制作了《弗兰肯斯坦的灵与肉》舞台剧。——译者注
② 这个词的字面意思是产卵多的雌畜，在法语口语中指孩子生得多的女人。——译者注

这个词语指示女性。这个带着一点贬低意味的、指向动物繁殖的说法很好地说明了，母亲——生物学上的母亲——不是一个假相（un semblant）。实在的繁殖功能和象征的假相功能之间的分离，在父亲这一边是颠倒过来的；父亲，作为大写的名（Nom），是一个假相，而非一个生物学的父亲。

把繁殖生命这个限制点放在一边的话，母亲的照管功能是可以被替代的。古代的乳母喂养，还有更现代的做法，即收养，都证明了这一点。此外，历史上，想要取代母亲的企图一直也不少，不管是在幻想里，还是在实际层面。这让人想起了卢梭和他的《爱弥儿》（Emile）。在《爱弥儿》里，考虑把母亲永远移除的想法是这么鲜明，以至于他提出这是培养男人的一个必要条件。只不过，根据卢梭的观点，首先还是需要母亲喂养他！我们也不要忘记其他各种各样的尝试，不用母亲教育孩子，而是集体共同教育，这在 20 世纪非常具有标志性，并且出现在截然不同的意识形态中。

然而，在实际的社会联结里，养育孩子的时候，母亲或其替代者在越来越多的情况下成为有优势的伙伴，甚至是唯一的伙伴，或者至少是唯一稳定的伙伴。因此，下面这样的配置变得非常普遍：一个母亲和一个孩子或者几个孩子，然后加上一个男人，或者是几个接连替换的男人，他们被称为"我妈妈的男朋友"。具体的情形显然复杂又多样，但是，社会联结和爱情联结的流动性，使孩子与其母亲的当面关系获得了新的历史分量，而且这必然会产生主体性的后果。

关于母亲的争论

精神分析本身和文明中的理想的变化有怎样的联系呢？这个问

题有两层。它涉及分析性话语本身，涉及分析家和分析者之间在一次精神分析里说的或者没说的东西。但它同样涉及那用来解释这种实践的理论制作，后者与收集的事实并非没有关系，因为在这里实践和学说是相互联系的。

一个奇怪的事实是，母亲在主体性中的功能与位置的问题和关于症状的诸学说的历史具有共同的边界。广为人知的是，精神分析的理论非常强调爸爸和妈妈的作用。尤其在童年时期，也许吧！无论情况如何，根本的问题涉及一个对主体来说是核心的、不可避开的事实，弗洛伊德将之命名为"阉割"。这个事实主要想说的是对享乐的损伤，跟俄狄浦斯情结不同，阉割"不是一个神话"①，而且它需要用一些对象来补偿。弗洛伊德曾经构建了一个结构来分配这些功能：一面是一个与原初满足有关的对象，另一面是一个限制功能。因此，在孩子的俄狄浦斯罗曼史中，母亲对象［一个爱的对象、欲望对象或者享乐对象，即丧失的对象（l'objet perdu）］，和弗洛伊德式的父亲（即携带禁令的人），两者是相互对抗的。

在俄狄浦斯神话式的父亲之后，后弗洛伊德主义者就把母亲提升到了作为原因的舞台上。事实上，有好几个"母亲"：身体上都是对象的母亲［梅兰妮·克莱因（Melanie Klein）］，提供照料的母亲（温尼科特），给予原初之爱的母亲（巴林特②）。在每一种情况下，

---

① 拉康，《主体的颠覆与欲望的辩证法》，第 820 页。
② 巴林特（Michael Balint, 1896—1970），精神病学家，曾跟随费伦奇（Ferenczi）学习精神分析，1948 年起，以精神病医生和精神分析治疗师的身份在伦敦著名的塔维斯托克（Tavistock）人类关系学院工作，并担任英国精神分析学院的训练分析师，创建并发展了巴林特小组。著作有《婴儿早期的个体差异》(*Individual Differences of Behaviour in Early Infancy*) 与《原初之爱和精神分析技术》(*Primary Love and Psycho-Analytic Technique*)。——译者注

我们都能看到主体的不幸，其原因在于母亲功能的失败或限制：身体上都是对象的母亲，她可能有窝藏罪，窝藏了一些对象；作为无条件的保护罩，母亲做不到绝对的在场；给予爱的母亲，她会犯下"给得不够"（partiellité）之罪，如果我可以这么说的话。所以，在打乱弗洛伊德的优美分类时，人们因此把重担压在了母亲肩上：除了提供享乐，还有对享乐的最初限制。就这样，人们用母爱的不足替代了父亲合法性的原则。

对母亲的这种回归，我们可以从其背景看出一二。它就写在精神分析历史发展的那些困难里：一方面是扩延到了儿童和精神病，另一方面是撞上了弗洛伊德自己也遇到的限制。我们知道，过了用精神分析获得一些最初的发现这个黄金时期，弗洛伊德必须看到症状只是部分遵从译解操作（l'opération du dechiffrage），必须考虑以及构想结构中的阻抗元素。而死亡冲动、超越快乐原则之物、负性治疗反应、没有终点的分析，最后还有文明中的不满，这些术语就是弗洛伊德的回应。

毫无疑问，症状从一开始就在那里证明了享乐之中有一个确定的开口，但是首先，我们可以相信它是偶然的，而且可以把它归为个体的某些失调。弗洛伊德从经验中得出结论，它是不可化约的，甚至是双重的，这里头有点问题，一方面是缺失：阉割导致的缺失；另一方面是过剩：冲动总是部分的，但是从不放弃而且不惜以不快为代价，其扩张会导致过剩。换句话说，既有无法抵达的享乐，也有无法化约的享乐。

正是在享乐悖论这种背景下，弗洛伊德后继的精神分析家唤出了母亲。有这样一个隐含的逻辑推动他们：无论如何，就母亲而言，与不可能的享乐有关的原初对象被他们提升到了这样一个地位，即此对象因为限制了享乐而有罪。此外，在这方面，没有什么比通过分析者所说的话来自我授权更简单了，因为分析者，在让他们自由讲出想到的东西时，是最先能这么做的人：只是一次又一次地重提童年及最初的对象。（分析者在）转移之下的言语受到那些原初形象吸引，这是一个事实，即使为了定位那些原因的次序明显还需要更多东西。分析性的抱怨是转移性的言语采取的形式，在这种抱怨中，母亲必然是首先被唤出来的，而且被印刻在最鲜活的回忆中心。

这是否意味着要责难家庭？这不是精神分析的假设。有很多东西无疑在代际间传递，但可以肯定的是，其中不包括症状的原因：在这个层面上找家庭因果关系，会使转移性的言语带来的治疗效果变得难以理解，因为这样的言语实际上是完全在主体空间中展开的。然而，这并不能阻止每个人在自己内心的最深处留下"原初大他者"的痕迹。在这一点上，精神分析跟文明中的父亲衰落是共振的，至少在它一直不断强调母亲的角色这一点上是这样的。

我们可以描绘出这个争论的整体曲线。它指向的是母亲的结构上的功能。

对于阉割情结的出路，弗洛伊德毫不含糊地强调了母性阉割（la castration maternelle）对两性而言的基本且核心的功能。

大约 50 年后，温尼科特、巴林特和英国的"中间小组"（middle group），他们坚定地转向了另外的东西：母亲的在场与母亲的爱的不可替代的作用。梅兰妮·克莱因在这两者之间，她强调的不是母亲的阉割，而是母亲的好对象和坏对象。

至于拉康，他首先把关注点重新拉回到了母亲的欲望上。其他人谈母亲的爱，他则让我们关注女人。对拉康来说，她首先是父亲的女人，他把这一点写入了父性隐喻（la métaphore paternelle），同时，他也回到了弗洛伊德的俄狄浦斯情结，此情结已经依据语言合理化了。然而，我们知道，他没有停留在那里，他超越了俄狄浦斯情结，而且这一次他确定了被划杠的女人（la femme barrée）的位置：她作为大他者，不完全关注男人或者孩子。

这正是我们的问题：从超越俄狄浦斯情结的角度来看，围绕着母亲我们可以谈论些什么呢？不仅仅是社会改变了，虽然社会确实在强调母亲在与孩子的关系中压倒性的以及有时排他性的角色。随着拉康的教学和他在 20 世纪 70 年代对一个逻辑——这个逻辑不是俄狄浦斯的一元逻辑，而且它意味着关于女性性的新进步——的形式化，精神分析也改变了。此外，我注意到，对拉康来说，早在 1958 年，精神分析家把重点放在母爱的缺乏或对母亲身体的想象上，这是需要解释的：实际上他在其中看到了"对女性性欲在概念上的推销"[1]，因此把我们的注意力带回到欲望和享乐的经济学。其实，我们——作为拉康的学生——今天所做的就是强调母亲的享乐的功能。而我们还需要知道是哪样的享乐。

对母亲的不满

很显然，有一种关于母亲的先入为主的话语，使她成为至关重要的对象，绝佳的对象：最初的性兴奋的一极，这个人物捕获了本质性怀旧的言在，是爱本身的象征符。当然，这些在分析者说的东

---

[1] 拉康，《针对一届女性性欲大会的指导性言论》，第 725 页。

西里都有出现，但最重要的是，这里凸显的是另外一面：焦虑和责备。为了确定这些话语之间的差别，我想举两个例子，这两个例子能用很不一样的方式呈现出母亲与孩子之间对阉割的想象。

一边是一位女分析者说的，她想起自己还是小女孩的时候只为母亲而存在，另一边是一个儿子对自己那位特别的母亲充满感动的回忆。这位女分析者回想起来的是，在她八九岁的时候，她一头秀发，扎着两个长长的辫子。那一天，她妈妈对她说："我们去理发店，把辫子剪了。"她苦苦恳求，但没用；母亲的想法令人震惊，她要用女儿的头发给自己做一个假发髻！如今，这位女分析者自己成为一个母亲，她还把这个发髻留在一个橱柜的顶层，她母亲最终也没敢用这个窃取来的小神像式对象。另外一个例子正相反。那个儿子不是一位分析者，而是一个著名的加泰罗尼亚音乐家，巴勃罗·卡萨尔（Pablo Casals）。他回想起了某个令他震惊的刹那，他曾在那时看到了什么。因为母亲的意愿，他后来在巴黎生活，他母亲虽然没有什么资本，但是想让他进入跟他的天赋相匹配的学校。有一天她回来了，他却认不出她了，她卖掉了自己浓密又漂亮的头发，为了儿子的天赋，她愉快地做出了牺牲。在这个案例里，正是理想化的感激和对丧失对象的怀念装点了回忆。

相反，在自由联想中，不管那些不同的个体是什么样，他们都会控诉母亲。母亲是强势的、有控制欲的、淫秽的，或者相反，是漠不关心的、冷淡的，要命的；母亲过于在场或者总在别处，非常专注或者非常心不在焉，硬要孩子吃东西或者不给东西吃，会为孩子着急或者忽视孩子，拒绝或者给予。对主体来说，母亲是给他/她带来原初焦虑的人，是一个充满了难解之谜和模糊危险的地方。

在无意识深处，母亲的那些失误总有其位置，而且，如拉康所说，若孩子是女孩，有时候它们就会变成一种"折磨"（ravage）。

至于这些不满，只是像一个出色的经验主义者那样清查一下它们是不够的，还需要构建一个囊括了它们的多态性结构。不过，令人吃惊的是，我们看到精神分析关于母亲的那些学说往往传递的是来自神经症主体的一些指责，这些指责，就像弗洛伊德用"幼儿神经症"这个术语描述的悲剧事件的痕迹一样，留存在他们的记忆里。在这些指责里，我们听到的不是母亲的声音，而是从分析者的哀叹里流淌出的幼儿埋怨，可真正的原因并没有更加清晰。这种对分析者说的话过于简单化的转换，使得学说本身成了神经症产物。因此，拉康会把梅兰妮·克莱因称为"有灵感的内脏销售"（la tripière inspirée），"孩子眼中的肠卜僧"（aruspice aux yeux d'enfan）[1]。

这是一个事实，即被言说的母亲和言说的母亲之间有很大的差距。被言说的母亲是一个对象，是通过说话者的幻想棱镜看到的。言说的母亲则是一个主体，她可能就是一个分析者，并且就这样受言在之分裂的折磨。问题在于，要在每种情况下把握住"幻想是通过什么路径从母亲这里通往孩子那里的"，因为我们相信她所激起的那些幻想和她自己的主体性有关，和她的缺失以及她填补缺失的方式有关。

母亲的力量

这些路径只能是话语的路径。正是作为言语的存在，母亲才在

---

[1] 拉康，《青年纪德》，收录于《著作集》，第 750 页。[肠卜僧，指古罗马根据牺牲的内脏占卜的僧人。古罗马的占卜师（祭司、僧侣），每每在宰杀所祭祀的牲畜后，会查看其内脏、肠胃的情形，以推断吉凶祸福。——译者注]

孩子身上留下了她的印记。除了这一点之外，言语击中身体，之所以会具有种种效果，仅仅是因为它是具身化的；而且，从另一方面来说，提到母亲的享乐的分量，不存在什么矛盾。

拉康不得不跟一些支持身体对身体的关系的人展开论战，这种沉默的身体对身体的关系假定了母亲和她的产物是以一种原始的联结结合在一起，而不管我们有没有说它是未分化的。《评丹尼尔·拉加什的报告》这篇文本便回应了这一点，但是这场论战针对的不仅是当时的对话者，也包括所有支持精神现实前语言因果关系的人。我们肯定没法否认，母亲是一个肉体的存在——因为她是提供卵子的人，是生育者——但也没法否认，身体繁殖是由话语全然组织甚至编排的。不能忽视的是，在有机体的原初生命需要以及此类需要所召唤的照料的层面上，发生的就是拉康所说的**"实在界中的对象关系"**[①]；但是，分析性的问题涉及别的：主体的出现以及主体从大他者那里接收的标记。

毫无疑问，这里的身体也是一个被关心的问题。首先是，如果一个即将出生的孩子在父母的说之中已经是一个主体，那么，他来到这个世界的时候，在有性的有机体的意义上，他就是一个身体。他无疑是一个被给予生命的有机体，但是，这个有机体也会文明化，服从于规定的习俗。母亲或她的替代者，一定要亲自积极参与其中：发出关于监管与支持的最初律令，在这方面，她是第一个媒介，甚至可以说是身体的警察。不过这不能只是通过熄灭那些被管教的习惯来实现，虽然孩子没法不受这些习惯的标记。在这里必须要有语

———————

[①] 拉康，《评丹尼尔·拉加什的报告》，第 654 页。

言把请求链接出来，而且，这样的链接就使身体能够"通过能指的方式成为身体（corpsifier）"。温尼科特、巴林特还有其他一些人，他们可能设想的是有一个先在的阶段，孩子被神话般地包裹在一个没有词且没有任何要求的存在中。这个假设本身，它只碰到了主体的一些边缘，而在那里没有什么可分析的东西。

在调节享乐这一点上，词语的力量很深远。母亲是这类力量的第一个代表，因为正是她，通过强制规定自己不去把自己给孩子，而把孩子引入了表达请求的维度：这是一种双重的"给"，一方面给的是用于表达请求的语言，一方面给的是来自大他者的回应。

孩子作为对象

在这里，母亲的意愿有时候会和她的爱发生冲突，而孩子就要承受母亲的严格或者她的反复无常带来的痛苦。我想到的是，比如说这样一类母亲，她以此为荣：她的每个孩子在一岁生日的时候都能控制自己的括约肌！现代社会重要的反虐待（anti-sadien）[1]原则认为，任何人都没有权利支配他人的身体，然而这一原则在母亲照顾孩子的这个限制区遇到了障碍，因为对身体最初的教化（humanisation）是对这种过度的、侵入的行为敞开的，甚至在孩子开始认识到两性差异之前，那些行为就已经把他困在"母亲的性服务"[2]中了，他被困在

---

[1] anti-sadien，直译为"反萨德的""反萨德主义的"，sadien 和 sadisme（施虐狂、施虐）一词一样，都源自 18 世纪法国贵族情色小说家萨德侯爵（Donatien Alphonse François Sade, Marquis de Sade）。——译者注

[2] 拉康，《论弗洛伊德的"冲动"》（"Du *trieb* de Freud"），收录于《著作集》，第 852 页。

恋物的位置上，有时还被困在受害者的位置上。

父亲作为"第三方"，他的衰落往往伴随着种种专家的崛起，看起来，大家都懂得母亲没有办法独自承担起教化孩子的过程。这样的专家数不胜数，他们主动提出介入新婚夫妇或无知的夫妻，告诉母亲应该做什么和不做什么。有时候，甚至儿童精神分析家——如果我可以这么说——他们自己也会把自己变成母亲大他者的大他者，给母亲提建议！看看温尼科特和多尔多（Dolto），他们也会这样。实际上，在著名的小汉斯个案里就能清晰地看到这个过程：在一个即将破裂的家庭里，由于父亲的无能，"教授"被召唤了进来。

母亲照顾孩子时的越轨行为很好地表明了母亲的分裂和她留给孩子的位置在多大程度上是决定性的。另外，这也是弗洛伊德的论点，虽然他是用另一种方式表达的：弗洛伊德在"阉割情结"这个阶段以及其中呈现的特别焦虑里认识到了结构的功能。不过，在他看来，只有发现了母亲缺失阴茎——弗洛伊德把这等同于对母亲的阉割，而且这会引发主体症状性的回应——阉割情结中特有的焦虑才会变得意义重大。说主体的分裂——这里说的是母亲作为孩子的大他者的分裂——就是同时指出那奠基了欲望的缺失（可以用"-φ"这个象征符来表示）以及在幻想中用来回应缺失的对象。每个孩子都处在一个经历它，并且受它标记的位置。这里很容易找到一个描述其中一种连接的俗语：圣洁的女人，性倒错／变态的儿子。精神分析家自己已经养成了习惯说精神病的、发育迟滞的、患病的孩子的母亲。①

---

① 关于这个主题，可参阅拉康的《关于孩子的两个注解》（"Deux notes sur l'enfant"），载于 *Ornicar?* n° 37, avril-juin 1986。

难道母爱就是一个空洞的词吗？当然不是，但是，它就像所有其他的爱一样，是被幻想结构的。这并不是说母爱是想象的，其实正相反，这里要说的是，实际上它把伴侣化约为主体性分裂所呼唤的唯一对象。更进一步说，异化是爱固有的，母亲与孩子的关系赋予了异化一个更强的力量，因为新生儿并非一开始就是一个主体，而是一个对象。孩子这个实在的对象，在母亲的手中，母亲不只是会照顾他，甚至会超出这个边界，把他当作自己的一种财产，当作一个爱若玩偶，给自己带来享乐，也让他获得享乐。弗洛伊德早已指出母亲的照料中的这种爱若是模棱两可的，而主体将必须作为言语的效果从中出来。这是自闭症孩子永远不会跨出的一步，而对其他所有人来说，这也只是他踏上分离道路的第一步。

孩子作为解释者

因此，这很大程度上取决于母亲的无意识将会把这个在实在界出现的对象放在什么位置，如果她不管怎么样真的给他一个位置的话。因为还存在着这样一些母亲，她们只是生下了孩子，然后就不管不顾了，而且对她们来说，孩子由于没有成为阳具替代物，就只是一块肉而已。拉康基于这些提出了关于精神分裂症儿童的假设。最常见的情况是，正是母亲如何解决阳具缺失以及用什么方式把孩子放在那个位置标定了孩子的命运。

还有，我们要记得，母亲-主体（sujet-mère），其幻想的恒定性并没有排除生活中多变事态的冲击，它还留了一些空间，让孩子这个小主体自己去解读的空间。因为不要忘了，对母亲来说，就像对所有其他人来说一样，由幻想支撑起的欲望和由幻想稳固着的享乐都卷入无法言说之物中，因此，只有通过孩子这个小主体对包裹着他的话语做出的解释才能触及它们。

因此我们可以理解为什么阉割情结的出现具有时间阶段性。毫无疑问，这需要有机体达到一定的成熟，尤其必须有一个关键时刻，一个相遇的时刻，在这个时刻，视具体情况而定，被划杠的大他者的谜（l'énigme de Autre barré）——通常是指这两个方面：大他者的欲望的神秘性、大他者的享乐的晦暗性——在主体面前呈现了出来。一个孩子的出生，一场哀悼，一次分离，一次离开，简言之，所有的这些会触及母亲的力比多的事件——更广一点来说是触及父母的力比多的事件，都是合适的良机。

我们还必须得出这样的结论：不应该过于简化地处理"被欲望的孩子"（enfant désiré）这个已被滥用的概念，因为对孩子的欲望（le désir d'enfant）不等于想要一个孩子（une envie d'enfant）。心因性的不育症正显示了这一点，分析者说的话也经常证实这一点。就像这样一个孩子，本来全家都高兴且迫切地期待着他的诞生，可是母亲的父亲去世了，立刻使这一切都蒙上了阴郁的悲痛。这个女人也许病理性地固着于父亲，并且说："我的儿子杀死了我的父亲。"在生命的头三年，主体一直在体会母亲的这种抑郁，在"把孩子跟母亲怀他时的想法结合起来的这种难以理解的关系"[1]里，他无法认同生命的能指，而且这样解释自己的出生：他不是被欲望的孩子（实际上他曾经是），而是献身于死亡的孩子，实际上他已然是了。

孩子通过提出他自己的请求得到了母亲的在场与爱，在诱惑的

——————

[1] 拉康，《青年纪德》，第 754 页。

圈套中，他把自己交了出去，以实现他在母亲言行的基础上感知到的她欲望的对象，无论那是什么对象。在这个过程中，母亲被提升到了象征力量的位置，是拥有言语力量的人，而且这种言语首先是最初的裁决中的原初言语。"最初说的法令、法规、警句，都是神谕，它把它那模糊的权力授予了实在的他者。"① 这在记忆中留下了痕迹，我们在其中有时候会发现带着毁坏性的和迫害性的声音，它们来自一些无法忘却的言词、律令和回忆……

但是，这种抓捕（prise）在撞上言语力量的另一面时栽了跟头：除了她通过矛盾、沉默、断裂和模棱两可说出来的东西之外，它表征着就她的欲望而言，她没有说出的一切，但这也是她让幼小主体的那双迫切的耳朵听到的一切。这个欲望也许是难以表达的，但却让自身可被阅读，然而，享乐的晦暗性只能在暗中被感知到的场景中令人惊讶。在破解这个谜的过程中，孩子寻找的正是他的存在和终极认同所在的那个空间，同时，他更为坚持地仔细探查并质询母亲大他者，因为他期望着在她那里找到一把钥匙，以打开他那"难以言喻且愚蠢的存在"②。同时，他也在寻找他对大他者来说是什么这个问题的答案。爱，和欲望一样，都始于缺失。

我这么强调拉康对莱昂·布洛伊的《贫穷的女人》的参考③，是因为在一个女人身上，我们可以把"母亲"和"女人"对立起来。母亲，在某种意义上，通过孩子迂回地重获了她缺失的对象；而女人，因为她的力比多朝向的是男人，她认为自己被剥夺了她在他身

① 拉康，《青年纪德》，第 754 页。
② 拉康，《论精神病一切可能疗法的一个先决问题》，第 549 页。
③ 参见本书第二章《一个女人》。

上寻求的东西。母亲和女人，就"（-φ）"的隐喻而言，其中一个拥有，因此是富有的，另一个没有，故而是贫穷的。在母亲那里，她缺乏的是另一种欲望的言说居所（la dit-mension）[①]，而不是在她和孩子的关系中得到了满足的欲望；孩子将注定达到最大限度的异化，以实现母亲的幻想，而且，只要他被告知他满足了母亲，他就会完全被困在他身为对象的存在中，成为母亲的财产。

在这里，不是缺少爱而是太多爱会造成伤害，并呼唤一种必要的分离的效果。这就是为什么拉康强调母亲的欲望。它被理解为在母亲那里对（做）女人的欲望，一种能够限制母性激情的欲望，使女人**并非全然**是母亲，换句话说，**并非全然**专注于她的孩子，甚至**并非全然**专注于接二连三的孩子，即手足竞争。父性隐喻已经暗示了这一点，因为用父亲能指替代母亲能指这一操作，其结果是将母亲的缺失指定为阳具缺失，并把父亲确定为这个序列之外的伴侣。一个母亲并非全然专注于她的孩子，因为她对阳具的渴望被分割在男人和孩子之间，这很好，因为这是女人的欲望，更一般化地说，这是另一种欲望。它超越了母性的满足，通过阉割焦虑，将孩子引入一种矛盾认同的辩证法中。通过这种辩证法，孩子能摆脱作为母亲的对象这一被动位置，并最终接受他自己的性别。

母亲，大他者

但是，对于作为绝对大他者的母亲，我们能谈些什么呢？ 1958

---

① dit-mension 与 dimension（维度）发音相似，其中 dit 在法语里指"言说"，而 mension 则由 mansion 而来，即"居所"。——译者注

年关于女性性欲的文本里没有将其排除在和孩子的关系之外。拉康
在文本里明确指出，我引述如下："我们应该考虑阳具调解是否耗尽
了所有可能在女性那里表现出来的冲动，特别是母性本能的全部趋
向。"① 毫无疑问，拉康这一次使用了"本能"一词来翻译弗洛伊德
的"Trieb"并非偶然；在其他任何地方他都拒绝使用"本能"，而更
喜欢用"冲动"这个跟自然生物性的内涵较不相关的术语②。在阳具
登录的边缘，在一个女人那里可能会发生的事情到底会对孩子产生
什么影响呢？

　　我说过，女性欲望使得母亲缺席于她的孩子，但对孩子而言，
这种缺席能在阳具秩序里被破译，还是相反会费解地绕过这个秩序，
这两者是有很大的区别的。由于阳具主义是通过符号表达和传递的，
因此它在对象之间建立了一个秩序，在这个秩序里孩子试图给自己找
到一个位置，哪怕是作为一个负值。相反，根据定义，**非全**是沉默
的，这是一种绝对的沉默，缠绕着所有在阳具序列中被组织的事物。
我曾经提到过母亲的危害（la nocivité maternelle），其中一极的情况
是母亲全身心地专注于孩子。在另一极可以放上的是这样的母亲：她
对孩子不管不顾。然后我们把两种孩子进行比较，第一种情况孩子像
人质一样，第二种情况孩子被丢在一边。在面对无边沉默具有的强大
力量时，被丢在一边的孩子没有救援，这就是一个除权点。这一点儿

---

① 拉康，《针对一届女性性欲大会的指导性言论》，第 730 页。
② "本能"（德语：instinkt，法语：instinct，英语：instinct）和"冲动"（德
　语：trieb，法语：impulsion，英语：drive）是精神分析领域内容易被混淆的
　两个术语。在中文界，弗洛伊德的 trieb 往往被翻译为"本能"，因为在《弗洛
　伊德文集标准版》里，翻译者将 trieb 翻译为 instinct，因而混淆了本能与冲
　动。——译者注

也不意味着母亲的抛弃，非要这么说的话，那也是主体的抛弃，因为唯一可以充当享乐能指的那个能指，也就是阳具，失败了。

一边是太过母亲的母亲，她紧抓着孩子不放；一边是太过女人的母亲，她总是在忙别的事，有时候太大他者了，都让人看不出来了；其实在这两个极端之间，遍布着各种各样的母亲形象。这里还需要补充很多细微差别。拉康说过，"过分疼爱一个孩子"的方式有很多种。确实，不管是涉及身体还是存在，男孩还是女孩，这些细微差别将会改变很多事情。

举例来说，我们知道，弗洛伊德最终发现连接女儿和母亲的纽带是如此奇怪地坚固，他非常震惊。拉康进一步确认了这一点，在 20 世纪 70 年代，他根据分析经验指出，虽然母亲对女儿来说是"折磨"，但是看起来女儿还是希望从母亲那里而不是从父母那里得到更多"给养"（subsistance）。我们可以看到，拉康命名的"折磨"这个词意味着所有的参照点都被清除了，远远超出了阳具辖域里特有的敌对性的不和；而且，它和作为绝对大他者的被划杠的女人这个概念密切相关，几乎把母亲抬升到了不可想象的位置。

不过，女儿有时候并不是唯一要为母亲的极端主义付出代价的人。法国作家罗曼·加里在他的自传体小说《童年的许诺》①里呈现了这一点。他是独生子，没有父亲，他肩负起了一个从来不会停下的母亲的无限期望。他注定会有不同寻常的命运，但他并不是她梦寐以求的天才小提琴家，也不是她夸口说的超有天赋的网球运动员，

———

① 罗曼·加里（Romain Gary, 1914.5.21—1980.12.2），法国外交家、小说家、电影导演。《童年的许诺》（La promesse de l'aube）现有中译本，人民文学出版社 2008 年出版。——译者注

能在蓝色海岸会见瑞典国王，国王最后还很高兴。但是，不管他的表现多么令人失望，他都能指望他那位坚定不移的母亲。战争到来的时候，他作为飞行员在盟军阵营执行任务，他不断收到母亲充满深情的来信，然而他永远不可能再见到她，因为她已经去世了！她的爱已经预料到这场她死后的令人难以置信的对话：她把这些信托付给了一个代办机构，希望在她死后这些信能支撑她儿子渡过难关！这说明，这样一位母亲的信是多么地不顾一切，即使在她要面对自己命运的时刻。想到罗曼·加里的悲剧结局①，我不禁猜想，在他童年的时候，他确实比其他人更会——按拉康精确地用在母亲身上的一句优美的表述来说——被"真正的绝望带来的虚假承诺"抚慰。

在所有这些例子里，母亲正是通过她的言语留下了她的印记。拉康在《再来一次》研讨班里提醒道，女人作为母亲教会小孩子说话，而一当孩子把**"呀呀语"**再传回给她，她就有了"无意识的效果"②。在这个传递中，重要的不是认知练习，因为**呀呀语**不仅仅是一个人所在地方的方言，它首先是母亲和她的小"早产儿"这一原初对子之间的私人语言，它还是从原初的身体到身体的爱若语言，它用的词语窝藏了享乐，并留下了痕迹。

但是，母亲仍然是话语调解人，在这个话语里她不能不留下她的一些痕迹。而正是在这里，我们可以看出她在当代社会纽带碎裂中的支配地位上升了。因为，代际传递越是缩减到她自己的欲望的

---

① 罗曼·加里最后以吞枪自杀的方式结束了生命。是由以笔名阿雅尔（Ajar）发表作品引起的连锁事件。——译者注
② 拉康，《再来一次》，第90页。

隐含处方，尤其是缩减到她对孩子的欲望，孩子越是会把他根据大他者的欲望做出的主体选择遏制得像这样二选一：要么接受母亲的委任，按照她的欲望从事她许诺的职业；要么拒绝，把自己排除在外，这样做他还能用否定的方式确保一点自由。二十年前，拉康预言，这种"被母亲命名"的越来越强的力量将成为社会的接力。事情的发展似乎并没有否认这一点，完全没有。

第八章　母亲的焦虑

精神分析提出了一个问题：一个母亲的爱有多少价值？孩子起初只是她身体的一个分支，那么母爱对于教化孩子到底有什么价值呢？

对母爱的怀疑

长期以来，母爱备受怀疑。首先，在文化里就是如此。我们在文化里可以观察到一种双重运动：一个是把母爱理想化，好像它是完全充分的；另一个则是质疑，母亲不等同于一切，这样说是因为存在一种普遍的想法，即认为在母亲和孩子之间必定有一个第三项。我在这里援引两个相反但又趋同的事实来作为证据。首先是 20 世纪的一个标志——"乌托邦社区"。毫无疑问，在努力使孩子摆脱家庭的单一性方面，这些乌托邦社区产生了更为广泛的影响，但是它们假定的是：所有集体主义都憎恶个体差异，个体差异扎根在由婴儿期的爱留下的印记里。接着，在一个自称更科学的领域里，我注意到这样一个惊人的情况，即"家长主义的衰落"伴随着各种专家的兴起——儿保专家、教育工作者、心理学家——正如我曾经说过的那样，他们把自己当成了母亲大他者的大他者。

在精神分析里，对母亲的力比多提出疑问已经成为一个普遍的现象。而且，这是从分析者自己说的东西那里开始的。从一个分析者到另一个分析者，他们的差异是很大的。虽然有这些差异，但是他们都常常会在自由联想中指控母亲。关于母亲，还有什么没说过呢？母亲太强势，会猥亵孩子，有控制欲，或者相反，母亲很冷淡，没有生机；母亲总是在场或者总是在别的地方，太细心或者太心不在焉，强行喂孩子或者不给孩子吃东西，关心孩子或者忽视孩子。由于她的拒绝，就像由于她的馈赠，对孩子来说，她是引发原初焦虑的人；她也是这样一个地点：既是一个模糊不清的威胁，又是一个深不可测的谜。

而且，母亲的失误总是出现在无意识话语的中心，即使主体没有指责过她，也还是有一种责备的声音说，母亲就是难以忘却的，特别是对女儿来说，有时候这是一种"折磨"，因为性别偏见在这里留下了印记。弗洛伊德自己也发现了这一点：对于女人，他很严格——他因此受到了很多指责——但是对于母亲，他比他所有的后继者都更积极肯定。他认为和首个对象的爱的纽带是一种不可替代的体验，而主体后来所有的爱的能力都扎根于这种体验。他甚至认为，他在儿子与母亲的依恋关系中看到了唯一没有矛盾心理的爱，而且他不得不承认时间最终让他看到的东西：对女儿来说，判决是更加黑暗的，甚至可能都无处可诉。

我们更要抓住那个编排了各种不同经验数据的逻辑，拉康在重新论述弗洛伊德的俄狄浦斯情结的时候更改了这个逻辑，他强调的是"母亲的欲望"，因为母亲的欲望跟母亲的爱是有区别的，母亲的欲望被理解为性化的欲望，换句话说，是女人的欲望。

弗洛伊德在缔造俄狄浦斯神话的时候，认为母亲本质上是一个对象。"对象"在这里指的是爱若对象，一个被觊觎同时也将丧失的对象。顺着这个思路，在某种角度上，人们更愿意强调她的身体，而不是她的言语。然而有些事情还有待澄清。母亲的形象确实总是跟不可想象的生命体繁殖联系在一起，"孩子是从哪里来的？"这个问题经常萦绕在小汉斯以及其他许多人的想象中。此外，可以肯定的是，母亲和孩子之间的关系实际上是从**身体对身体的联系**开始的，在这个联系中，由于早产，婴儿还没有作为主体出现。但是，一旦实在界、象征界和想象界被区分开来，我们能看到，这个对象也是大他者，是拥有言语力量的象征效力。这些指的是母亲的言词，她的律令、她的评语，它们刻在记忆里，变成毁灭性的和迫害性的声音。分析者经常提到"我母亲说……"还有，为了回应**可以用不着父亲**这种说法，那也更可以说**肯定也用不着母亲**。那么，为什么要不再支持她呢？

母亲，女人

不论以何种方式，所有分析运动都认识到了分离效应的必要性。但是，正是在这个层面上，人们可能无法看到真正的切割；因为在这里，把母亲和孩子切割开，根据拉康更改后的逻辑，应该指的就是把生物体或者说动物（如果想这么说的话）和作为象征效果（effet du symbolique）的主体切开。我们知道，这个论点重新回到了弗洛伊德发现的"阉割"：正是象征在抓捕活着的存在的过程中引入了缺失，拉康将之又区分为享乐之缺失和存在之缺失。而且，事实上，是象征授予了"丧失的对象"在教化孩子的过程中一个根本的作用。我们可以在精神分析文献中追踪这个主题。它在两极之间摇摆：母亲自身是一个丧失对象，是导致根本性的怀旧的原因；孩子则是一个需要从母亲的抓捕中摆脱出来的对象，不这样做的话，他会一直依附于"母亲的性服务"①。

在这个分离操作中，充当调节者的不是母亲的爱，而是一个引起她欲望的对象所导致的分裂。这就是为什么拉康在他的第四个研讨班里反对那些支持"对象关系"的人，而特别地强调"对象之缺失"（manque d'objet）这个概念，以及，孩子需要在有力量的母亲之外遇见有欲望的母亲（la mère désirante），换句话说，在母亲那里，阳具缺失是她的欲望原因。这里引出了她作为母亲的存在和作为女人的存在的区别。它们无疑都跟阳具缺失有关，却是以不同的方式。她作为母亲的存在通过有一个阳具来解决这个问题，这个阳具就是孩子，孩子成为她缺失的阳具的替代物。然而，正如我说过的，母亲作为女人的存在，不会完全用有一个阳具的替代物来解决这个问题。正是因为她的欲望转向了男人，这时候女人渴望的是成为阳具或者得到阳具：为了成为阳具，她允许爱把她阳具化；为了得到阳具，她得迂回地利用那个带给她快感的器官。但是，这两种情况的代价都是不能拥有阳具。"贫穷的"女人啊！

双重缺位

女性欲望让母亲缺位。这个"缺位"要被象征化，而且相当有必要，因为它开启了分离辩证法。就她是女人而言，一个母亲不完全专注于孩子。由于她跟阳具的关系是分裂的，孩子不会完全满足到她。然而，这只是事情的一个方面，因为性化公式中提出了一个

———————
① 拉康，《论弗洛伊德的"冲动"》，第 654 页。

增补问题。不同于我刚才提及的阳具辖域里的分裂,性化公式铭写了另一个分裂:她与阳具"($-\varphi$)"的关系和什么是绝对大他者性的"($S(\cancel{A})$)"之间的分裂。[①] 因此,我们可以从母亲的缺位中看出——我更想说"女性欲望",因为是女性欲望使母亲缺位——在这种缺位中,什么登录在阳具性的象征化这一边,又是什么表现为没有登录的大他者,所以,最重要的是去察看这对孩子来说可能导致的后果。

一个女人对阳具的欲望毫无疑问地会从孩子那里减去一些东西,但是,我也说过,它还有一种分离效果。事实上,阳具主义会说话,它用符号传播,并且是可读的。因此,孩子必然会去解释它,而正是这种对母亲欲望的定位使他不会被俘获在直接的阳具认同中。相反,非全阳具的、绝对的大他者沉默不语——它和拉康形容为"疯狂的""神秘的"另一种享乐有关——这种沉默无法书写,无法破译。这使得母亲,在她的无意识愿望中,成为一个完全不专注于阳具孩子的女人。这也就是说,母亲的危害——它如此多地被提及——被分割在两极:经常受到谴责的占有欲,以及较少被注意到的忽视。完全占有孩子,把孩子变成她的阳具人质;完全不关心孩子,使孩子在面对她的沉默的力量时无依无靠,这种沉默不是言语的沉默,而是除权的沉默。

丢下孩子,这种主体状态跟在身体现实层面上抛弃孩子无关,母亲可能凑合地在场,甚至也会给孩子一些爱,不过那是一种自相矛盾的,可以说是冷淡的爱,因为它被简化为对实在身体的占有。

---

① 参见研讨班《再来一次》中的图示,第73页。

而之所以会这样，是因为这样一个事实：在所有的情况下，孩子都不仅仅是一个阳具象征符。他是一个阳具人物，但也是个实在对象，不可能加密的对象，"在实在界出现"①，占据"S（Ⱥ）"的位置。从这里出发，我们可以努力寻找一些线索。

焦 虑

我把母亲的焦虑当作一个索引，因为按照拉康的说法，它"并非没有对象"，这个对象是实在的，在阳具意指之外。显然我们可以从经典的阉割焦虑来谈论这个问题，阉割焦虑也有各种形式的变化。当然，有一种焦虑和失去孩子有关，我们知道涉及孩子死亡的幻想的力量；母亲的阉割焦虑还包括对剥夺孩子和把要求强加给孩子的焦虑，这是从她被指定为我说的第一个"身体警察"说起，因为她有责任把孩子带入话语设定的限制中；等等。但是，被除权的享乐这一实在带来的焦虑是另一回事，确切地说，它处在阉割焦虑的边缘，但区别于阉割焦虑。

在这里，我将展现一些离散的临床情况，但在我看来，这些临床情况都是有代表性的。我想从最"柔软的"临床（如果我可以这么说的话）开始：一个年轻的产妇刚生下孩子，总会有点惊呆。在这种惊呆的状态里，她在惊恐万分和欣喜若狂之间摇摆，有时候这

---

① 这个表述，最初用于精神病人，拉康在他给珍妮·奥布里（Jenny Aubry）的两个注解中把这个表达用在了儿童身上。（*Ornicar? n° 37, éd. Navarin, Paris, 1986, p.14.*）早在 1977 年，还在巴黎弗洛伊德学派的时候，我在《分析中的性差异》（"La différence des sexes dans l'analyse"）这篇文章中就非常强调"实在的孩子"这个主题。您可以在附录中找到这篇文章。

会让她逃离分析，正好给她不想说话找一个借口，因此，我们不能不认识到，一切并不能都归因于这样一个观念：阳具归还给她了！

这里还有怀孕的影响，即身体对异物也就是胎儿寄生的反应。人的反应各不相同，而且并不总是焦虑的反应。这些反应可以从由拥有了阳具等价物而产生的欣然充实到一种真正的恐惧，这种恐惧在一个母亲身上可以维持九个月，一直保持在最纯粹的疑病症焦虑水平上。

和照顾新生儿有关的焦虑，也是一个值得注意的事实。母亲会恐慌于不知道怎么对待这个有生命的东西，这个宝宝不会说话，还不是一个屈从于压抑的主体，因此更接近生命的享乐，此享乐还没有被标记。有些母亲被这个东西吓坏了，她们甚至无法想象自己能做所有哺乳动物本能地知道的事情：抱孩子，喂孩子，给孩子保暖，等等。

在这种情况下，新手妈妈通常会转而求助于自己的母亲，母亲在某种程度上是她的一个同类，即使她的焦虑与她对母亲的指责相匹配。在这里被调动起来的是与生命享乐的关系，而且，在所有情况下，这种关系都和母亲自身的压抑有关。另外，我注意到，对婴儿的这些反应远远越过了母亲，而且总是以非常鲜明的对比的形式出现：从喜欢到厌恶，从焦虑不安到激情入迷，从漠不关心到持久的使命感，等等。

最后，我必须提到产后精神病。值得注意的是，产后精神病并不意味着不照顾孩子，但它表明了这样一个事实：对一个母亲来说，一次分娩可能意味着遭遇一个会引起谵妄的实在，把一个除权点呈现给她。

"母亲的服务"

现在我要提出一个问题：母亲如何使用她的孩子？因为使用方式不止一种。"母亲的性服务"，若不是在一个纯粹实在的层面，就可以被理解为"阳具服务"，但其本身是分层次的。

在我看来，我们可以用器官和能指的区别来区分在使用孩子上的两极情况。作为器官的孩子——用弗洛伊德的话说，我们可以称之为"阴茎孩子"——是一个被当作爱若娃娃（poupée érotique）的身体。在这个层面上，许多侵犯是被允许的，反虐待原则——根据这个原则，任何人都没有权利支配他人的身体——在这里遇到了一定的限制，因为母亲与孩子的这种关系，在爱和教养的幌子下，是可能走向过度的，我在前面提到过这一点。分析给出了许多例子，但我今天要提及的是另一篇文本，作者对所有非器官本身的享乐都感到恐惧，他叫作亨利·德·蒙泰朗（Henry de Montherlant）。

在一篇以相当极端的风格写成的讽刺短文中，他描述了在一列西班牙火车上，"那个小婴儿，大声地叫着，号啕的哭声在火车上回荡，就像臭虫在床上爬来爬去"。你读的时候可能已经有语气了。下面我有删减地节选一部分：

> "他妈妈像一个吸血鬼一样黏在他身上，吸他的脖子、他的耳朵和头发，用她的吻模仿他排便的声音，把她嘴巴里的微生物传染给他，说话甚至比他还蠢，把他压在下面，他弄乱她的裤子，她也弄乱他的，把她的手放在他后面，用尽全力刺激他，让他更加吵闹地大叫……整节车厢的人都因这个孩子发狂……整节车厢的人都跟这个孩子

一起疯了，变成一个大大的"miam miam"①……［这指的
是 maman（妈妈），但这在道德上并不比驴叫更重要。］爸
爸……粑粑……（这两个词的意思差不多），试图愚蠢地打
败他，然而那个抽搐的家伙把他的口水、尿液、鼻涕甩得
到处都是，在场的人还虔诚地接受那些！"②

看，这和纪德的母亲特有的"天使般的理想形象"和"牺牲享
乐"相去甚远！③

不过，对孩子的使用，不仅仅只有身体对身体的。阳具孩子是
另一种情况。作为一个话语存在，与其说他服务于母亲的爱若主义
（érotisme），不如说是服务于她的自恋；他是由母亲的能指所塑造
的，注定要承担她的幻想和梦想，甚至承担她话语里的秘密规定。

这两种使用孩子的方式是不同的，但并不是对立的，它们显然
可以互相结合。有时候，特别是在升华领域，会带来伟大的使命。
当这两者之间的联系断开时，当只有第一种情况发生时，我们会看
到，爱若化的占有和把主体置于大他者的沉默中并不冲突，就像在
某些精神分裂症儿童身上所发生的那样。

一种可命名的爱

那么，母亲的爱对孩子的教化有什么价值呢？与住院症

---

① miam miam，指吃东西的声音，也指好吃的东西。——译者注
② 亨利·德·蒙泰朗，《卡斯蒂尔的小婴儿》(*La Petite Infante de Castille*, 1929)，第18—23页。
③ 这是拉康用在纪德和他母亲身上的表达。

（l'hospitalisme）① 有关的诸多现象表明了身体照顾并非一切：对这个小人儿的教化是通过一种非匿名的欲望实现的。因此，我们可以得出这样的结论：对一个孩子来说，倘若母亲并非他的一切，也没被定位在其他深不可测的地方，还有，她作为一个女人的爱是有必要指向一个名字的，这时候母亲的奉献则更有价值。正如拉康所说，爱只有对一个名字的爱：在这里，这个名字指向的人——可以是任何一个人，但就其是可命名的而言，这个人将设置一个限制，限制阳具换喻，同样限制绝对大他者的不透明性。只有在这种情况下，孩子才能登录进一个特定的欲望中。

---

① 住院症（全称 Le syndrome de l'hospitalisme，住院综合征）通常指的是非常年幼的儿童因为长期被安置在医疗机构、医院等地方（比如广义上还包括托儿所、孤儿院等）而遭遇的精神发展的障碍。由精神分析家勒内·斯皮茨（René Spitz）于 20 世纪 70 年代提出。——译者注

第九章　幼儿神经症

具身化的解释

一个孩子在生命早期就被解释，这是一个显而易见的事情。那么，是谁在解释呢？毫无疑问，首先是大他者，紧接着，很快，是无意识。但我们也要指出另外一个事实：孩子也是解释者，而且可能甚至就是……解释。这是拉康在给珍妮·奥布里的两篇注解中隐含的论点，他认为孩子或是夫妻的真相，或是母亲一个人的真相。

在这里有一个很大的区别，用最简单的术语简明扼要地表述，它指的是一种结构上的对立，可以用父性隐喻的两个能指来书写。说孩子代表的不是他自己的而是大他者的真相，不管是夫妻的真相还是母亲的真相，这难道不是在说孩子是一种具身化的解释（une interprétation incarnée）吗？难道不是在说，对于母亲或夫妻都不能破译的，来自他们无意识的东西以及他们的结合，孩子的症状使它们以一种享乐的方式出现在实在界之中吗？

换一种说法，用拉康后来的一些表达式来说：就像成人一样，儿童也有症状，那些症状非常多态而且往往很短暂——这增加了诊断上的困难——但是，通过他们的症状，通过他们有的症状，他们**是**症状，大他者的症状。他们让自己的身体成为大他者的真相，大他者则从中获取享乐。这就像拉康说的：一个女人对一个男人来说是一个症状，或者，分析家自己就是一个症状。显然，问题是要知道，对每个孩子来说，在每一个阶段，他的"是症状/症状存在"和他的症状——这个症状会把他的享乐的专名给予他——是如何链接的。

现在我来谈谈被解释的孩子。这样的解释是从什么时候开始的呢？

不要忘了孩子首先是作为一个对象出现的，只不过其形式各种各样而已。在他来到世界上的时候，他首先是实在的，是一个活生生的娃娃，一个爱若的小东西，一个被他者享乐的身体。这一点再往前走，可能甚至会走到充当"性关系之缺位"的例外。拉康在他的教学末尾有一次这么说过，他用了一个非常令人震惊的短语，这句话对我来说现在仍然是一个难解之谜。回顾他说的"没有性关系这回事"（il n'y a pas de rapport sexuel）时，他补充说，"**除了代际之间的**。"事实上，孩子作为让母亲享乐的活生生的身体，把她限制在了另一个表达式中："没有对大他者身体的享乐。"——至少这是我目前理解的"**除了代际之间的**"。确实，对一个女人来说，被弗洛伊德化约为阳具价值的孩子也是实在的。借着身上的这个分支，一个女人看见她自身之缺失的等同物，"S（Ⱥ）"，出现在非常实在的生活中。

这里，我们可以插入一个关于母性的非常日常的临床，即关乎女性是如何体验怀孕和结束怀孕的。我们知道有两个极的情况：一方面，它会从欣喜愉快到心满意足的狂喜；另一方面，从对寄生的恐惧到产后抑郁导致的残缺感，更不用说产后精神病了。有一系列的现象，一系列涉及范围非常广泛的现象，无可争议地证明了母亲跟孩子之间身体对身体的关系就是一种享乐关系。然而，这并没有穷尽孩子身为对象的地位。这个对象，也是一个儿童形象（enfant-image），这个形象对一些人来说很动人，对另一些人来说则很讨厌。想想我们给新生儿拍照的热情，还有那些记录其成长的影像，二十年后我们还带着怀念回看呢！我就不谈最为人所知的一点了：孩子能指（l'enfant-signifiant）给父母非常喜欢的阳具价值戴上了光环。

无论如何，被解释的不是这个孩子对象。解释假定了一个缺失的元素，因此，可解释的孩子（l'enfant interprétable）——不仅仅是作为享乐对象的孩子——的出现，无论是实在地、想象地，还是象征地，都可以追溯到"−1 主体"（moins-un du sujet）的首次出现。后者是伴随一次哭喊出现的，而这次哭喊是这个会在大他者身上挖洞的生命体的首次显露。能指库甚至在孩子出生之前就已经包裹住了他，哭喊则给主体在其中设了一个空位，从那时起，它就能作为一个通过大他者的回应来解释的"x"开始运作。孩子作为一个被解释的存在就是从这里开始的，并在母亲的临床中清晰地显露出来。在此临床中我们每天都能观察到母亲的解释活动，她们把自己的声音和话语借给小婴儿，来解释他们还不能表达出来的东西，就这样，她们把这些东西提升到了一个能指的价值。"你想要什么？"这个问题来自母亲大他者，并且在母亲大他者那里找到它最初的回应；一般来说，就冲动而言，这个问题使得被解释的孩子成为孩子作为解释者的先决条件。

因为孩子也是解释者、解密者。为此，他必须要进入言语结构，并且，确切地说，能指之间的缝隙必须在他那里形成得足够大，让他也能提出……解释。在这里，与大他者之谜的相遇是决定性的，只要它稍微没有被满足，那么对于大他者的说，尤其是对于母亲的说而言，每个孩子都会致力于建立起自己的阅读。我们知道哪怕是最小的孩子关注的都不仅是大他者的说，还有其沉默、矛盾和谎言，简而言之，关注大他者话语中的所有开口。孩子显然很关注他的存在，因为他很想弄清楚的是怀孕之谜和他的性别之谜。因此，解释者发现他自己也被解释，而且，正是在解释之结中，存在着他所有的解释之谜。在这里，我们可以看到住院症的孩子缺失了什么，拉康曾在给珍妮·奥布里的两篇注解的结尾处提到了住院症。生命需要可以通过相对匿名的照料来满足，但是，由于缺乏拉康所说的"特别兴趣"（intérêt particularisé），孩子缺失了作为解释者的大他者，也缺失了被解释的大他者，而正是通过被解释的大他者，他可以在一个非匿名的欲望中找到自己的存在。

寻找幼儿神经症

为了阐释清楚孩子既是被解释的又是解释者的这个问题，这里我要举一个非精神病孩子的案例：温尼科特的小猪猪①。在一些儿童机构中，分析家当然会处理很多非神经症的儿童，但我认为，幼儿神经症仍然是一个重要的参照点，即使是在有时很棘手的成人诊断问题上。事实上，在所有那些难以诊断的成人案例中，我们不能确切地说他们是精神病还是神经症，因为，在神经症中，幻想的一致性可能会浸透主体的问题，而一个精神病可能不会被触发——这样

---

① 温尼科特的《小猪猪的故事：一个小女孩的精神分析治疗过程记录》（*The piggle: an account of psychoanalytic treatment of a little girl*），英文原版于1977年出版，法文版1985年出版，中文版2015年由万千心理出品发行。鉴于本书原版为英文，所以下文提到书中对话时，参考的均为英文版。——译者注

的案例让一些人使用"边缘型"以及"自恋人格"这样的术语。这些案例没有呈现出典型的除权效果，因为没有严重的语言现象，也没有病征触发。这样的情况要求我们了解主要的神经症的现象，不仅是转移中的主体性分裂，还包括幼儿神经症——用弗洛伊德的术语来说——的一些痕迹、一些伤疤。因此，我很愿意把"寻找幼儿神经症"作为临床口号，如同人们在其他语境下说"寻找女人"。

寻找幼儿神经症，首先是"寻找阉割情结"，如我们所知，它是一个情结组织，远远不能被简化为肢体残缺形象的在场，它是对阉割焦虑这一重要情感的制作，并且会和弗洛伊德所说的幼儿神经症混淆。在这一点上，我同意米歇尔·西尔维斯特（Michel Silvestre）前不久提出的论点：幼儿神经症和成人神经症不是同质的，也不是对称的。正如他所说的，第二个问题无法解决，因为它弥补了性关系中的不可能。相反，前者几乎是所有不会疯掉的人的必经之路，而且对每一个非精神病的主体，我们要能够找到他的伤痕在哪里，还有他的解决办法是什么。说这是一条必经之路，也就是指明这是一个演进阶段。虽然我们不再使用"发展"一词，但当言尽行毕之时，还是有一个历时性的和典型的阶段。

因此，我首先要提醒你们注意阉割情结带来的结构性的分离效果。这是一个经典的论题，仍然存在着。拉康在重新思考俄狄浦斯情结的时候，从未质疑过阉割情结，完全没有。在他的《对象关系》研讨班里，他强调了母亲那里的对象缺失，这可以说是挺讽刺的，因为对象关系的概念当时很流行。阉割情结是孩子在遇到母亲的阳具缺失时的反应，因为阉割不是直接登录在主体这一边的。只有在大他者（这里是指母亲）的缺失，以及与回应此缺失的对象有关的问题被实际化的基础上，阉割才有其影响。

所以我选择了一个被阉割情结折磨的小女孩的案例：温尼科特的小猪猪。在这个案例里，小猪猪这个小分析者比温尼科特这位分析家本身更让我感兴趣，因为在我看来，他可有点落在她后面了。

小猪猪和小汉斯

我们可以在小猪猪和小汉斯这里停一下。他们有很多相似之处，也有一些不同之处。首先，他们是两个正常的孩子——如果可以用"正常"一词的话，不过人们现在并不喜欢用这个词。温尼科特用了这个词，而且他很快意识到，小猪猪也可以不需要精神分析家。他认为，在这个案例里，按照他的原话来说，我们可以依靠她自身的发展能力。换句话说，用无意识工作的动力学来解决出现的问题。小汉斯，他的小小症状也是年幼孩子那里很平常和常见的。在那之前，他就是一个人见人爱的小男孩，没有什么特别的问题。

他们还有另外一个共同点，那就是他们会接触精神分析是因为他们的父母是精神分析的追随者。小汉斯的父亲是弗洛伊德的追随者，他非常高兴地对这位教授说：这儿有一个孩子，可以借给您来证实您的学说。小猪猪的父母也是精神分析的皈依者。另外，他们自己会用"温尼科特语"说话。这太令人震惊了！第一次读完这个案例之后，稍后重读一遍时，我们会突然遇上他们的这种倾向：你记得一些评估，但不知道它们是不是来自温尼科特的，要想知道它们是来自父母的信件还是来自温尼科特自己的文本，就必须进一步检查核对。他们真的是用同一种语言说话，而且，我们可以看到他们对温尼科特的转移，在很大程度上就像小汉斯的父亲对弗洛伊德的转移一样强大：就像小汉斯的父亲称弗洛伊德为弗洛伊德**教授**，小猪猪的父母称温尼科特为温尼科特**博士**。这种细微差别并没有逃过小猪猪的注意，在她的转移开始被一些疑问刺破的时候，她问道："为什么是博士？""这个温尼科特博士，真的是一个医生吗？" [①]

　　还有一点把这两个案例联系在一起，那就是父母介入了治疗，这可以通过他们的报告、他们向孩子提出的问题以及收集的大量资料看到。对小汉斯来说，这是很清楚的。有人可能会想这个孩子做的是什么分析，他去见精神分析家只不过一两次。在小猪猪那里，情况不一样，她是做了十六次分析的，不过是在两年半的时间里，也不是很集中。另外，温尼科特在他简短的序言中提出了一个问题：他思忖，在这样一个不那么经典的设置里，是否还可以谈论精神分析。

　　我认为这是我们不会自问的一个问题，因为我们不遵循经典的精神分析设置。对我们来说，这**就是**一段分析，温尼科特有所怀疑，但是我们不怀疑。他认为，每周没有三次或四次定期的、必须遵守的会面，就是一个很大胆的行为。由于距离的原因，会面的间隔时间很长，不仅如此，他说，那些会面都是根据她的请求进行的。一定要是这个孩子自己坚持去看温尼科特博士。因此这需要一些时间。她首先要说："带我去见温尼科特博士吧。"然后妈妈说："好的，很快。"然后她等着孩子再一次提出请求。接着她才写信给温尼科特博士："博士，她已经请求两次了。"等等。最后，才会达成一个预约会面。所以，这是一种特别的设置，在这种设置下，希望的是孩子

———————

① 法语单词 docteur 既有"博士"也有"医生"的意思，一语双关。——译者注

发挥自己的作用。当然，我们知道，这个孩子的请求，即使完全是她本人的，尤其是在一开始，也是对她父母要求的一种回应，此要求具有暗示效果：他们通过孩子的嘴来说他们非常希望温尼科特接待这个小女孩。

于是，从 1964 年 2 月 3 日到 1966 年 10 月 28 日，他们一共进行了十六次会面。巧合的是：它开始于巴黎弗洛伊德学派成立的同一年，并不是那么遥远。小猪猪两岁四个月大，她的主要问题和小汉斯一样，是焦虑。还有很多其他可能存在的幼儿症状，比如厌食、遗尿、躁动、失眠等，不过对他们俩来说，问题的核心都是焦虑。对小猪猪来说，她面临的处境是很清楚的：就是小妹妹的出生。在小汉斯那里，在触发问题的局势里还有其他一些可识别的因素，但在小猪猪这里就只有小妹妹的出生，即大他者的一个新对象出现了。这里我们立即就能看到，母亲的阉割不是直接被提到的，而是间接地，正如这一新对象暗示的，它让小猪猪猜想自己的母亲缺失了什么东西。

在两个治疗工作的轨迹里还有另一个共同点：它们是从哪里开始，又是在哪里结束的。我稍后再谈这个问题。

我没有忘记两个案例也有一些不同之处。首先是年龄：一个五岁，另一个两岁四个月，这是非常大的差别。其次是性别上的不同。最后，尤其重要的是症状上的不同。小猪猪没有恐惧症，而小汉斯对马的恐惧症使他的焦虑成为症状。

小猪猪有什么症状呢？噩梦使她不想上床，不愿意睡觉，她会尖叫着醒来，夜里总是特别地动荡混乱。显然，这在某种程度上给她带来了更多困难。恐惧症，作为由焦虑转化出来的一个症状，可以起到缓解作用，因为它可以将焦虑限定起来，把它从起点，也就是与母亲面对面的关系，转移到一个更远、更可能避开的对象上。这对主体来说有很大好处。然而，可怜的小猪猪，她没有办法逃脱那些噩梦，它们一直跟随着她。另外，她还有围绕着焦虑的其他表现，她的父母诊断她在性情层面上悲伤、冷漠、爱哭、脆弱，而在她妹妹出生之前，她是一个充满生命活力、无所畏惧的小女孩。

两个案例还有一个很大的不同，那便是父母。对小猪猪来说，我们会说她的"父母"。在小汉斯那里，是父亲和母亲，这两个词在所有的意义上都是分开的。我们说"父母"，是因为在小猪猪的案例里，父母明显很一致，虽然母亲顺便提到了一个紧张时刻，然而小汉斯的父母是有不和的。这是一个机会，让我们看到在小猪猪这里，情况并没有更好，最终，事情也不是在这个层面上演的！这不是决定性的结构因素，而且，温尼科特本人一点都没发现这对相当令人惊讶的联合体有什么奇怪之处，他写到"由母亲写的……父母来信"，父亲的话只出现了一次。这是这对夫妻的一个小小的症状特征，也许也是温尼科特的。我们可以说这对父母有点融为一体了，至少在叙述中是这样……

也许情况甚至更严重，因为虽然小猪猪向温尼科特发出了几次召唤（至少是在她的无意识里），可是温尼科特却认为，父亲在某些时刻要做一个母亲，要等同于母亲。令人吃惊的是，事实上，父母双方都把自己的身体借给了这个小女孩。我不知道这是一种他们彼此爱恋的结果，还是他们受了温尼科特式训练的结果，但他们两个人都乐意和这个孩子建立一种身体对身体的关系。我们看到她要吃

"白薯"①，就像她呼唤母亲的乳房，而母亲在犹豫一会儿之后最终还是允许她这么做了，因为她不知道这是否可行。同样地，她想吮吸父亲的拇指，有一次旅行中，她全程都在吮吸父亲的拇指。这个事实很重要。在小汉斯的案例里，由于父母之间的不和，阳具携带之元素（l'élément phallophore）②的重要性被削弱了，父亲没有能力让他的妻子听到他，他的妻子既不爱他，也不欲望他。但是在小猪猪的案例里，我们可以看到，父母之间有良好的理解，阳具携带之元素仍然是被省略的。它不是不在场，只是重要性被削弱了，而且，即使一些解释提到了它，也并非没有混淆。

预先被解释的小猪猪

去见温尼科特博士之前，小猪猪已经被解释为是有普遍存在的俄狄浦斯情结的，而且她的俄狄浦斯情结持续到现在随处可见，也就是说，在她生命的最早期，她已经被描述为一个非常依恋父亲而顶撞母亲的小女孩。我们也能看出这种在俄狄浦斯这个术语里被注意到的变化。她出现的痛苦焦虑被解释为是对父亲失望的结果，意思是说，父亲给了母亲一个孩子（正如人们很快就会清清楚楚地告诉她的那样）。总而言之，焦虑和一些性情问题出现了，即被认为是

---

① 此处法语词为 miams，其源自拟声词 miam miam，原文是英语单词 yams，yam（薯蓣、山药）的复数形式。这里的翻译参照英语原文 yams，沿用中译版本《小猪猪的故事：一个小女孩的精神分析治疗过程记录》中的翻译"白薯"。白薯是对母亲乳房的一种隐喻。——译者注

② phallophore 这个词源自古希腊语 Φαλλοφόρος，由 phallus（阳具）和 porter（携带）组合而成，原指巴克斯大臣在阳具节那天戴着阳具，引申为阳具之携带。——译者注

向婴儿阶段的退行。你们可以看到，在母亲最初的几篇文本里有一个回应。对于"她怎么了？"这个问题，母亲回答说，小猪猪正遭受着被其俄狄浦斯对象抛弃之苦，还有，在跟小宝宝的竞争中，她想退行到刚出生的时候。我们可以看到，母亲非常感触于自己的小女孩已经失去了明眼可见的快乐，也失去了她的自主性和她的平衡。母亲说："她的平衡感一向是非常好的，但自从她有了变化，她就一直摔倒，哭泣，觉得很受伤。"

那么，这个已经被解释甚至被灌输过的小猪猪，是怎么走进温尼科特的分析室的呢？来看看她的用词，这个小女孩，不到两岁半的小女孩，她说自己有些忧愁。我们可以在她母亲的文本里看到："她有些忧愁。"（第5页）她来到温尼科特那里，想着他会对babacar① 和黑妈妈（the Black Mummy）了如指掌。有人告诉了她这些，激起了她的转移。她进门的时候做了什么呢？第一次会面，她一开始就拿起盒子里的玩具，说着"另一个，另一个，另一个……"（第10页）温尼科特合理地对她说："另一个宝宝？"（第10页）文本里引出了这样一条评语：为什么不这么说呢？她既不要一个也不要两个，她拿起另一个玩具，问道："这是从哪儿来的？"这里温尼科特明显地领会到了弗洛伊德特别提出的一个问题，我们知道这个问题跟阉割焦虑紧密相关："宝宝是从哪里来的？"这真的是一个关于将存在象征化（la symbolisation de l'existence）的问题，小汉斯在这个问题上也遇到了困难，他在他的性别问题上也遇到了困难。

小猪猪的问题确实是一个基础的问题。她是带着一个问题而不

───────────

① 小猪猪自创的一个词，其解释可见下文。——译者注

是一个抱怨走进来的。我不知道我们是否可以说"没有什么是没有理由的"，这将是一个非常黑格尔式的命题，无论如何，对我们来说，"没有理由"不是说不被插入理由中，在这里，我们面对的是一个寻找理由的主体。令人惊愕的是，温尼科特多么天真自信地回答了那个问题。对于"孩子是从哪里来的？"这个没有答案的问题，温尼科特给出了回答。显然他是从经验上来回答的，男人把某个东西放到女人身上，然后就有了一个孩子。因此，这个回答使用了三个词语：男人、女人和某个东西。小猪猪已经被她的父母亲解释了一遍，现在又被温尼科特解释，而他们用的都是一种极端天真的方式！至于小猪猪自己，她此时还被那个一直在那里的问题困扰着，等待着一个回答……

无意识词语

小猪猪也有她的无意识词语。她睡不着，不想上床睡觉，她躁动不安，总是醒来，还在夜里说话。这些不是我们说的典型的夜惊。她会做噩梦说话。实际上，很快，甚至在她来之前，我们已经有了一份最简短的文本。小猪猪这里没有跟小汉斯的马一样的东西，但还是有一些与焦虑有关的词语。更确切地说是有一个词，然后是一种夜间幻象。这个词是 babacar，是那种由小孩子生造的新词。它可能令人联想到 car（汽车），联想到 baby（宝宝）。但是其实，并不是这样的，babacar 是一个无意义的词。小猪猪明确表达说"……因为 babacar"（第 21 页）。我们还记得拉康非常强调小汉斯那里的一个表达式："因为马……"在这个案例里，是"因为 babacar"。当然啦，这个 babacar 是在跟父母亲的对话中出现的，因为你们阅读文本的时候，会看到小猪猪的父母亲会让她很苦恼，他们留意她，仔细观察她，还有问她"怎么啦？为什么？……"就这样，这个词在一次对话中出现了。她用这个词牵着父母，就像小汉斯用马来牵着他的父母一样。但是，这边的情况是更严重的：babacar，这是一个没有所指的能指，它没有任何其他所指，除了像一个难解之谜一样，它也没有任何防焦虑（pare-angoisse）的意指。它没有小汉斯的马的功效，因为 babacar 具有到处存在的效力，它无处不在，并且永远都在。

Babacar，是对焦虑原因的命名，而不是对欲望原因的命名，而且它永不撒手。我不是说小猪猪永远不会忘记它，而是 babacar 永远不会忘记她。父母还顺便指出，一切都顺利的时候，她会突然停下来，说"babacar"，然后一切又都乱了。另外，她还会有一些令人惊讶的反驳。有一次，她妈妈对她说："别担心！"她回答说："但我想担心！"

另一个词语元素，是一个句子。它有一些变化形式，不过模板是"黑妈妈想要她的白薯"。这是一个有力的表达式，里头包含着很多东西，是由一个两岁四个月大的小女孩的无意识产生的。"黑妈妈"，很明显就是给可怕的、被划杠的大他者的名字，如果我可以这么说的话。在文化中，有一个围绕着"黑"的语义学，比如黑色小说，黑心，等等。黑色还可以说是劣性反应的颜色，它也是哀悼的颜色。在这里，我们看到，它是坏的、危险的大他者的名字。此外，我们将看到，在整个案例中，"黑"是流动的，是换喻的。黑妈妈将保持着这种负面的身份，而"黑"将会继续流动，接着出现在黑宝宝苏珊（小妹妹的名字）那里，她也是"黑的"；小猪猪自己也是

"黑的"；不管什么情况，"黑的"就是"坏的"。

"黑妈妈想要她的白薯"：除了"黑妈妈"，我们还能找到一个更简单的名字指代被划杠的大他者吗，还能找到一个更凝缩的词来阐明那个解释了她想要的东西——也就是"白薯"——的梦吗？在这里，梦用口腔对象解释了欲望，同时，"白薯"命名了那个作为大他者的欲望的对象。非常简单！

一些评论

毫无疑问，这个对象——黑妈妈想要拥有它，但它从她那里被拿走了，被偷走了——也指向了小猪猪自己的存在。在这个案例里，我们可以明确地看到："babacar"和"想要她的白薯"的黑妈妈出现的时候，父母亲——正是这使他们最不安——确凿地表明，身份的问题也会出现。

父母的解释有很大一部分是用幼儿嫉妒来说的，拉康称之为 la jalouissance①，即对另一个对象的嫉妒，它位于想象轴。但事实还更复杂。从"babacar"和"黑妈妈"随着小妹妹一起出现的那一刻起，小猪猪已经不想再做她自己了，她再也不想被人叫她的名字，不管是什么情况下。她声称她是妈妈，她是宝宝，但她不再是小猪猪了。此外，她母亲注意到她的声音和语调变了，她开始使用一种尖锐的、不自然的声音，这令她父母很担心。在这里我们非常清楚地看到另

---

① jalouissance，拉康创造的一个词，由 jalousie（嫉妒）和 jouissance（享乐）共同组成，拉康用这个词描述圣奥古斯丁（Saint Augustine）面色苍白地盯着小弟弟吮吸母亲乳房时的嫉妒。蕴涵着对他人享乐的嫉妒，也蕴涵着对嫉妒的享乐。可参阅拉康的研讨班 XX，第 91 页。——译者注

一个孩子的出生如何动摇了原本唯一的孩子的确信感，这可能还不是一种来自幻想的确信感，但肯定是它的雏形；另一个孩子的出生动摇了小猪猪，达到了导致所谓的人格解体（dépersonnalisation）的地步。小猪猪，她不再知道自己是谁。

这是一种野蛮的去认同，是她对妹妹的出生做出的反应。这证明，对她来说，她在大他者欲望中的位置问题已然出现了。在此之前，她确信自己有一个唯一的位置，可以认同自己是这个家庭的小奇迹。但是，一个新的对象，让她不再知道自己的位置是什么，也不再知道自己的价值是什么。于是，她呼唤一个新的解释，也呼唤一个新的认同。因此，在梦依据口欲来解释大他者欲望的时候，根据拉康的表达，这也是一种在"（她）作为活着的存在的勃起（érection）①"中用对象来命名自身存在的方式。另外，温尼科特也是这样理解的。他用的不是跟我们一样的词语，但他也是这样理解这一点的。

毋庸置疑，这些"白薯"也指定了小猪猪自己的对象，它们解释了她的欲望和她的一部分享乐。在小猪猪的叙述中，有两种口欲方面的问题。温尼科特特别强调其中一个，他说："这是一种一般化的性高潮。"（第 118 页）这发生在第九次会面。但在第二次会面中，温尼科特和小猪猪已经开始交流，正如他所说的，通过口腔发出的噪音和口腔感官运动来交流。温尼科特明确指出："她开始做鬼脸，让舌头在嘴巴里转来转去，我模仿她，我们就这样交流了饥饿、吃点心、口腔噪音和一般意义上的口腔感官体验。这令她很满足。"这

---

① érection 一词，既有"建立、竖立"的含义，也有"（生物学）勃起"的意思，在这里取用后一层翻译，不过原文法语词更有一语双关的意味。——译者注

是它第一次出现，进行得非常谨慎，然后到了第九次会面，温尼科特说这是一种一般化的性高潮。

转移问题

转移能指是什么？在我看来，毫无疑问，是 babacar。她带着她的 babacar 来了，把它呈现给温尼科特。父母告诉她，温尼科特了解"babacar"和"黑妈妈"。所以，我们可以很轻松地把 babacar 放入拉康在 1964 年写的一个关于转移的数学型里：

它是谜的能指，在温尼科特看来，它代表了未知主体小 s，我们会期望知道这个小 s 是什么，因为那个代表假设知识（savoir supposé）的括号仍然是空的。

$$\frac{\text{Babacar}}{s\,(\cdots\cdots)} \rightarrow \text{温尼科特}$$

非常令人惊讶的是，在初次会面之后，小猪猪回到自己家，评论道："那个温尼科特博士对 babacar 什么也不知道。"这真是太棒了！在第二次会面的时候，温尼科特问她关于 babacar 的问题，假定她是那个对 babacar 有所知的主体（le sujet-sachant），然后他尝试提出一种解释：是"黑"引起了恐惧。结果不是很清楚。但在第三次会面的时候，她澄清了自己的立场："我是坐火车来伦敦见温尼科特的。我想知道为什么是黑妈妈和 babacar。"温尼科特回答说："我们会想法子搞清楚的。"

这里确实有一种进入了转移的样子，我们可以在整个演变过程中追踪它。温尼科特在信任和爱的层面上给了她很多评论，但是，事情实际上是在另一个层面上发生的。第九次会面是治疗的转折点，也为治疗的出口打开了一扇门，在这次重要的会面里，有明确的证据表明，温尼科特作为**假设知道的主体**的位置被动摇了。

"我们女孩……"

这段分析的轨迹是什么呢？我曾经强调了它和小汉斯案例的相似之处：它是从无意识词语"babacar"和"黑妈妈"开始的，最后以一出小小的家庭罗曼史结束。在小汉斯的案例里也能看到这些，一开始是对马的焦虑，最后——毫无疑问，他有点受到弗洛伊德的暗示——他创造了一个虚构故事来解决俄狄浦斯困境：爸爸会拥有奶奶，他会拥有妈妈。我们可以看到小猪猪也给自己编造了一个虚构故事。这是从第八次会面开始的，但其顶点是在第九次。我只想指出我认为对我要说的内容至关重要的部分。关于口腔贪食行为，特别是关于跟妹妹的竞争，温尼科特有多种解释。现在来到第八次会面。我们已经看到了"黑"在不同角色之间流转，小猪猪再次谈到了小妹妹的出生，温尼科特依据爱-恨的术语，基于想象轴"a-a'"，对她说："你恨苏珊，但同时你也爱她。"（第103页）于是，她给他上了一课。

在立即给出的回答中，小猪猪解释说她和妹妹是相似的，她区分了什么是喜欢什么是爱。她对温尼科特说："我们俩一起玩泥浆的时候，我们都是黑的。我们都洗澡，我们都换衣服。"（第103—104页）然后她说："我喜欢苏珊，爸爸喜欢妈妈；妈妈最喜欢苏珊，爸爸最喜欢我。"（第104页）这非常精准，而且令人震惊。我不会说这是一个倒转的父性隐喻，这样说有点过了，但是，我们要是绘制一幅她所指出的爱的矢量图，就会发现缺失了一点，那就是从母亲朝向父亲的箭头。对小猪猪来说，这很明显：父亲的爱是朝向母亲的，其次是对她的，但母亲的爱是朝向孩子的，更确切地说是朝向妹妹的。在这里我们发现了对母亲欲望的第二种解释，它不仅仅是由"白薯"来定义的。

第九次会面确认了这一点。她已经不那么焦虑了，一切都在好转。在这次会面里，她开始先描述了跟"黑妈妈"的殴斗，但她们不再处于一种焦虑的氛围中，那是一种争论，她用的语气是"你走开！这是我的地方！"她说黑妈妈"每晚都过来，她爬上我的床"（第113页）。她说"我被黑妈妈逼下了床，我的床很漂亮"（第114页）。有一页半的内容是关于她和"黑妈妈"的殴斗的，这些都是比较好玩的，她一边咕哝着，一边玩。温尼科特说"事情正变得模糊不清"，他觉得自己在昏昏欲睡（第115页）。不过，他总是把他的昏昏沉沉当作一个非常重要的迹象，表示在病人那里发生了什么。就在这时，小猪猪制作了她的小小罗曼史，她未来的家庭罗曼史，并夹带着一些期许，就像小汉斯对父亲说的："你将和奶奶一起生活，我，我和妈妈一起。"

在这些对未来的期许之前，有一个简短的、非常有价值的开场白。她说："有很长一段时间，妈妈不想要孩子，然后她想要一个男孩，但她已经有个女孩了。"（第115页）母亲非常烦恼，还表达了抗议。母亲说，小猪猪很清楚地知道，第一个孩子是男孩还是女孩对我来说是一样的，第二个孩子，我原本想要一个男孩，但第一个孩子我没想要男孩。小猪猪一直根本不相信这些，接着，就是在家庭罗曼史的开头她说："苏珊和我，我们长大后会有一个男孩。我和苏珊必须找一个爸爸先生结婚。"这就是她制作的罗曼史：女孩们会生一个男孩，但先决条件是找到一个爸爸先生结婚。

此处我们可以提出一些评论。首先，这个家庭罗曼史证实并澄清了第八次会面所说的：爸爸爱妈妈，妈妈爱孩子——男孩。我们可以看到阳具就在这里面。因此，小猪猪有她自己对女人的解释，而且非常清楚：她是一个母亲，男人在一个工具的位置。更确切地来说是：她是一个想要男孩的母亲。换句话说，她不是在男人身上寻找阳具，而是在儿子身上。男人是"用来结婚的爸爸先生"。这种表述令我很感兴趣，值得留意一下。这句话可能来自温尼科特本人，因为有一次他说过："在转移中，我是一个很爸爸的先生。"（第17页）我们知道，女人分为女人-母亲和女人-女人，这是无意识的经典之作，但是，把男人分为男人-爸爸和简单的男人，这是小猪猪案例和温尼科特的文本的创新。显然他一直关心的是重建两性平等；每个人都有两面，这是很明显的！他处理阉割的方式本身也值得研究。

我概括一下小猪猪的家庭罗曼史："我们女孩会有一个男孩。"看，这就是她解决阴茎嫉羡的办法。温尼科特没有采取行动，他对她说，他在打瞌睡。她淘气地说："你听到我说的话了吗，温尼科特博士？"（第116页）当她问他"你听到我说的话了吗"，他解释了一下，而且是以一种令人非常惊讶的方式。我看了很多资料，还是不明白他为什么那么说。小猪猪说"我要生一个儿子"，甚至说"我们女孩要生一个男孩，条件是找到一个爸爸先生"，他则对她说，相对于她妹妹，她把自己当成一个男孩。这种认同男孩的解释在当时的材料里并没有呈现出来。她没有明确地做出回应，但是，这就是我前面刚说的：在小猪猪的转移里出现了怀疑。

首先，那次会面一开始，她对温尼科特说，不要说话，好好听着，这样就会好起来的。然后，她继续她的游戏，没有特地要说给谁听的那种，她说道："这是我的床，我不能坐火车去温尼科特先生那儿，不能，你不能坐火车去温尼科特先生那儿，他真的知道那个噩梦是什么，不，他不知道，是的，他知道，不，他不知道……"她有一系列的关于温尼科特先生可疑知识的对话。她甚至为他过生日写了一封信："我们将会送你一把刀来切梦"，还有很多其他回信，这些回信都是带着略微负向的转移，也就是说，是在去除对知识的假设（dé-supposition de savoir）。小猪猪，无论如何，找到了一个解决欲望的办法：她的解释从口腔对象"白薯"过渡到了阳具对象（男孩，阴茎的携带者），最后，她形成了自己的一个关于男人和女人的公式。男人，父亲，爱妈妈。我把它翻译成，男人在寻找一个女人。女人，母亲，嗯，她呢，她寻找的是一个儿子。这是非常清楚的。

现在来看看结果吧。在这条从无意识词语到"我们要生一个儿子"这个家庭罗曼史的解决方案的道路上，那些焦虑变成了什么？

焦虑被削弱了。她摆脱了"黑妈妈"和 babacar。babacar 完全从她的话语里消失了，它没有什么意义，不再被谈论。这是一种解谜方法。"黑妈妈"也消失了，却是以另一种方式：她被杀了。小猪猪说她梦见她杀了黑妈妈。她在电视上看到过谋杀案，还有枪之类的。她在说这些之前有点焦虑，但最后一切都好起来了，黑妈妈死了。她说了这样一句话："她在梦里死了。"甚至在此之前，就已经发生了一些变化：黑妈妈变得不那么真实了。温尼科特说：事情已经不一样了，以前她就在那里，现在好像她只是在梦里。也就是说，他觉察到，一种象征化效果已经产生了。有一个临床特征指示着这种效果：有一天，一大早，她母亲问了她一个问题："黑妈妈来了吗？"她回答说："黑妈妈没有来，她在我里面。"也就是说，她一直在那里。相反，在那次会面的时候，她很明确地说："黑妈妈不再来了。"因此，她开始了一个在场-缺位的运动，并在最后杀死了黑妈妈，这确实是一种将它能指化（significantiser）的方式：从此以后，它停留在记忆里，因为牢固的焦虑已经从地图上抹去了。因此，症状带来的益处也是很明显的，它是从焦虑中获得的好处，以及澄清了作为女人-母亲的预期的位置。她仍然有焦虑的时候，但不再那么沉重了。还有另外一个重要的结果是能看到的，那就是超我的作用降低了。

超 我

我对这个案例的浓厚兴趣之一跟超我的出现有关。那个想要"白薯"的黑妈妈，她是一个超我形象，一个要求对象的声音，而且这个声音要求孩子放弃其享乐对象。父母惊讶又痛苦地发现，在这么小的一个女孩那里，满是罪疚感、自我谴责和自我非难。

我们确实可以看到，在小猪猪这个具体的案例中，超我和爱的对象是如何联系在一起的，在被划杠的大他者的谜从爱中浮现的时候，超我也随之出现了。超我淫秽和凶残的形象并不是由大他者的暴力造成的，它将可能是对大他者的暴力的一种转置（transposition），弗洛伊德很久以前已经指出了这一点。相反，它跟爱的甜蜜是联系在一起的，而爱的甜蜜会在欲望和享乐方面误导我们。在小猪猪这里，我们清楚地看到这一点：由于妹妹的出现，大他者被划了杠，于是迫害开始了，超我大声表达它的需求，罪疚迸发了。首先，她尽力做一个模范小女孩，她整理东西，擦东西，打扫卫生，而这些母亲都没有要求她做，而且母亲自己也不做。然后，她后悔地说："我再也不会这样做了……"甚至故意犯一些错。母亲写道，很久之前，有一次，在一个商店里，小猪猪把她的裙子掀起来了一点——这是个很需要教育的动作——母亲转过身，给了她一个小巴掌。几个月后，她说："妈妈，我再也不会掀你的裙子了……"（第51—52页）她悲痛地指责自己："我很坏，我太淘气了。"

最后，随着治疗的进行，超我的钳子松动了。温尼科特注意到了这方面的进展。首先，她不再把东西整理得井然有序了，她把它们杂乱无序地留在他的办公室。然后，她开始把东西弄脏，用胶水弄得到处乱七八糟。温尼科特很高兴，因为在那里是冲动的大胆表达，胜过了对享乐的放弃。最后，还有一种巨大的口腔不安，对一个对象的吮吸（le suçotement d'un objet）会让整个身体投入温尼科特所说的口腔高潮中，这种口腔高潮在她后面说"黑妈妈"的时候呈现了出来："她在梦里死了，我杀了她。"很显然，温尼科特在这里看到了冲动对超我的致病性的胜利。

温尼科特作为解释者

我不想略过温尼科特个人的一个原创特征，也就是他游戏化的解释（l'interprétation jouée）。所有的儿童精神分析家都会使用游戏，这是毫无疑问的，但是，除了温尼科特几乎没有人在实践我说的"游戏化的解释"。它会给出另外一些场景，其中的行为举止离奇滑稽：有一天，温尼科特开始表现得像一个小宝宝，他就是"黑的"小猪猪,他很愤怒,因为他想要所有的"白薯",他开始跺脚,跳来跳去,踢来踢去。那时候小猪猪乐得不行,但又有些害怕,然后她告诉大家:"那个小宝宝温尼科特特别生气……"这就是温尼科特独有的实践方法,即游戏化的解释。在这里,镜子效应是显而易见的,但它是用来显示的,是用来指示出主体——这里就是小猪猪——的冲动的。很显然,这里也还有经典地用说话做出来的解释。解释是多种多样的,它们指向的或是"a-a′"轴上的爱恨,或是冲动——特别是口腔贪吃维度上的愤怒——最后,或是阳具指示物。

温尼科特的弱点正是在于他处理阉割问题和阳具问题的方式。他最缺乏的,如果我们可以这么说的话,恰恰是对象之缺失这个维度。然而,温尼科特阅读过弗洛伊德,并且明确地引用过他的话,谈到了小女孩的阴茎嫉羡,但是我们说,这几乎是一种没有阳具的阴茎嫉羡。在整个过程中,他在"小鸡鸡"和乳房之间建立了一种现实的等价关系,它们差不多都被视为可感知的现实对象。"小鸡鸡"和乳房被视为两个等价的部分对象,正如父亲和母亲恰是两个镜像一样,他们一样地都借出了自己的身体。这一点我曾经说过。因此,当小猪猪玩她是从父亲的两腿之间出生的游戏时,温尼科特不知道父亲的能指在这里引入了什么。对他来说,这和从母亲身上出生是一样的。

最终,在小猪猪的启发下,他做出了一个确切地说是负面榜样的解释。在这种解释中,温尼科特给出了他对夫妻的说法,还有对他来说,什么是父性隐喻。大体上,他告诉小猪猪的是,男人从女人那里拿走了女人的"白薯",但后来他把它们以某种形式又还给了她,给了她一个孩子。换句话说,男人是一个小偷——小猪猪有一次这样说过——但他是一个悔改的小偷！这甚至造成了颠倒：拥有东西的人是母亲；当她没有的时候，是因为有人拿走了，因此，还要还给她。朝向挫折辖域的化约是完整明确的，且是以一种大规模的方式进行的，与之相关的是对母亲阳具缺失的真正否定。在这方面，温尼科特甚至不是克莱因派，因为梅兰妮·克莱因从一开始就把阴茎带入了对象流通中。

令人鼓舞的是，这似乎并没有造成太大的损害，因为小猪猪已经提出了她自己的解释。我们可以说，最终获胜的是无意识。重新采用拉康在《电视》里的表达来说——他在《电视》里说笑话"赢了无意识一手"——在这里，是小猪猪的无意识"赢了温尼科特一手"。所以，恕我直言，我的印象是，温尼科特的解释与其说是有害的，不如说是徒劳的，尽管它在下面这一点上是一样的：对能找回一些东西的虚假承诺。

第五部分
文明中的女人

第十章　科学时代的癔症主体

主人和癔症这一对子贯穿了整个历史。因此，个体临床工作也包括了诊断话语的当前状态。我已经努力尝试研究了十多年，特别是在题为"科学话语中的癔症"的这篇文章中 ①。我们知道，癔症症状受时代约束，所以，它是一个带着 y 的 hystorique（癔史的）②。那么反过来，历史（histoire）是不是也欠了他 ③ 什么呢？

癔　史

如果癔症主体是"实践中的无意识"，那么他不是在今天才出现在文化中的，因为无意识内在于这一事实：有一个言说的存在。毫无疑问，那些癔症主体并不是唯一为存在发声的人，但他们确实相比于其他人更扛着这个主题。这种固有的存在，其效果很可能是欲望的起源，催生了超越古希腊认识论的科学本身。这至少是拉康从他的《精神分析的反面》研讨班以及《无线电》中发展出来的论题。这个论题不但没有给

---

① 克莱特·索莱尔，《科学话语中的癔症》("L'hystérie dans le discours de la science")。
② 由 hystérique（癔症的）和 historique（历史的）组合而成。——译者注
③ 由于癔症不限于女人，因此这里遵循"他"的旧意，泛指第三人称。——译者注

黑格尔的主奴辩证法留下任何空间，而且还使科学变成了牧羊人对牧羊女的回答：从苏格拉底这个完美的癔症主体到牛顿，从安娜·O到弗洛伊德，因为主人话语"在癔症话语里找到了它的原因"，拉康如是说。古代的主人利用奴隶的工匠知识来生产最令其享受的东西，而这牺牲了对知识的一切欲望。苏格拉底不得不去拷问主人的欲望，要求他证明自己作为主人的权力是合理的，并最终激起他对知识的欲望，伽利略科学就是这种欲望的结果，这个过程伴随的是这样一个转变，即把工匠的技术知识转变为一种数学仪器占上风的形式化知识。

癔症主体是怎么成功的呢？欲望被激发将会产生在实在界运作的新知识，但是这并没有减少主体面对性僵局时的痛苦。科学甚至比古代的话语更把这一僵局排除在其考虑之外："科学是一种压制主体的意识形态。"① 难怪在启蒙运动失败的背景下，后科学时代的癔症在历史中又燃起火焰，结果精神分析出现了，而弗洛伊德用精神分析反对医学对主体的除权。

因此，问题是，在弗洛伊德接受了这个挑战的百来年之后，在精神分析出现在科学中并以实践和理论来处理癔症主体的恳求之后，在精神分析终于能在主流话语体系里占有一席之地之后，癔症变成了什么。这就是我们要问的科学中的癔症，不过这是在精神分析发展了一个世纪以后。

科学的影响

科学对我们这个世界的影响正通过全球普遍化的效应显露出来。

---

① 拉康，《无线电》，第89页。

这在今天随处可见，并且正在广泛铺开。其中的关联是现代经济产物对主体生活的统治，问题是，这在多大程度上是由于全球化效应。然而，不管怎么说它的双重结果——普遍化和经济产物的约束——它还是间接涉及了性的对子，而这是癔症主体最感兴趣的问题。

自此，语言所传递的屈辱被带入工具主义的现实。这完全把人工具化了，以至于我们在日常生活中都忘记了其效应，得需要一些偶然事件或者科幻小说中的幻影，才能让人想起自己已被工具化。在今天，我们所说的生活，还有我们提供给身体的东西，都是已经被配备好了的。不仅如此，拉康在他最后的教学中还提出，有一个身体（avoir un corps）说的即是能够"用它做些什么"[1]，特别是就使用享乐而言。这有很多种形式：一个身体，它可以借出去，可以售卖，可以赠送，也可以拒绝。

在资本主义话语里，出现了一个新的变形：从今以后我们的身体会被一个巨大的生产机器检查和编入清单。该现象本身并不新鲜，但是它在大众之中的延伸渗透是我们才看出来的，这已经超出马克思限定的无产阶级圈子。在社会劳动的所有范围内，已然被工具化的身体，本身就是工具。此外，我们不是跟保养机器一样在保养身体吗：体检，注重饮食，健身，美容……并不是所有这些都是为了自恋。事实上，我们计算的是材料的抵抗力：我们领导人的健康简报没有别的意义。如果不是为了让我们安心做一个受统治的工具，那为什么有领导人最近在法国电视台上讲话，要让我们知道他早上冲冷水澡，让我们知道他最喜欢的运动和他的睡眠时长呢？

---

[1] 拉康，《乔伊斯同拉康》，第 32 页。

对所有人而言，现在身体已经成为资本的一部分，而且我们确实也是如此对待身体的。这怎么不是以损害享乐为代价的呢，如果资本的定义就是它是从享乐中被减去的？在这里，爱丧失了，这一点是肯定的。举例来说，典雅爱情或者爱情国地图，需要耐心和技巧，这些都是闲人才做的，他们没有办公记事本，也没有电话答录机！你能想象一个吟游诗人带着传呼机吗？虽然家庭关系已经从财产传递中获得自主权，但爱本身越来越就"有"而言：我们计算爱的出现、爱的产物和爱的收益，我们用预期来计算损益，而且法规批准我们可以这么做。因此，身体的资本化伴随的是一个普遍存在的，不仅仅是神经症才有的问题，即爱情中的贬低。

这种新的现实主义带来的是更加显著的效应，这个效应至今为止还未有人讨论过，我称之为**两性通用**效应（l'effet unisexe）。首先从衣服饰品的广告上就可以概括出这种表述。由于两性通用效应，将来性差异只会被掩盖，而不是显露出来。可以说，普遍存在的异装癖与男女平等的意识形态是密切相关的。这是毫无疑问的，但是，异装癖不是跟科学以及跟笛卡儿主义忽略性差异的主体也相互关联的吗？因此说，科学非常好地适应了这样一个把所有主体都化约为潜在劳动者和消费者的世界。

随即产生的结果对女人来说尤为明显。在数个世纪里，她们看着自己的享乐被禁锢在家庭里。现在，劳动市场把她们从这个封闭的地方解放了出来，但也把她们异化成了产品。这也是女性主义运动踌躇不前的原因，它在追求同等和反向追求差异之间摇摆不定；其中，追求差异表达的是独特性抗议。如今可以确定的是，不再有女性还没有进入的领域。这一运动虽然还没有完全实现其目标，但是越来越普遍，在我看来，它是不可逆的。玛丽·居里（Marie Curie）在法国科学院没能做到的，玛格丽特·尤瑟纳尔（Marguerite Yourcenar）做到了。最近几个月，我们看到了"一级方程式赛车"（F1）比赛上的第一位女车手，还有第一个独自登上一座险峰的女性，甚至还有一位 14 岁女孩赢得了国际象棋冠军。无疑，仍然还有一些（男性）阵地。最近，一位女性进入了法国保安部队的（CRS）候选名单，这在他们之中激起了一片抗议之声！看来还需要再等一等！我知道这些发展历程，而作为精神分析家，我不会表态站队。但是，我们不能不认识到这对两性而言的种种后果。

如何理解文明的这些重塑对主体产生的影响呢？它们关乎到阳具享乐本身，因为阳具享乐不仅仅属于性关系的框架，正如我说过的，阳具享乐还支撑着我们与现实的整个关系。这种阳具的享乐，正是典型的可资本化的享乐。两性通用，这是一种阳具享乐制度，以各种形式同等地提供给所有人。此处不是说女人被剥夺了这种享乐，而是在很长一段时间里，并且无一例外地，它都被局限在女人作为妻子和母亲的两种命运里。这种限制——更不用说"禁止"（interdit）——现在已经被撕掉了，取而代之的是广泛的竞争。

不要以为弗洛伊德在资本主义的一个历史时刻强调那令人愤慨的阳具阶段是一种偶然。"阳具阶段"意味着在无意识中两性不平等。弗洛伊德的发现的大背景是人权意识形态和分配正义的理想，它们在伦理学领域反映出来的正是科学主体的普遍性。必须说明，随着弗洛伊德的观点和大众的共识——他们在这一点上是一致的——即男孩和女孩远远不是生来就"在法律上是自由平等的"：话语很慷慨地给了男孩更多一点资本，即有阳具。因此，必然的结果就是，另一方，也就是女人，会觉得自己贫乏，所以梦想着让自己富足起来。这就是弗洛伊德所发现和探究的一切：女性无意识（l'inconscient féminin）！在过去，她只能通过丈夫这个器官携带者，然后是通过孩子这个器官替代者，来让自己富足起来。今天，除了婚姻或者母爱这样的实现方式之外，拉康所说的"最有效的实现方式"①的所有领域都向她开放了：财产、知识、权力，等等。

科学文明改变了女人的现实，这是一个事实。精神分析看到了这一点，而且，这个改变并没有推动她们变得快乐，随之而来的是焦虑、抑制、罪疚，缺乏成就感。最初的一些精神分析家，尤其是揭露了女性"乔装"的琼·里维埃，他们假设，如果女人有时候觉得阳具享乐对她们来说是被禁止的，那是因为她们害怕失去她们的女性本质。是不是有可能阳具享乐本身就会引起罪疚感——在男人那里也一样，虽然是以不同的形式？作为一种受限的享乐，阳具享乐总是有错的，而且总是支持超我律令：再来一次，再加把劲。因此，对女人而言，这些新的可能性也是新的折磨。

今天和明天

那么，特别是对癔症主体来说，他们经历了什么呢？我说过，癔症和女性性是有区别的，甚至是相对立的。如果有时候被混淆，那是因为它们都要经过大他者的调解。但是，女人用大他者来让自己成为一个症状，而癔症主体则利用大他者的欲望，并认同于大他

---

① 参见《意大利版注解》。

者的缺失。

然而，在目前的状况下，我们的文明已经成了帮凶，助长了对于男性化占有的每一种可能的认同。多亏了换喻方法，一条道路向所有人打开了，既向现代的癔症主体，也向其他人。他们不乏才能，而且我们可以期待他们会引起轰动——不引人注目可不是他们的强项。然而，这导向了其欲望的反面，各种形式的精神分析都证实了这一点：有时候与想象的相反，癔症女人在阳具性的征服方面越成功，就越不能享受它，而且越会滋生被剥夺感。卡伦·霍尼清楚地看到了这一点，一个癔症女人确实会在自己给自己制造的各种竞争中竭尽全力，但是一旦她成功证实了自己的价值，她的胜利就消失了。享乐并不是她真正的问题。问题在别的地方，在一个封闭的领域里，如同拉康说的，在性关系的领域。实际上，就是在这里，性差异虽然被两性通用体制抑制住了，但是它仍然是不可消除的。

癔症主体的策略在这个层面上是值得注意的。因为她远不像沙可以为的那样寻求她作为女人的享乐。她用各种别的女人来赞扬女性性，但不是为了自己的存在，而是为了使男人缺少的大写女人的存在。她是一个为不存在之物而战的人，一个癔症主体！结果就是：在她和一个男人的性关系里，那是她所爱的男人——因为她是同性恋／男性恋，就像拉康写的带有两个 m 的 hommosexuelle①——对她来说最珍贵的是大他者的阉割（la castration de l'Autre）；她认同大他者的阉割，而且如果没有这个阉割，与女性性相伴的"小神像"

———————

① 这是拉康将男人 homme 和同性恋 homosexuel 结合而成的词，以此表明爱男人即是同性恋，因为女人作为非全，是绝对的异性／大他者性别，爱女人便是异性恋。——译者注

也将什么都不是。我几乎可以说，在这个领域内，她把阉割的两性通用（l'unisexe de la castration）变得流行，但这是因为能让她感兴趣的只有与阉割相关的对象，即她赞扬的对象。

癔症主体是由**存在之缺失**构成的存在，正是基于这种存在，当代话语提出了基于"有"的征服。我们可以看到这是一种误解！就这一方面而言，精神分析确实适合癔症主体，因为精神分析的机制愿意承认性之谜并肩负起责任。精神分析和沙可的区别是很大的。沙可设想——他的想法有些愚蠢——癔症主体需要的是一个性的指导者（artisan）。至少这暗指了那个强烈冲击了弗洛伊德的方法，而且，就像针对癔症主体所有病症的药方一样，他开的处方就是反复使用阴茎。同样的回应也可以在"mal baisée"这样下流的表达中找到。其实这个表达并不令人震惊，只是太欠考虑。癔症主体追求的，不是一个非常会做爱的性的指导者，而是一个很精通性的人，他知道女人拥有超越器官之上的精致（exquise）享乐是什么。如果这种精致的享乐不能被说出来，那么我们只能通过让阳具享乐不被满足来标记其位置：癔症主体的不忠实并非没有逻辑。弗洛伊德接受了这样一个挑战，他开创了一种设置：禁止身体接触，将性的指导者排除在外，从而迫使大他者给出回应，让他生产一种与科学同质的知识，在这种知识中逻辑起着主要作用。

因此，精神分析很好地满足了癔症主体的恳求，赋予他关于性的知识。只不过，这种知识相对于那产生它的渴望而言是令人惊讶的，因为，根据拉康的表述，它只是由"对结构的否定"（négativité de structure）构成的，因此癔症主体的愿望仍然未被满足：他期望无意识提供一门关于享乐原因的科学，因为享乐原因跟性有关，而他发现无意识只认识阳具的、无性的 /a 性的（a-sexuelle）享乐。另一方面，他只能用逻辑来定义它，只能用不可言说的东西来处理实在界。

癔症主体是否会满足于这种枯燥的回答，这个问题仍然悬而未决。他不太可能屈服于这个问题带来的挑战。相反，他将继续用身体罢工，把他那被新症状切割的身体提供给科学家（神经精神病学家、认知心理学家或其他人），而这些人对性化主体（sujet sexué）的奥秘一无所知。如果他被引诱去掀起一场宗教复兴呢？我们知道拉康很担心这个问题。必须指出的是，分析所揭露的一部分在这里也很适合，既然谈到享乐问题，精神分析也强调，人人遭受阉割并非硬道理，不仅有一种剩余享乐堵住阉割，而且还有大他者的享乐：一种反对两性通用的享乐。分析者无疑消耗了阳具享乐，但分析家体现了剩余之物，即那不可化约为阳具大一的补充物。很容易看到，这个不可化约的元素适合各种主体性用法。

特别是女性的额外享乐——最近人们才承认它是知识的极限——它和提瑞希阿斯的新结合，已经在分析性话语这个领域里产生了新的临床事实：关于女性额外的享乐，这无疑是一个问题；但是，还有一种嫉羡，即使不是新的至少也在以新的方式展开，它可以匹敌阴茎嫉羡，这就是对另一种享乐的嫉羡。对于另一种享乐，她有一种想要得到它的愿望，但也有一种恐惧不安，甚至有一种谴责。我们可以在男人以及女人身上找到一些痕迹，还可以发现女人对它的一些有趣用途，女人用它来更新自己的乔装资源（它构成了女人）。崇拜它的神秘感，很可能使她存在，就像对圣父的崇拜一样。简而言之，女人的宗教就是很可能会利用非全来自我授权。所以这是一种新的否定神学吗？这将取决于癔症话语是否会屈服于分析性话语。

第十一章　女性的新形象

　　1834年，巴尔扎克写了一部小说，即《三十岁的女人》(*La femme de trente ans*)。令人好奇的是，1932年，弗洛伊德在结束他关于女性性的演讲时，也谈到了他对三十岁女人的一些考察。

　　从巴尔扎克到弗洛伊德，差不多相隔一个世纪，他们来自两个国家，虽然两个国家都是欧洲的，但他们用了两种语言，两种对立的说法。

　　拉康用"精神分析的反面"来命名他的一个研讨班，这个标题影射了巴尔扎克的另一本书《当代生活的反面》(*L'envers de la vie contemporaine*)。很显然，巴尔扎克是从反面视角来写的。至于弗洛伊德，1932年的时候，当他就自己对女人的分析经验进行最后的总结时，我们可以惊讶地看到，他传递的信息跟巴尔扎克是多么对立。

　　如果提取巴尔扎克的小说里隐含的信息，在今天来看，我认为它其实呈现了一种进步信息，它预料到了女性地位的发展。巴尔扎克写道，三十岁的时候，他的女主人公虽然遭遇不幸，但她的生活就在前方。在这种情况下，未来意味着爱，也意味着决定自身生活的可能性。正如我这本书封底上写的："她没有被禁止成为一个人类存在（un être humain）。"

　　这和弗洛伊德的最后陈述毫无共同之处，那段话是众所周知的，不过也一直很令人震惊："一个三十岁的男人给我们的印象是一个年轻的，还不成熟的个体，我们期望他能使劲利用分析为他打开的发展的可能性。相反，同样年纪的一个女人，我们经常被她的精神僵化和一成不变搞得灰心丧气。她的力比多已经有了最终的位置，而且似乎不会为其他人放弃那些位置。没有进一步发展的道路了，看起来是整个过程已经展开完成，而且今后不可能再受影响，这就像是女性性的艰难发展已经耗尽了当事人（本身）的可能性。"①

这一段之前是对冲动的论述，弗洛伊德强调，女人的冲动不如男人的冲动那样有可塑性。他举了两个众所周知的例子来证明这一点：女人的力比多，更少能转向妥协形式——特别是在正义和公平的意义上，较难在文明的创造中升华。弗洛伊德的论点很明确：女人的冲动是牢牢固着的。这只是弗洛伊德这样一个传统的人的偏见吗？也许吧。这是最常见的观点。而且，我毫不怀疑，任何能述都带有主体的性铭记的印记；可是，我不认为我们可以通过简单地假设弗洛伊德比其他人更有偏见来终结他的论述。我们至少知道，他的那些偏见没有妨碍他发明精神分析，而这也足以表明，正如拉康所说的，他很有"方向感"。

如果我现在试着勾勒一幅身在 1995 年的三十岁女人的画像，我想那会是另一种景象：既不是巴尔扎克笔下的女性形象，也不是弗洛伊德笔下的。从反面话语来看，无可争议的是，从 20 世纪 30 年代以来，很多事情都发生了变化。女人不再是以前的样子，如果我们重写巴尔扎克的小说，那将会是完全不同的。但是，现实的这些

---

① 弗洛伊德，《女性性》，载于《精神分析新论》，巴黎：伽利玛出版社，1984 年，第 180 页。

转变还不足以让我们就这样丢弃弗洛伊德的论点。在我看来，今天的问题是，这些在崭新的反面话语里发生的变化，在多大程度上以及又是如何修改了女性欲望，修改了冲动经济学，特别是不通过阳具调解的享乐部分，即"非全"的部分？

此外，我注意到在最后一段里，弗洛伊德意识到了他将会引起的不安，为了让他的论断更加细致，他尝试引入一种跟我前面提到的差异问题并非没有关系的区分。他说："不要忘记，我们只描述了其存在是由性的功能来决定的女人。这种影响当然会是深远的，但是我们不能忽视这样一个事实，即除此之外，每个女人也是一个人类存在。"[1] 我们检查一下德语原文就可以发现，在法语译文中使用的、在西班牙语译文中被删掉的"un être humain"这个词，是非常正确的一个表达。因此，关于女人，弗洛伊德在她为性而在——还有一种普遍的说法是"向死而在"——和她作为人类存在（即言在的普遍性）之间建立了一个区分。

相反的变化

家庭制度、诸多假相以及围绕着性享乐的话语，已经不再是几十年前的样子了。

在论女性性欲的文本末尾，拉康提出了一个问题，即婚姻的地位是不是通过女人才在我们的文化中得以维持的。如今，他在1958年说的这句话看起来在很大程度上是不恰当的。有大量证据显

---

[1]　弗洛伊德，《女性性》，第 181 页。

示——从统计数字到立法方面的发展，等等——在过去的二三十年，婚姻地位的这种不变性已经减弱了。婚姻地位摇摇欲坠，导致了婚姻与性生活以及母性的极端分离，这不是那么普遍，但至少在美国已经非常明显。独自抚养孩子，或是一对同性恋伴侣抚养孩子，或是一个女人和一个同性恋者抚养孩子……这些家庭组合不仅是可能的，而且越来越常见且合法。这其中最重要的是带来了话语的变化，比如说，未婚母亲的丑闻消失了，以前她们可是被说得声名狼藉。两个人要是不想结婚，也可以获得婚姻的合法利益，男同性恋者、女同性恋者也可以结婚，与此相关的是，家庭的地位正在以惊人的速度发生变化。显然，这会对孩子产生长期的主体性影响。并不是说传统家庭结构是父性隐喻的必要条件，但是，当"社会关系的碎裂"效果触及基本单位，产生了今天所说的单亲家庭，而且个人成为这种碎裂的最后剩余物时，我们必须要预见到一些后果，尽管后果可能是无法预见的。

一段时间以来，我们一直在陈词滥调地谈论假相的崩塌，或者至少是它们的多元化。显然，这个主题也适用于针对伴侣双方的理想形象。例如，我们可以把莱昂·布卢姆（Léon Blum）的《论婚姻》（Du mariage）一书当作参照，因为这本书的出版日期可作为参考，该书于1907年首次出版，1937年再版。在当时，这本书就是一个意识形态炸弹，一种挑衅：它以性满足的名义为性自由辩护，反对跟婚姻有关的传统价值观，特别是婚外禁欲，它主张的是，为了防止未来失望，在做出最终的选择之前要多有一些性体验。这种争取性自由的斗争在今天的习俗背景下当然已经过时了，虽然有时候挺有趣的。避孕套在高中门口售卖，曾经很有价值的忠贞现在缩减为一种主体性的要求或者个人选择，妓院开始开门营业，妓女在电视上作证，如此等等，再宣扬什么性自由或者非独占性的选择就已经没有意义了。女人的"形象和象征符"已经发生了很大的变化。面具上呈现的已经不再是同样的假相，"女孩阳具"（girl phallus）的位置还在，但是莎姬①和洛丽塔（Lolitas）已经取代了处女的天真——这种天真曾经是《危险关系》（*Les liaisons dangereuses*）②中的浪子瓦尔蒙最喜欢掠夺的——好莱坞时代的蛇蝎美人也已经被目光空洞的超模取代了……至于男人，关于男性气概可能会消失的话题已经持续了一段时间。因此，简而言之，在没有更广泛样本的情况下，我们也能看到，支配两性关系的假相已经不再是以前那样了。

与此相关的是，在过去几十年里，爱的话语给予享乐的位置发生了很大的变化。不管是什么原因，我们都是我所说的性享乐合法化的同代人。在弗洛伊德开展分析以及写作的那个时代，情况不是这样的。性满足看起来是一个如此合理的需求，是一个如此自然的维度，而且这个目的本身是如此地独立于生育目标和爱的契约，以至于它不仅成为公众话语的对象，不再有任何私密性，而且也是各种各样的治疗师或性学专家关注的对象。

---

① 莎姬（Zazie）：法国摇滚女歌手，法国王室贵族后裔，1990年，当她决定进入歌坛时，彻底地放弃了不胜负荷的贵族姓氏。——译者注
② 法国作家肖德洛·德·拉克洛（Choderlos de Laclos）在1782年发表的畅销小说，中文译作《危险关系》或《致命恋情》。主要讲述梅黛夫人（Marquise de Merteuil）和恶名昭彰的浮华浪子瓦尔蒙子爵（Vicomte de Valmont），两位在情场可互相匹敌的朋友，利用性当作武器，去诋毁对方的名誉与地位。据此改编的经典电影有1988年的《危险关系》（*Dangerous Liaisons*）和1989年的《瓦尔蒙情史》（*Valmont*，又译作《最毒妇人心》）。——译者注

在这种风尚演变的过程中，精神分析可能并不是完全清白的，事实上，在现代主体的权利清单中，增加了像性享乐权这样一些东西（参见围绕着割礼的所有争论）。还有，如今性享乐受制于围绕着分配正义的话语。每个男人和女人现在都可以要求得到性高潮，甚至在法庭上！你只需要看看报纸就知道事情到什么程度了。

这就产生了一个问题：对女人来说，这些变化有什么影响呢？就冲动经济学而言，影响是什么呢？

"阳具的复归"（La "récupération phallique"）

我曾经说过，"性隐喻的复归"[1]带来的所有新对象向所有人开放，不分性别。在一个以去性化（désexualisation）为基础的现实领域，涉及获得知识、权力时，以及从更普遍的意义上来说，涉及获得文明产生的所有令人更享受的产品时，竞争的舞台向所有女人打开。看起来，那些被承认和接受的阳具缺失的替代物本身已经成倍增加：这就是为什么我会谈到普遍存在的两性通用问题。

但我们还是可以质疑在性关系的层面上发生了什么。弗洛伊德认为孩子是一个男人的爱结出的果实，是女性存在的唯一阳具替代物，他的观点已经被拉康否决了。今天，伴随着性的合法化的话语，显然可以证明这种替代物不是唯一的。根据情况不同，那个器官本身，被审慎地恋物化，它可以成为这样的替代物，而且最近出现的还有一系列能分发阳具小神像的情人，更不用说那些成为女同性恋的女人和不屑做母亲的女人了。

---

[1] 拉康，《著作集》，第 730 页。

回到弗洛伊德视角下的女人

鉴于这些变化，有必要去解释一个问题，或者更确切地说是解释弗洛伊德的立场：为什么他认为女人的力比多唯一积极的发展是她转变为母亲？再重复一遍，拉康在这一点上有不同意见，但在我看来，弗洛伊德把女人化约为母亲的做法并没有被完全解释明白。

这个论题明确地显示在弗洛伊德的整个阐述中，并且非常清晰地发表在他关于女性性的文本中。他不仅让女人成为孩子的母亲这样一个存在，更甚的是，他还想让她成为丈夫的母亲。在对母亲与孩子的关系做了一些考虑之后，弗洛伊德指出，我引述如下："在女人成功地把丈夫也变成自己的孩子并以母亲的身份对待他之前，一段婚姻是没有保证的。"[①] 从上下文中可以清楚地看出，孩子，特别是儿子以及那个丈夫孩子，都是代理，他们起到了满足这样一个渴望的功能，即有阳具。弗洛伊德不认为丈夫是孩子的一个复制品，他还是把女性性化约为母亲的阳具主义。他不仅认为一个女人只有在她跟孩子的独占关系里才能有阳具，而且还抹消了在爱中发挥作用的是的阳具主义（le phallicisme de l'être），这只为了一个好处，唯一的阳具主义，即有阳具。在前面两页里这个特征更加显著，弗洛伊德着重强调了女人对爱的需求。很明显，女人母亲和男人孩子这样一个对子补偿了一男一女更成问题的对子。这是一个隐喻，其替代可以写作：

$$\frac{母亲}{女人} \quad \diamond \quad \frac{丈夫-孩子}{男人}$$

———

① 拉康，《著作集》，第 179 页。

从结构的角度来看，弗洛伊德试图令人满意地构思出女性力比多（la libido féminine）的一些变形，还有他不断把其他关系当作性关系的隐喻，这些失败的努力都带有一个隐含的能述，而最终拉康用一个表达式"没有性关系这回事"给了我们一个所诉。然而，弗洛伊德的偏见问题并没有得到解决。

很难说弗洛伊德把他的结论绝对化到了什么程度，但我想强调的是，丈夫孩子这个解决办法被当作婚姻稳定的条件引入了。这个解决办法是相对的，因为这里说的女人演变的标准即成为母亲，和维多利亚时代的社会为女人提供的社会可接受的唯一出路是相互联系的。也许我应该更细微地表述这句话，因为这涉及弗洛伊德的一个非常谨慎的指示。此外，就在那之后，他又补充了一些关于女人母亲的爱若价值的考虑；这些考虑指向了一个完全不同的方向，而且它们可能也是令人吃惊的，因为它们来自一个如此透彻地判断了爱情生活中的贬低的人。然而，这种解决办法充分证明了弗洛伊德孤立看待的临床事实和他那个时代的话语情形之间的联系，所以我们也不会把一切都归因于他自己的偏见。

阳具缺失——这是弗洛伊德唯一的参照——只给出了现象的一半。另一半是作为阳具替代物出现的对象。那些替代物发挥着社会纽带的作用，规划了两性之间的某些安排，而且它们都已经过时了。因此，我们可以理解为什么弗洛伊德的"印象"——这是他的术语——即三十岁女人的力比多位置是惰性的，在今天不一定被认可，即使从分析的角度来看也是这样。历史上对女人能获得的最大享乐的定义，更确切地说，与女人的假相相符的一系列对象，对弗洛伊德看到的力比多阻塞问题应该起到了一定的作用。它所呈现的这个女人不仅是一个完全陷入阳具难题的女人，而且还是社会状态的俘虏，在这种社会状态下，除了婚姻之外，没什么别的解救之路。所以，除了少数例外，女人只有通过做母亲来实现她的阳具主义。因此，与其说是质疑弗洛伊德看到的那些现象，不如说是觉察到它们反映了那个时代的话语所提供的东西，尽管阉割是普遍的。

新幻想

今天，所有具有阳具性获得（acquis phalliques）的领域都在向女性开放，这就出现了一个问题：在严格意义上的性关系之外，与被划杠的大他者的能指和另一种享乐的能指相关的种种表现，它们将在哪里避难。我们不再有神秘主义者，而且我们可以问问自己，是否有可能找到往昔神秘主义者的替代者。

我认为，绝对的大他者，更确切地说是作为绝对大他者的女人，无处不在，而且萦绕在同一批形象中。当代文明不再以隔离的方式对待大他者——至少在西方是这样。内部隔离（La ségrégation interne）是一种对待大他者的方式，简单而且可能有效。它通过分配空间来堵住问题：每个空间都有它自己的区域、相应的任务和属性。对女人来说，是家庭；对男人来说，是世界；对女人来说，是孩子；对男人来说，是事业。第一种，是爱的牺牲忘我；第二种，是行使权力；等等。如今，我们把它们混在了一起，正如拉康在《电视》①中说的那样，这产生了新的幻想。

事实上，女性主题在 21 世纪的兴起似乎与人权话语的扩展和分

———————

① 拉康，《电视》，第 53 页。

配正义的理想有关。分配正义的意识形态——我认为这是很贴切的术语——越成功，伴随它所暗示的一个通用标准，大他者及其晦暗的享乐——在阳具法则之外的享乐——就越是存在。我们当然可以谈论现代主体，即笛卡儿式的主体，他们受"我思"（cogito）制约；但是，关于当代的女人，她是否是现代的则是另外一个问题：毫无疑问，作为主体，她和其他人一样是现代的，但她作为大他者有可能不是现代的吗？

　　拥有一种非全的、不可数的享乐的绝对大他者，不大会被认为是现代的，即使它被一种声称是现代的话语所除权。在"永恒女性"（l'éternel féminin）这个相当反进步主义的表达中，也许是有一些根据的。在这一点上，不能排除精神分析可以做出贡献。拉康在《电视》里提出了一个指示，即把享乐的"种族主义"和宗教联系了起来，为了预测它们的复兴，我们可以把《再来一次》研讨班已经广泛发展了的一个主题放在那里，这个主题就是上帝的两面：一面是圣父（Dieu-le-Père），一面是大他者神（un dieu Autre），后者是完全的、绝对的，女人可使其呈现。这是一个非常世俗的神，但能激起"恐惧和战栗"。

　　事实上，我们不能不注意到一种针对现代女人的"不安"——也许这是种委婉的说法——尽管是很审慎的，但也是无可置疑的。这是一种模糊不清的不安，由阳具竞争构成，同时也特别由惊慌的迷恋构成，也许甚至是由对她的大他者性的嫉羡构成的，这种大他者性（如果我可以用这个术语的话）是两性通用并没有成功化约的。这种"嫉羡"发展起来，在我看来，就像是犬儒主义话语的影子：认为女人们拥有一种享乐，这种享乐不会受不连续的以及短暂的阳具享乐的影响而减弱，而且也不要求一个用来填补缺失的对象；女人还拥有一种"海洋感觉"①，如果我在这里可以借用弗洛伊德用以表示宗教渴望的这个术语的话。留神倾听，人们有时候会感觉到一种对女人专属享乐的迷恋，这种迷恋完全朝着拉康所指出的方向发展：朝向上帝这位享乐之神，它在女人这里重新获得了存在。

在这个方向上，我们和女性的追还要求（la revendication féminine）这个经典主题相去甚远。后者只能产生于缺失，产生于一种挫败感，与他者被假设拥有的东西有关。这种要求和攀比之风是一对姐妹。它在本质上跟阳具享乐的辖域有关系，因为阳具享乐体现了对至福之获取的反对，而至福是人梦寐以求的。弗洛伊德是对的：女性的追还要求跟阳具密切相关。换句话说，绝对的大他者，因此，从来不会提出追还要求。

有趣的是，那些最认同阳具的女人，有时候在小神像的外表下拥有另一种无法形容的享乐，并扮演大他者，而不是她自己。举个例子，神奇的著名女歌唱家玛琳·黛德丽（Marlène Dietrich）承认自己一直都很性冷淡，我对于由此引发的震惊就是这样理解的。

新症状

那么，当代女人的新症状呢？我不想强调女人在与阳具的关系中所经历的各种内部冲突的新形式，这些冲突在很久以前就被诊断出来了。冲突，即阳具主义的两种形式之间的张力——我在前面提

---

① 弗洛伊德在其专著《文明及其不满》中指出，宗教信仰的原动力是一种叫作"海洋感觉"（有的翻译为"海洋情感"）的体验。"海洋感觉"这个概念被用来形容人在信教时体验到的那种自我与万物合而为一的无限感和永恒感。但弗洛伊德认为，这种感觉其实是婴儿状态的残留。——译者注

到过这两种形式，即是阳具和有阳具，这远远不只是作为一个女人和作为一个母亲之间的对立——在今天还采取着一种已经司空见惯的形式，即在职业上的成功和所谓的"情感生活"之间的张力，不妨说是工作和爱情之间的张力。

贬　低

我首先想讲一下爱情生活中的贬低的主题，弗洛伊德在男人身上诊断出了这一点，但在我看来，在女人那里也不能免除。关于爱的对象和欲望的对象之间的分裂，当代的一些风尚演变产生了新的现象。在弗洛伊德之后，拉康已经跟他有细微差别了。在1958年《阳具的意指》这篇文本中，拉康看起来先是采用了弗洛伊德的论题，但是在更进一步阐述的时候，他指出，在女人身上，跟男人那里不同，爱和欲望没有分离，相反它们汇集在同一个对象上。然而在下一页，他又引入了一个重要的细微差别，他指出，爱的对象和欲望的对象的分裂在女人身上同样存在，只不过爱的对象被欲望的对象所掩藏了。

那么，今天不容掩饰的是，一旦从婚姻这个唯一的选择中解放出来，很多女人是一边爱着，一边欲望着或享乐着。而且，她们要能够摆脱建立一个排他性和决定性的关系的枷锁，我们就会看到一个女人各种各样的伴侣在这一边或者那一边：在那个满足了性享乐的器官一边，或者，在爱的一边。它们汇集在同一个对象上的情况，只是众多配置中的一种。在这里，我看到了临床上的一个明显变化。

抑　制

还有另一种情况：诸多新的女性抑制。我是这样理解的：只有在选择是可能的甚至是一个律令的地方，才会有抑制。在欲望没有被唤起的地方，在只有强制的地方，她们几乎不会拖延行动或者决定。女性解放使她们的可能性成倍增加，使女人能够根据自己的意愿决定要不要一个孩子，要不要结婚，还有，要不要工作——它显示出，抑制的戏剧不是男性的专属。尤其是，由于话语效果，所有未被禁止的东西都变成了义务。因此，我们可以清楚地看到，女人和强迫症男人一样，她们在行动之前也会退缩，在面对基本决定和最终承诺时也一样犹豫不决，尤其是在爱情领域。（单数的）男人和孩子两个都想要，但又会拖着直到遇到更好的，我们在日常的临床中经常遇到这样的女人，而且这往往是她们要求进入分析的根源。因此，两性通用扩大到所有社会行为，与很大一部分症状学的同质化同时进行。

女人掌控父亲身份（une paternité）

接下来我要提一种典型的女性形态，在我看来，这种形态既常见，又很现代。一个不是三十岁而是已经接近四十岁的女人，她单身，而且往往有工作，她可以自由选择和谁保持亲密，她开始意识到时间流逝，如果她想要一个孩子，那么她必须赶紧去找一个符合做孩子父亲的男人，除非她选择做一个单亲妈妈。避孕加上堕胎的合法性，比以往任何时候都更加彻底地把生殖和性行为分开，这迫使女人不仅要决定生孩子，而且在很多情况下还要自己挑选一个父亲——现在只有年龄或者不孕不育有时能让这种情况避免发生。欲望孩子的局面已经发生了变化，并且产生了新的主体性悲剧和新症状。然而，它们也为女人提供了一种新的力量，我认为这种力量可能会产生重大后果。

　　我在这里指的是，这些女人亲自掌控父亲身份。第欧根尼（Diogenes）在他的讽刺中，声称要找一个男人。今天，许多女人正在找一个父亲……给即将出生的孩子。新的选择，新的折磨，新的抱怨！其中存在多种多样的情形：我在找一个父亲，但是我受不了和一个男人一块儿生活；我在找一个父亲，但是我遇到的这个男人不想要孩子；我在找一个父亲，但是没有找到；我很爱一个男人，但是我不想他来做孩子的父亲。更别提还有，我一下子就觉得这个人会是一个好父亲！下一步，就是给这位父亲上一课，让他知道一个父亲应该是什么样子的。有时候会有新的形式表现，即责怪自己挑了这样一个父亲，不能原谅自己给孩子找了这样一个父亲。

　　当然，这不是要质疑生育和爱的分离所规定的自由，也不是要忽视无意识实际上留给主体在选择上的一点点自由。但是，我们可以看到，事实上，这些新的自由使女人处在了一个新位置，使她们比以往任何时候都能去评判以及衡量父亲。如此，关于母亲责任的话语就被抬高了，发展到了夺占父亲责任话语的地步。它传达了一种颠倒的父性隐喻，或者说，至少加倍了我们文明中特有的父性无能（la carence paternelle），因为这把女人放在了一个假设知道的主体的位置，她被假设知道父亲是什么。而且，我们可以清楚地看到，"我在找一个父亲"，就像第欧根尼的"我在找一个男人"，暗含的意思是"没有这样的人"，"没有哪个人符合我的要求"。

　　说到这里可以结束了。我们不必哀叹文明的演变。精神分析家也没有什么好去指摘的：他只能从那决定了他的话语的视角来报告事实。也许，目前来说，我们还不知道当代女人的地位变化会带来什么后果。

第十二章　性化的伦理学

弗洛伊德毫不犹豫地引用了拿破仑所说的"解剖学乃命运"。拉康反驳了这种观点，并提出了一个表达式，这个表达式似乎标志着所有来自自然的规范的终结：一个男人或一个女人，作为主体，"他们有选择"。

性的疑难

这两个表达式的差异，很容易被用来当作学说不一致的明确标志。反过来，我们在这里可以认识到，这是一个迹象，说明精神分析发现自己遇到了性的种种疑难问题。不过，这些疑难是作为一个个现象出现的。主体对其解剖学的认同如此之少，以至于往往担忧自己作为性化的存在（être sexué）。易性癖者的谵妄的极端案例，或异装癖的诱惑游戏，是常见的例子。其中，一个是问自己是否**真的是一个男人**（vraiment un homme），乃至有时候他认为自己必须表明自己是一个男人；另一个则非常想知道自己是否是**一个真正的女人**（une vraie femme）——注意这里有语言上的细微差异——而且没有比著名的乔装更好的方法来确定这一点了。

一个世纪以来，分析理论本身一直面临一个难题：去定义是什么构成了性的归属（l'appartenance sexuelle）。因为分析理论必须认识到，虽然解剖学决定了公民身份，但是它既不能支配欲望，也不能支配冲动——性倒错的存在早就使我们产生了这样的猜想。在孩子的生命之初，解剖学被简化为阴茎的有无，这决定了一个孩子被称为男孩还是女孩，以及他／她将得到怎样的教化；但是，很显然，要使他们成为男人或女人，还需要更多东西。然而，人们不太可能发现性规范的基因。弗洛伊德用的词本身，与表面上看起来的相反，并不指向任何自然主义。更确切地说，它指的是语言导致的"变性／去自然化"（dénaturation）这一事实，即两性之间的自然差异只有被能指化之后才能在主体那里产生后果，只有通过话语诡辩才能在"言在"层面上引起反响。

认同或性化

弗洛伊德和拉康在性别归属问题上的分歧，在我看来，可以通过认同（identification）和性化（sexuation）这两个术语的对立得到浓缩的表达。这种概念上的化约显然牺牲了它们各自阐述的细微差别和各个阶段，但在我看来，这提供了它们的主要轴线。

弗洛伊德在发现儿童的多形性倒错之后，发明了俄狄浦斯情结来解释那些小小的性倒错者是如何成为单一形态的男人或者女人的。因此，根据弗洛伊德的说法，俄狄浦斯阶段允许通过统一的认同来纠正性冲动的多态分布，但代价是一些牺牲和失败。可以说，"认同"是他给这一个过程起的名字，凭借这个过程，象征界确保了其对实在界的把握。

通过俄狄浦斯情结及其产生的不同形式的认同，弗洛伊德因此将一致性赋予话语大他者。这是一个把规范、模式、义务和禁忌跟解剖学身份联结在一起的大他者。因此，这样一个大他者把一种标准解决方案——异性恋方案——强加在阉割情结之上，而且拒绝其他方案，认为它们是非典型的或者病态的。用拉康的话来说，这个大他者通过建立专门的假相来安排两性关系，告诉你应该怎么做一个男人或者一个女人。

为了公正看待弗洛伊德，有很多细微差别和精确区分是需要在这里看到的。首先，他不是只运用"认同"这一个概念来工作，确切地说，在每个案例里，他都会用到冲动、认同和对象选择这三元组。其次，他看到了他提出的解决方案失败了，以及该方案在受压抑的冲动的阻抗中遇到了限制——那些受压抑的冲动在症状中不停地返回，同样在那指明了死冲动的惰性中不停地返回。然而，用一种凝缩的、无视细微差别的方式，我们可以这样说，对于构造了俄狄浦斯神话的弗洛伊德而言，成为一个男人或一个女人——伴随着不同形式的欲望和暗含的享乐——是一个认同问题，因此也是一个关于吸收社会模式的问题。

此外，从这个意义上说，在英语世界中非常受重视的"性别"（genre）概念也遵循同样的道路，尽管斯托勒（Stoller）[1]和弗洛伊德之间存在着理论熵（l'entropie théorique）。这正是拉康留下的道路，他花了多年的时间重新阐述弗洛伊德的俄狄浦斯情结，并依据语言使之理论化之后，超越了俄狄浦斯情结。

拉康提出的"性化"这个术语，以及他在《冒失鬼说》中给

---

[1] 罗伯特·斯托勒（1942— ），美国精神分析家，心理学家。他在《生理性别与社会性别：论男性气质与女性气质的发展》（*Sex and Gender: On the Development of Masculinity and Femininity*, 1968）一书中，提出人的性别可分为生理性别（sex）和社会性别（gender），生理性别是先天的，社会性别是文化建构的。——译者注

出的逻辑公式，归根结底是通过不同的享乐方式来定位男人和女人的。性化公式指出并证明了我们每天都看到的事情，即大他者的规范的统治——如果我可以这么说的话——止步于床脚。涉及有性别的身体时，由话语所建立的秩序被证明不适用于纠正言在的变性（la dénaturation du parlêtre），除了阳具假相，没有别的东西可以用来补充这种变性。这些公式书写了主体被分配在两种方式之间——被铭写在阳具功能中的两种方式——而阳具功能不是别的正是享乐功能（la fonction de la jouissance），这是因为，由于语言的作用，它处于阉割的掌控之中。

男人是完全服从于阳具功能的主体。因此，阉割是他的命运，阳具的享乐也是，他通过幻想的调解而获得阳具享乐。相反，女人是大他者，她并不完全服从于阳具享乐的辖域，她可以在没有任何对象或者假相的支持下获得另一种额外的享乐。

正如我们所看到的，这种分配是二元的，就像性别比例（sex ratio）的分配一样，我们还不知道原因，不过物种或多或少会被均分为雄性和雌性，直到形成新的秩序。然而，根据拉康的说法，性的二元性（binarité）远不是这种自然划分的简单结果，而是取决于一种完全不同的逻辑必然性，这种必然性附加在**能指性**（signifiance）的限制上，而且奇怪的是，这种必然性将性的人为特性简化为阳具的全和非全之间的单一选择。

因此，这一论题解释了在两种不同的选替——雄性-男人和雌性-女人——之间的一种奇怪的同源性，然而，我们可以说这两种选替都是实在的：一种是有性的生命体，因为它取决于自然和那些公认的规律；另一种是言在，因为它指出了语言的逻辑限制，这些限制不停止被书写，相当于象征界中的实在界。

诅咒（La malédiction）

因此，"他们有选择"并不代表任何自由意志，而是首先意味着这两种不同的选替并不是同构的，而且在它们的间隙中，填入了所有在临床中证实的社会身份（l'état civil）和爱若性别（le sexe érogène）之间的不一致。事实上，它证实了解剖学并不决定爱若斯（Éros）的命运，尽管对每一个"言在"来说，解剖学都是一种先验的（a priori）损伤：换句话说，有一些社会身份意义上的男人和女人，但这并非性化存在意义上的男人和女人——所以，这里有一个选择。

然而，根据最普遍的经验，"选择"一词仍然是自相矛盾的。更确切地说，这将证明一种强制的严格性，要么主体在他们性的憧憬（aspirations sexuées）中如此清楚地认出自己，乃至认为那些憧憬来自自然；要么相反，他们发现自己是被迫接受性别位置的，以至于只是把它作为症状来承受，并处于痛苦之中。在这两种情况下，如果说有选择的话，也确实是一种被迫选择，一种在阳具的全或非全之间做出的选择。事实上，那个被指定为主体的人，远不是这种选择的动因（agent），反而承受着此种选择带来的冲击。

在授权自己是性化的存在时，根据研讨班《不上当者犯了错／诸父之名》中的一句表达，主体受制于言说的无意识之失误。这是一个诅咒！也是一种不幸，因为无意识说不清楚大写的性，我们知道无意识像一门语言那样构成，可是我们没有注意到"它说了这么多，还没说到重点"①；关于大写的性，无意识没有阳具大一说得好，阳具大一有自恋性的黏着力，没有什么东西"需要从中剪去"②，也就是说没有任何来自大他者的东西。由此我们可以得出结论，无意识是同性恋的③——换一种说法，正如弗洛伊德说的那样，只有一种单一的力比多。这就是把性的大他者（l'Autre du sexe）除权的诅咒。"没有性关系"，拉康用这个公式来表达弗洛伊德的含蓄说法，意思是说，在性关系本身中，尽管有爱和欲望，但是享乐，阳具性的享乐，无论如何也无法让人触及大他者的享乐。

普遍化的性倒错或大他者

因此，在享乐选择和对象选择之间，我们看到了另一种脱节。纪德和蒙泰朗，以他们的文学作品为例，足以说明，虽然他们不接近女人，但他们仍然是男人，因为他们紧紧依附于那个器官的享乐。另外，更一般化地说，我们也不能忽视这样一个事实，即跨越了他们各自的"乔装"界限之后，男同性恋者并不都是女性化的（folles），女同性恋者也并不都是悍妇。因此，我们离异性恋的俄狄浦斯标准相去甚远，异性恋让我们相信，除了偏差之外，男人和女人是为彼此而生的——这仅仅是因为"男人"和"女人"这两个能指在大他者的地点里交配，就像爱伦·坡（Edgar Allan Poe）的故事中的国王和王后。换句话说，性别认同并不涉及对象选择，这将异性恋和同性恋置于平等的位置，如果我可以这么说的话。有人认为

---

① 拉康，《冒失鬼说》，第 24 页。
② 同前。
③ 这句表达源自雅克-阿兰·米勒。

拉康有恐同症，这是一种误解。至于真正的性倒错，它不是普遍化的，不是在选择的层面上决定的。

对于男人来说，如果缺乏关系，甚至只能通过幻想才能接触到另一半，那么我们可以说，他跟他幻想的对象结婚了，也就意味着不管怎样他都对他的伴侣（男性伴侣或女性伴侣）不忠了。因此，对每个人来说，实在会"欺骗"伴侣，就像拉康在《电视》里说的那样，被掩藏的对象——它是享乐的秘密原因——取代了所爱之人。我们可以看到，这种普遍化的性倒错有一个主要的后果，也就是把伴侣相对化了。毫无疑问，无意识强加给了我们一套男性规范，也就是阳具规范，弗洛伊德已经注意到这一点，但是这套东西并没有告诉我们要为了伴侣而遵从什么规范，除了每个人特有的剩余享乐规范之外——这种享乐才是"重复"（la répétition）的真正伴侣，如果你想的话。显然，这样的享乐完全可以存在于一个女人（异性恋）那里，就像存在于一个男人（同性恋）身上一样，或者对一些神秘主义者来说，也存在于上帝那里。例如安杰卢斯·西莱修斯（Angelus Silesius），如果我们相信拉康说的，那他就是前面刚讲的性倒错的情况，因为他把目光放在了他和他的上帝之间。至于女人，因为她不完全献身于阳具享乐，不完全从幻想对象那里获得享乐，所以她可以在性关系中超越男人，她可以通过各种各样的伴侣，通过另一个女人，如果她是一个神秘主义者的话，也可以通过上帝本身来获得另一种享乐。

因此，下面这些并不矛盾：首先，由解剖学和享乐选择来定义的男人，他们在对象选择上既可以是异性恋的，也可以是同性恋的，或者是神秘主义的；然后，癔症女人完全关心的是男性他者对象，她们在男人这一边，站在阳具之全的位置上；还有，异性恋女人或者同性恋女人，以及其他神秘主义者，无论男女，例如圣特蕾莎（sainte Thérèse）、哈德维奇·安沃斯（Hadewidjch d'Anwers）或圣十字若望（saint Jean de la Croix），甚至男性女性精神病主体，他们把自己放在女人这一边。在这里，伴侣的变动并不影响主体属于哪个性别，主体属于哪个性别是由享乐模式决定的；结果是，真正的伴侣，即享乐，仍然被掩藏着，可以说是在等待解释。

弗洛伊德认识到，在冲动和爱之间的间隙——由于它们各自的对象不同，这个间隙把冲动和爱分开来——是爱情生活中的贬低的所有基础；他首先从发展的角度对此进行了阐述，把它描述为这么一条通道：从自己身体的自体爱若享乐到对那作为对象的他者的投注。当然，这在性关系方面造成了最大的困难。但是此外，它还对社会关系本身提出了质疑，更具体地说，是对爱提出了质疑，因为这涉及一个问题，即我们要知道这种永不停止的冲动是如何联系于和"相似者"（semblables）的配对关系的。

《再来一次》研讨班的第一章第一节末尾再次研究了这个问题，拉康在那里提出："大他者的享乐——带有大写 A 的他者的享乐，大他者的身体——将大他者象征化了——的享乐，并不是爱的符号。"①所以，缺少这样一种暗含的意思："我爱他 / 她，所以我享乐他 /她。"由此，这个公式实际上开启了一个双重问题：在性关系中通过享乐来给予回应的东西来自哪里，以及，什么是爱的真正本质？

———————

① 拉康，《再来一次》，第 11 页。

"同性"之爱 / 爱男性

拉康在他这个研讨班的一开始还有最后结束的时候都重提了爱。他首先是提醒我们，爱主要针对在镜子阶段被认出的镜像，接着，他在最后补充说，爱来自无意识，同时在主体觉察到的难解之谜中找到了自身的力量。这里的主体由于言说而被塑造成无意识主体。

在《冒失鬼说》[①]中的一个非常晦涩的段落里，拉康提出，无论何时，在性的双方那里，当第二位是缺失的以及无法接近的时候，"相似者"，镜子阶段的形象，就 s'emble（看起来是自己）[②] 或 s'emblave（播下自己），从而掩盖了力比多，做法是把自己播种下去（s'en ensemençant）——因为这就是 s'embler 和 s'emblaver 这两个动词的意思。形象被放大了，它是一种替代，可以说是对无法接近的大他者的一种想象的替代。我们可以把它写作一个隐喻的替换：i（a）/ Λ。在这个模棱两可的领域里，如果这个新造术语来到我们面前，为什么我不可以通过人类的一般形象，即结构的一个缺陷，在力比多的飞翔中联想到"农田 / 播种的土地"（emblavure）呢。这个结构性的缺陷，正是它形成了"同性"之爱 / 爱男性（l'amour "hommosexuel"）——正如拉康写的，这个词有两个 m。拉康没有背叛早已认识到了这一点的弗洛伊德。由于给了"外表"（habit）即形象太多的爱，爱仍然"在性之外"（hors sexe）[③]。

---

① 拉康，《冒失鬼说》，第 24 页。
② 拉康在《冒失鬼说》中玩的文字游戏，他将 semble 拆分，引入一个自反性。sembler 作为动词的意思是"好像，似乎，看起来是"，引入自反性后翻译为"看起来是自己"。——译者注
③ 拉康，《再来一次》，第 78—79 页。

即使在缺乏性关系的情况下，以及按照相遇的偶然性，爱使得主体与主体建立一段关系，情况也是如此，因为这是在《再来一次》最后部分提出的爱的新定义。如果我们想证实这确实存在，那么就应该看看今年情人节那天法国电视上播出的一个关于一见钟情的特别节目，然后听听一系列的证言：从除了一见钟情之外没有别的故事的男人女人，到最近刚结婚的两个美国女黑人，以及到节目的高潮，一场就在要离开纳粹集中营的时候发生的绝世爱情。在所有这些证言中，只有一个不变的信息：那些恋人说，除了一些特殊情况，尽管他们也解释不清楚，但他们瞬间笃定自己认出了对方。

拉康将这种"认出"（reconnaissance）和一种模糊感知联系在一起，这种模糊感知针对的则是每个人受其孤独命运影响的方式。在这里，再一次可以说，爱是从相同到相同，而不是从一到大他者。但这里涉及的不是形象的相同，甚至也不是言说的无意识为每个人保留的共同境遇的相同，而是另一种更加模糊的相同：它和每个人如何回应自己的境遇、如何承受自己作为言在的命运有关。所以，这指出的是一种选择，这种选择应该说既是伦理的，也是独一无二的，同样也是原初的；而且，这种选择让分析性话语服从其"善言 / 好好言说"律令：从幻想以及 / 或者症状出发，好好言说是什么弥补了对性的除权。

有人可能会问，这些结论在多大程度上符合我们这个时代的精神。事实上，话语在两性之间建立秩序，维持偏见，为主体提供享乐，以此尽力使我们更能承受性的僵局和并不存在的大他者的缺陷。毫无疑问，就像我前面说的那样，话语止步于床脚，这也就是《再来一次》这个研讨班的探索开始的地方，但这并不是说话语不能用假相、规范和准则来围住这个洞的边缘。每个主体都会遇到它们，它们是文明对性的无能（la carence sexuelle）的一种预处理，因为无意识不完全是个人的，而是支配一个群体的话语的主要部分。我们用人权推动了两性平等的价值观，与此相应的是越来越两性通用的生活方式——这是一种巧合吗？——这样的生活方式是市场导向的，它可以向所有人提供新的享乐对象。在今天，我们不能忽视这样一个事实，即爱的行为正在发生深刻的变化。

新风尚

事实上，近几十年来，社会风尚发生了前所未有的变化，立法越来越多地支持这种变化，并使得仅仅在 50 年前还被认为是不可接受的性行为逐渐合法化。今日，克洛岱尔恐怕无法想象，说有些房子可以做那些事的时候，是在表达宽容接纳。而我打算把这个问题先放在一边，即在我们的文明里是什么制约着这种自由主义的问题；况且，这种自由主义是不完整的，因为它不断地引起相反的反应；但它仍然是一个既定事实，而且我认为它带来的变化是不可逆转的。值得注意的是，它并不局限于在最后把公民权给以前的同性恋——虽然从奥斯卡·王尔德（Oscar Wilde）的监狱到现在的同性婚姻所经历的短短的一个世纪使我们能够衡量这种加速——与此同时，人们不再预先评判任何做法，只要幻想启动了它，而且他们获得了伴侣的同意。

弗洛伊德费力地从无意识核心之中揭露的各种不同的性场景，今天被展示在了所有人的眼前，无论儿童还是成人。1905 年引起公愤的《性学三论》提出了儿童的性理论问题，儿童发明了自己的答案来回应自己对父母肉体结合的好奇，但今天看来，这些东西已稀松平常，每天都会出现在屏幕上，所有的幻想在那里都可以找到。这些事情在发生，就好像我们这个世纪已经吸取了我前面提到过的普遍化的男性性倒错的经验教训。现在我们知道，精神分析提出它不是无缘无故的，而且，每个人都从他的无意识和幻想里获得享乐。更进一步说，我们希望能够在言词和行为实践中（参考性学研究，还有所有为了谈论性以及为了让人们谈论性做出的那些努力）考虑享乐，因为从现在起，我已经有机会可以说，人们宣称，性享乐也是一种权利。而这样一个事实，即在其他时代发展起来的爱的范式已不再适用，进一步加强了这一新的大胆言论。无论是希腊人的友爱（philia）①，还是典雅爱情，还是神秘主义的神圣之爱，以及经典的激情，它们都不再能诱捕我们的享乐，现在留给我们的只有那些没有什么模式的爱，那些如同症状一样建构起来的爱；只有相遇的偶然性和无意识的自动性（automatons）在支配着爱的随机结合。

独身伦理学

因此，有一个问题：主体用以解决性关系缺位的各种症状性方案是否有效呢？毫无疑问，这是一个微妙的问题，但却是不可避免的，因为所有的临床形式，无论是神经症、精神病、性倒错，或者更一般地说，爱的临床，在每一种情况下，都假设了主体的伦理选择。此外，在弗洛伊德关于精神神经症（psycho-névrose）的防御概

---

① philia，源自古希腊语 φιλία，指的是朋友间亲密的友爱，一种相互间的爱。古希腊语中"爱"有四种："eros"（情爱、性爱）、"philia"（友爱、互相吸引之爱）、"storge"（亲情之爱）、"agape"（神圣的爱、无私的爱）。——译者注

念里包含的"防御"一词，已经暗含了症状学中的伦理学。普遍化的性倒错也不能避开这个问题，因为它也为不同的伦理选择留下了空间，至于那些各种各样的选择，分析性话语必须更新它们。

实际上，这个问题需要被重新提出来，因为不存在一种单一的伦理学（而是多元的伦理学）——每一种话语，作为一种社会关系，都有其独特的伦理学。这就是为什么拉康谈到"行动上的话语种族主义"（du racisme des discours en action），即相互厌恶其他话语安排享乐的方式。然而，不可避免地缺乏的是，这些话语之外的，能合法地把每个人特有的症状放在一个等级体系上的点。精神分析本身就这些问题只能"给出一个报告"①，精神分析也不过是众多话语中的一种。精神分析家更喜欢用的是他们选择的话语，这并不令人惊讶，但他们有时候以道德矫正者自居，这就是一种滥用了。

不过，今天，我们正在目睹拉康曾经特别指出的"独身伦理学"（l'éthique du célibataire）的兴起。希腊人的友谊，即古代的友爱，在过去就说明了这一点；近一点来说，亨利·德·蒙泰朗体现了这一点；至于伊曼努尔·康德，他用他的"实践理性"从中缔造了一个体系，声称在通过排除所有动机和所有所谓的"病态"感性对象来决定意志时，道德法则的绝对律令——它显然走到了被禁止的极端主义——除了所有特殊利益之外，也排除了女人本身。这种伦理学也是"在性之外"的，因为它为了同样的利益而绕过了大他者②。

---

① 这是拉康的一种表达。
② 这里涉及的不是作为一个地点的大他者，而是可以被称为绝对大他者的大他者，它没有被铭记在大他者的地点中。

我们可以看到，在这种选择下，主体从相异性中"退避"①，以让自己退到阳具大一这个庇护所里。这是一种根除大他者的策略，这种行动上的根除加剧了大他者在结构上的除权，另外，它也并不一定相悖于对女人额外享乐的某种迷恋。

同性恋无意识的订阅者

独身伦理学，不仅可以用蒙泰朗式的同性恋（还有其他类型）来解释，还可以用那些通过其他途径最终避免接近大他者的人来解释，我可以称这样的人是对大他者"弃权的人"或"罢工的人"，其中包括那些根深蒂固的自淫者，而且更自相矛盾的是，还包括某些癔症女人，她们全身心关注大一。这里不要忘记在无性者（les sexless）那里出现了一种新的冷漠，稍后我将会讲到这一点。

我说他们都是同性恋无意识的订阅者，是为了回应拉康对乔伊斯的描述，即乔伊斯退订了（désabonné）无意识；同时也是为了表明，决定选择的并不是同性恋无意识，不管对同性恋来说还是对异性恋来说。在所有情况下，这个决定都可以回到一个人在接近爱若的过程中享乐回应之偶然性上。我们看不出有什么能让我们说一个比另一个更好，但是我们可以探查它们对主体的不同影响。

关于这一点，我们可以看到，无论如何，女同性恋都是一种完全不同的选择：她的伦理学给性的大他者留出了空间，而不消除与男人的秘密联系。这就是为什么拉康在1958年提出了跟弗洛伊德截然相反的观点，我早先已经讲过，他认为这种同性恋的爱若斯，就

---

① 拉康，《冒失鬼说》，第24页。

像女雅士（les Précieuses）所表明的那样，用其传递的信息来对抗社会熵。1973 年，他进一步着重强调，所有人，无论男人还是女人，只要爱女人，就是异性恋的，这是因为虽然两性之间没有性关系，但是性化的爱，还是很有可能的。

我把一种在症状位置上设立了性的大他者的伦理称为"异伦理"〔éthique-hétéro，此处我说的不是"异性恋"（hétérosexuelle）〕。这种伦理显然不能与对**结合**价值的宣扬相混淆，因为后者与伦理无关，至少如果我们是用与实在的关系来定义伦理的话。这种伦理是对关系之不可能性的另一种回应，维护了对大他者的兴趣。另外，它使大他者得以存在，虽然这对性关系没有什么好处，因为错过的相遇是不可还原的。所以，"大男子主义"的诱骗者，所有痛恨平等主义意识形态的人，甚至还会从中获得某些好处；带着他的傲慢自负，他能做的就只有在他的考虑中抬高他声称要用蔑视来贬低的东西，即女性大他者。

在这一点上，我们不能不自省于当代话语所施加的压力。在 20 世纪末，就两性关系有什么调整而言，在我看来，我们的整个话语跟独身伦理学有一种明显的共谋——在这里我指的是两者在品味上的同感——而且，我想说它们经由了不同的途径。我认为那些途径是多种多样的，但其中之一是人权。

没有性契约

我提到了风尚自由主义。它不可避免地带来了界限问题。然而，除了人权及其对平等和尊重的要求之外，我们对可能发生的冲动之过剩没有任何限制。就性而言，我可以这样表述他们的反虐待宣言：

没有人有权在未经彼此同意的情况下处置对方的身体。这种说法的悖论是不可避免的，因为无论爱的公约是什么，跟享乐的大他者都不可能有什么契约关系！有些文化把绑架行为抬高为一种仪式；在那里，非常现实的双方协议掌管着婚姻，而且这些协议需要很多人的保证，涉及的不仅仅是结婚的两个人，可是，这些协议却被一场仪式化的暴力行为所掩盖，即假装绑架新娘——这可以说是象征化了男女之间的性关系中非契约的部分。在我们的文化中，人们可以走上法庭，把任何未经双方明确同意的性举动都当作虐待揭露出来！其中，有许多新出现的诉讼案件，关于性骚扰的，或者偷窥的，或者更严重的，约会强奸！因此，从现在起，对每个主体应有的尊重延伸到最私密的空间，因为人权试图使普遍化的性倒错服从于契约意识形态，而这种意识形态在今天也同样很普遍。这当然是好事，因为给人权这个极其脆弱的屏障定罪就很极端了。

但是，很明显的是，根据分析经验，带着这种值得称赞的正义意图，我们很快就忘记了自我的同意或拒绝往往拒认的不仅是无意识的同意或拒绝，也是对享乐的回应。这种分裂在性关系这个空间里展现得淋漓尽致。我们怎能忽视这样一个事实，即爱的选择如同身体反应一样，通常是自我的渴望所意想不到的？所以，我们有理由担心，一项声称要让伴侣服从于这个自我规范的立法，会给予不忠实的癔症诡计过大的权力。人权最终延伸到了女人身上，对此人们只能鼓掌称赞，但是，人权永远不会包含绝对大他者的权利！一个女人，就她是一个主体而言——要跟其他主体一样平等，就必须遵守必要的协议——她根本不能跟大他者谈判，这是她为自己所是的大他者。

加倍的除权

于是，出现了一个问题：在契约时代，大他者会发生什么？他不是注定被堵住嘴吗，从定义上来说，他不是跟所有的立法都相对立吗？

我在这里所指的大他者显然不是语言大他者——我前面已经讲过，它是不存在的——而是活生生的大他者，相反，这个大他者相对于语言是外-在的。实际上，这两者是并行的，因为语言大他者——我们用它来扼制实在，以便组织享乐的共存——使所有逃避其掌控的东西都像大他者一样浮现出来。这就是拉康在谈到女人是绝对的大他者的时候使用的词，我也可以把绝对的大他者称为实在的大他者，因为她被排除在话语之外。更一般的是，这个大他者随着那些超越了阳具界限的享乐配置的出现而出现，而且那些享乐配置超出了话语的规范性调节；每当有冲动超越快乐原则所规定的限制时，这种大他者也会出现。从这个意义上说，大写的性并不是唯一的大他者，我们甚至可以说每个人都是大他者，因为我们都会遇到那被除权在阳具享乐之外的享乐。"人人都是大他者，"拉康在1980 年如是说。

对大他者的灵瞬（épiphanies）也是各不相同的：它们出现在不同的文化（种族主义）里，也出现在同一种文化的内部，作为一种症状——话语未能统合享乐而导致的症状——而出现；因为正是在大一失败的情况下，大他者作为废弃物遭到驱逐。

今天，在我看来，对平等的各种重视，以及男女生活方式的日益同质化，都弱化甚至忽视了异质性的言说居所。另外，女人自己也参与了这一进程，她们现在更多地是契约主义和平等主义思想的狂热者，而不是神秘主义者！她们不满足于在阳具成就方面与男人竞争，我们现在知道她们在这方面没有什么障碍——解剖学不再决定命运——正是她们把契约思想引入了性化本身，正如我在前面提到的诉讼案件所表明的那样，也正是她们有时候把事情推到了荒谬的地步。由此，只差一步就很容易想到，通过过多地培养相同，我们正在编排"异性"（l'hétéros）保留给我们的一些糟糕惊喜！

在这种背景下，分析性话语代表了什么呢？它允许我们把无意识当作一种知识来阐述，但是它不能忽略这样一个事实，即无意识对大他者一无所知，无意识只认识大一——重复出现的一，或者说，能述的"大一说"（l'Un-dire）①。就是在这一点上，我们可以说无意识主体本质上是一个独身主义者。但是，精神分析不是无意识，而且，在第二层意义上，精神分析过程——因为它试图探索语言大他者②的不一致——也把我们推向大他者，如果我可以用这个表达来类比推向女人的话。总之，精神分析家自身也从属于非全逻辑，其结构不是集合的而是系列的，大他者只出现在这个阳具系列的边缘，就像在页面边缘上，除非它被那作为假相的对象所掩盖。精神分析必须了解大他者：大他者是实在界的一个名字，这是精神分析要处理的。虽然这个实在是无法言说的，"外密的"（extime），但并非一个无法具身化的实在，也因此它能被一种享乐的悸动所激发。

---

① 拉康，《或者更糟》，第 9 页。
② 拉康，关于研讨班《精神分析的行动》（"l'Acte psychanalytique"）的报告，载于 *Ornicar?* n° 29，p.20。

差异伦理学

所以，我的结论是，与占主导地位的话语相反，精神分析拒绝跟新兴的独身伦理学在各种情况下共谋。如果拉康能够把精神分析家的欲望定位成"获得绝对差异的欲望"①，这是因为分析使享乐模式的独特性变得"善言"了：对每个主体来说，享乐模式的独特性填补了性的开口，换句话说，从更广泛的定义上来理解这个术语的话，它填补了症状的差异。在这个意义上，每当精神分析支持任何保守主义的时候，它就会迷失方向，关于规范的保守主义我们已知的有很多：生殖性的奉献（l'oblativité génitale），异性欲（l'hétéro-sexualité），女人要成为一个母亲，人人都应该结婚，等等。无意识决定着所有的症状，从最自闭的到最融为一体的，无论它们支配的是独处的快乐还是成双的快乐，也无论它们属于精神病还是普遍化的性倒错。这里不需要再重述。分析不是为了矫正——总之，这是不可能的操作。无论如何，差异伦理学是一种选择，而且跟所有关于相同的伦理学是不相容的——尤其当后者主宰了对大他者是什么的隔离！

拉康在精神分析内部看见了对大他者的拒斥，并且，我提到过，他谴责这种行为是"分析性话语的丑闻"②。我就是从这里出发开始我的工作的，而这要归咎于弗洛伊德本人。我们在这种省略中要认识到有些东西类似于一种对抗实在界的保险，一种虽然对实在一概不想知，但不可能没有什么效应的意志，它使我们能够预见，由除

---

① 拉康，研讨班XI（éd.du Seuil, Paris, 1973），第 248 页。
② 拉康，《冒失鬼说》，第 19 页。

权机制导致的实在界之返回带来的风险。

　　然而，无论谁要订阅大他者，这都是不可能的，因为在无意识的电话簿里根本没有可以呼叫的号码。这就提出了一个问题，即异伦理能对大他者做什么呢，它跟这个大他者没有关系／相配，甚至也许没有任何关系。它只不过能把大他者系在无意识上，这也意味着把大他者系在阳具秩序上。系的这种结，其名字之一便是爱：爱使得，对一个男人来说，一个女人可能是一个症状，而一个女人也会同意这一点。也许没有更好的办法运用这个大他者了：既让它存在，同时也把它和大一系在一起。

　　那么，我们是否应该预测说，一个文明越不能维持大一和实在大他者的扭结，就越是要承受实在——那是从阳具秩序中解放出来的一种实在——的其他种种显现的激增？还有，这个文明无疑会发现，就大他者而言，女人肯定不是最糟的？

第十三章　女性性欲的社会影响

1958 年，拉康提出了两个问题：为什么"女人的社会诉求仍然凌驾于劳动工作所传播的契约秩序之上"，难道不是"由于她的作用，婚姻的地位在父权制的衰落中还能得以维持？"40 年过去了，关于女性欲望——无论是同性恋还是异性恋的——的社会影响，仍然是一个不断被提出的问题。这给了我们更充分的理由来革新这个论题。

为什么要结婚？

今天，人们可能会犹豫是否要承认婚姻是社会群体碎裂的最后"残余物"（résidu）。当然，总会有人结婚，但是也总有人离婚；人们仍然会"同居"，签署协议；此外，我们被宣告，家庭的规模已经被缩减至夫妻及其子女这样的大小，而且现在超过 40% 的情况是单亲家庭这种新形式。而这可能还只是一个开始。

更重要的是，亲属关系的基本结构难道不是发生了变化吗？拉康喜欢以列维-施特劳斯（Lévi-Strauss）为参照，提醒我们注意那起着统治作用的法则，这是那些即使占据该法则命定位置的人也不知道的法则，而且在这样的法则中，女人——他说，尽管她们不喜欢——作为交换和结盟的对象，在男人的族系中流通。当平等主义的理想进入实在，怎么还会是这样呢？我们是否注意到了这个进程？它已经发生了，至少在一定程度上已经扫除了所有具有象征意义的地方的等级制度。然而，众所周知，我们并没有看到平等统治的到来，相反，抹平象征差异只会让事实上的差异继续存在——这就改变了一切。当然，我们正在以分配正义的名义跟后者做斗争，不过涉及分配那些如同实际权利的财产方面，这种正义仍然是有缺陷的，但是到现在，就只剩下儿童和少数精神病人仍然被法律剥夺自由自决的个人权利。

毫无疑问，尽管有法则，但每个人仍在继续体验着无意识强制性的触动，然而，实在的身体流通——从一个国家到另一个国家，从一所房子到另一所房子，从一张床到另一张床——今后受到其他约束的影响会减弱，同时这些约束会比象征界要求的约束更加符合情境，也更实在。生活中的偶然性取代了象征界有序的自动性。正是出生环境、品味独特性、政治意外、劳动市场的各种化身这些因素加起来，决定了我们相遇的机遇。

所以，所有人都是机遇的朝圣者！新的宗教已经有了服务于它的牧师、听取忏悔的神父以及商人，还有一群街头信徒，他们传播"也许明天"的福音，说要宽恕"不幸"，并管着那可以实现一切的概率：给孤儿一个母亲或一个父亲甚至一个完整家庭，一个你想要的特定肤色的孩子，一个来自东方的"小未婚妻"，一个终身或者暂时的伴侣，等等。人们可以假定，在旧的社会关系支离破碎的背景下取得胜利的、狂热的个人主义体制，将产生它自己的规则，而且，也许正如乐观主义者所希望的那样，产生前所未有的团结。

无论如何，婚姻结合如今被化约到性伴侣的维度。它不再像过去那样，把两个家庭及他们的物品、财富还有历史结合在一起，而只是由兴趣爱好的偶然性，把两个个体结合在一起。所以说，婚姻受制于爱情的风云变幻：爱渴望永远持续下去，但是我们很清楚，这只是一种渴望，它无疑会停止被书写。我们非常清楚，现在我们可以同时准备结婚协议和离婚协议，美国就已经有这种做法了。演艺圈的名人树立了榜样，有传闻说他们反复结婚离婚，毫无疑问，通过媒体的渲染，临时夫妻这种观念变得极为普遍了。更普遍地讲，我们这个时代各种各样的、短暂的结合，难道不是表明了著名的象征协议有多脆弱吗？"你是我的妻子"这句诱人的情话，在我们的文明中，在建立长久的关系时，难道不是已经过时了吗？

现代文明将个人主义推向顶峰的时候，精神分析和拉康一同证明了，"没有性关系"是所有由社会纽带编织而成的事物核心中的一个洞，这并非偶然。这种同时性本身就表明了一种事实。它揭示出，一对传统的夫妻——他们结婚就是终生的，这登录在他们的无意识里，就像拉康说的，是以两个人共同踏上生命旅程这种形式登录的——他们除了被爱的结所连接，也被另一种东西紧密连接在一起。对于这些结，我们还可以期待些什么呢？无论如何，问题在于它们在多大程度上符合婚姻惯例。

爱情可能让人结为一对，但，是哪种爱呢？它能填补性关系的缺失，掌控两性相互亲近吗？事实上，"夫妻的无关系"[①]引出了一个问题：性没能让两个身体结成伴侣，那么让它们终生结合在一起的又是什么呢？

如果我们把这个问题放在享乐层面，那我们必须从这一点开始：

---

① 拉康，《实在界、象征界、想象界》（*RSI*），1975 年 4 月 15 日的课。

在没有性关系和有性行为之间，是什么让身体结合？《再来一次》研讨班提出了这个问题，并给出了答案。能"通过大他者的身体的享乐给出回应的"①——"大他者的身体的享乐"并不存在，而且它向来只是一个身体碎片的享乐——既不来自爱，也不来自女人的性，也不来自第二性征，而来自能指性本身。

换句话说，两个存在，即由语言的操作而形成的"言在"，他们之间性化的身体连接之谜只能由无意识本身来解决：除了能指的交合——这构成了无意识——之外，没有别的什么能够支配身体的交合。无关系 / 相配的原因，即能指性，同时也正是无性的 /a 性的身体连接的原因。拉康说，人和自己的无意识做爱。② 这是他在 1973 年明确提出的论点，并在之后的研讨班里得到了回应，特别是在 1975 年 1 月 21 日的讲课里，拉康提出了一个著名的表达式：对一个男人来说，"一个女人是一个症状"。换句话说，一个身体把自己借给了伴侣，以便该伴侣可以通过他的无意识从中获得剩余享乐。

但随之而来的问题是：这种症状性的身体结合——也就是性行为，且是由无意识来确保的——在两个人并没有理由排他的情况下，是否能够让他们的关系长久呢？当然，症状是恒定的，但不是忠诚的。更准确的说法是，症状只忠于无意识字母，因为会把自己借出去的伴侣不胜枚举。因此，为了使身体结合获得一点点持久性，就需要把爱这种主体对主体的关系加入其中。换句话说，身体的和主体的，这两层关系要能紧密结合。

---

① 拉康，《再来一次》，第 11 页。
② 拉康，《圣状》（"Le sinthome"），1976 年 3 月 16 日的课。

但是，就爱本身而言，我们能期待什么呢？它是圣奥古斯丁说的"愿他人好"（velle bonum aliqui）吗？可能是，但也只是"一点点"（un peu），因为真正的爱也是"爱恨交织之恋"（hainamoration）①，执着于跟他人的福祉完全相反的东西。在"这种一点点"（ce peu）和这个限制之间，所有现代婚姻的化身都找到了它们的逻辑。

正是通过这有可能的一点点，通过对他人的福祉的关心，爱才可能转变为友情（amitié），即古希腊的"友爱"，随之而产生的就是"对经济的奉献，对家庭法则的奉献"②。米歇尔·福柯（Michel Foucault）在他的《性史》（l'Histoire de la sexualité）第三卷中对普鲁塔克（Plutarch）的《关于爱的对话》（Le dialogue sur l'amour）的评论，仍然很有启发性。努力建立一种新的爱若关系是一种升华，这种新的爱若关系在婚姻结合中赞颂一种完整且完成的爱若斯，只有在这种形式中，欲望和"性欲"（aphrodisia）③才通过"恩典"（charis）④的调节跟友爱结合在一起。毫无疑问，这是一个梦，基督教一直没有放下这个梦，而我们这个世纪，和精神分析一起，已经打破了它。

友爱和性欲的结合从来都不是和谐的，它们之间的断裂和张力

---

① 拉康创造的一个新词，由 amour（爱）、haine（恨）和 énamoration（热恋）合成而来。——译者注
② 拉康，《电视》，第 61 页。
③ Aphrodisia，指的是古希腊为纪念女神阿芙洛狄特（Aphrodite）而举办的节庆活动，在科林斯和雅典，许多妓女也会庆祝这个节日，她们把阿芙洛狄特当作守护神来崇拜。节日仪式中通常会有活的白色雄性山羊，柏拉图的《会饮篇》中，保萨尼亚斯（Pausanias）在颂扬爱若斯的时候提到了山羊，狡猾地暗示了阿芙洛狄特代表的性感本质。——译者注
④ Charis，希腊神话中的美惠三女神之一，她们通常是生育力和自然的代表。——译者注

是不可调和的。一个会促进身体的和睦相处，由于共享生活环境，也会促进习惯和共识的平衡。另一个呢，不喜欢分享，占有欲强，敏感多疑，充满了我们熟知的所有的悲喜剧。也许婚姻纽带要想继续维持，只有绕过它们，去到友爱以及共同生活中已抹平了的沟壑——友爱使之成为可能——这一边。所以拉康在《电视》中提出了一个明确的断言，即把结合和习惯放在了同等的位置上，因为它们都跟伦理学无关。至于伦理，它本身是行为和思想跟最实在的东西接近的功能——在这里，最实在的东西也就是在冲动中发挥作用的东西；而当它是"善言"伦理的时候，它根本不考虑爱是否具有持久性。那么，是什么在发挥作用让爱继续呢？

首先，我们可以看到，婚姻的象征价值还没有完全过时。一个证据是，许多主体仍然出于意识形态的动机而强烈反对婚姻。我们还记得乔治·布拉森斯（Georges Brassens）的一首歌《我有幸没向你求婚》（*J'ai l'honneur de ne pas te demander ta main*），这首歌略带着无政府主义的抗议。但是，这个主题已经过时了。"我的家人，我恨你们"的时代已经过去了。当然，我们在今天也能看到有些人要求同居，他们想要共同生活的一切，包括社会利益，不过契约和其所包含的承诺除外；他们声称他们只依靠由诸多爱之结不断更新的现实性，就好像契约和真挚情感是对立的。可是，他们仍然呼唤着社会的认可。

除了对利弊的合理化之外，我们还是要问，在爱中对结合产生积极作用的是否首先来自女人。因此，我要回到一开始提到的拉康的那个问题以及一些鉴别性的临床要素。

人们认为男人普遍更容易实行一种准普遍的多配偶制。那么，是什么驱使他走向婚姻结合呢？这种结合还不是单靠爱来加强的，也很少为享乐服务。父亲症状，即男人普遍化的性倒错的父亲版本（la version père），虽然意味着一个男人让一个女人成为他自己的女人，但并不一定意味着他的症状性选择被塑造为婚姻形式。不过，还有一件事有利于结合：正如拉康所说，那就是"母亲"对女人的污染，这个身份使女人变成了一个母性存在和照顾者——既照顾身体（这个身体不能被简化为爱若的身体，尽管有时包含了爱若的身体），同样也照顾自恋。我曾经强调，弗洛伊德把女人化约为母亲，这无疑要归因于婚姻在他那个时代的地位。这一点在这里得到了证实，从另一层意义上来说：婚姻也归因于这种化约。在这方面，弗洛伊德是不遗余力的。换句话说，对母亲的爱是婚姻的最佳盟友，掌管着爱情生活中的贬低。另外，我们立即就能看到，在女人这一边，对象的同源性加倍——这使男人走向了父亲的爱和保护，从而把女人化约为她曾经所是的孩子——可能发挥着同样的作用。事情就是这样吗？

这仍然没有回答我一开始提出的问题。在女性欲望中，是否有什么东西支撑着婚姻制度？

老实说，在我们这个所谓的妇女解放的时代，能看到相互矛盾的事实。一方面，女人的职业及社会自主权使婚姻更容易破裂，也使那些厌恶共同生活的人更容易通向行动。另一方面，每个女人都渴望找到她的男人，就像很多人说的那样，她生命中的那个男人，这种渴望似乎并没有真的消退。相反，在这两种论据里，我们不用怀疑，有一种带着抑郁色彩的、怀旧的不满文化正在发展！

我们来假设一下，与弗洛伊德的观点不同，一个女人渴望结婚，不仅仅是因为她需要有人保护，也不是像她有时候认为的那样是为了要孩子，更重要且更根本的是，这是非全的一个结果。我稍后再谈这个问题。"非全"引发了对一个名字的爱的呼唤，对一个说的追寻——这个说把她的存在命名为症状，她为大他者之所是的症状——并把她从享乐的孤独中解脱出来，而且，还把没法识别的东西，即她为她自己之所是的大他者，和被选中的大一打结在一起。这并不能允诺幸福，因为正是在这种享乐和这种苛求（exigence）的接合处，相反地发展出了所有被称为"折磨"的东西。然而，这是一个很好的机会，来证明"折磨"也可以充当纽带。就目前而言，要拷问的是爱在两性之间的功能，这种功能既是主体性的也是社会性的。

爱的申诉者

众所周知，弗洛伊德认为女性无社会性（asocialité）。他假设女性欲望和女性性欲中有一些东西不利于集体关系。他用不同的形式阐述了这一论题：女性性中的某些东西跟文明的升华是相反的。此外，我有时候对自己说，当我们看到文明的一些升华把我们引向何处时，重新评估这些升华并质询产生了这些升华的欲望，也许并非没有用处。所谓的女性无社会性，可能会重获一些价值！无论如何，这是弗洛伊德的论点。女性力比多，如果我们可以用这个术语的话，它显得太过离心了，太倾向于自我封闭，也就是说，太倾向于只投注于那些临近的对象，比如孩子、丈夫和近亲，以至于女人被剥离了对故乡、国家、集体工作、团体的巨大价值，而人们希望这些价值能够取代个人利益。因此，文明的成就将建立在单一的男性同性恋力比多的升华之上，而弗洛伊德认为这是集体关系的真正黏合剂。还有一个要补充的观点是，男性同性性欲未被升华的部分，也就是遭到压抑的部分，也将朝着社会熵的方向发展。

我说过，拉康反对弗洛伊德的这些论断，无论是关于女性的同性性欲还是异性性欲。

关于女性同性性欲的社会影响，拉康讲到了 17 世纪的女雅士运动（le mouvement des Précieuses）①，她们没有使社会关系消失或减少，反倒是通过传递那些维持社会关系的信息，朝着相反的方向前进。拉康在《再来一次》研讨班中惋惜女人没能说更多，他在那里向女雅士致敬，因为她们反而能够为文化和语言系统带来一些东西。

这个论题确实很大，也显然是反弗洛伊德的：女性同性恋爱若斯的影响与社会熵相反，而另一方面，理想的异性恋之爱，即典雅爱情，则产生了反社会效果。此外，1973 年，拉康在《冒失鬼说》中坚持己见——如果我可以这么说的话；在谈到妇女解放运动和女性同性恋运动的时候，他恭维了一下她们，他在她们的主张中看到了与某些实在之物有关的证词，这带来的意义超出了其直接影响。这确实值得思考，我们可以看到，她们的主张并没有朝着通常重复的方向发展，甚至在精神分析家中，有时候也是如此。

至于异性恋女人的欲望，如果我们把社会纽带不断衰退的时代对家庭的维持归功于它的话，那它也没有走向社会熵。拉康认为它具有一种积极的社会意义，并且与碎裂相悖，至少它会在抵达最后

————————

① 17 世纪法国和欧洲的文学运动，该运动特别关注但不仅涉及上流社会中的妇女。她们在沙龙里见面，评论她们那个时代的文学，写她们自己的文字，特别是小说和诗歌。——译者注

残余物即个体之前，就通过维持家庭单元使碎裂停下来。正是在这里，放在历史中来看，对弗洛伊德的批判是很有必要的。

在今天，契约主义和平等主义的意识形态占据主导地位。然而，它们并不比资本主义话语更有利于婚姻结合；资本主义话语很稳固，而且它只爱一个接一个或者成群结队的消费者。毫无疑问，它会侵入双人空间，而这正是每当女性对象出现或者它被一个立法确定为需要尊重的主体时所发生的情况。显然，没有什么可指责的，我们都或多或少被这个观点所塑造，但可以肯定的是，它并不真正为爱若斯而战。事实上，这种平等主义的主张会使伴侣同质化，它消除了不对称，而人们又期望爱若斯能够兼容差异又不削减差异。这种对大他者的省略无疑会令它出人意料地重新返回。

由此我们更能理解，关于女人需要什么，拉康为什么反对弗洛伊德。在弗洛伊德的时代，父亲的统治比如今更甚，父亲作为统一社会纽带的原则而统治时，我们可以想象到，围绕着爱（爱总是独特的）的种种要求，会反对朝向集体的升华，并阻碍力比多的集体化聚集。这就是为什么拉康在一个没有公开发表的小注解里，把典雅爱情的消失归因于它的反社会性质。

但是，若社会关系的碎裂占了上风，而且就像今天一样，这种碎裂和我前面提到的精神分裂症超我的律令结合在一起时，那么爱以及对爱的要求，难道不就有了另一种价值吗？集体化的大一把诸多集合连在一起的时候，爱就会通过它对"独特"和"亲密"的渴望发出抗议。但是，社会关系在一场似乎势不可当的运动中分崩离析并碎裂到极致之时，人们可能会问，爱的要求——它限制了这种碎裂——是否不具有另一种价值。如果我没有理解错的话，这是拉康在 1958 年提出的假说，就在我提到过的那个段落中。事实上，当那些社会关系变得松散时，对爱的要求，特别是在女人那里，不是唯一仍然代表爱若斯的东西吗？爱若斯即结合原则，而且在这种情况下，爱若斯结合的不是群体，而是把一个人和另一个人结合在一起。或者更准确地说，把一个男人和一个女人结合起来，反之亦然，甚或是在同性婚姻里把一个男人跟一个男人，或把一个女人跟一个女人结合起来。

因此，根据文明的形势，在对爱的呼唤中，人们或是强调自己对亲密的极度渴望，而这是跟集体背道而驰的，或是强调自己对两个人之间最低限度的凝聚力的期望——或者更进一步说，如果这主宰着家庭的话，那就是更多人之间的。我想，在今天，这一特征胜过了在爱中对"亲密"的特别渴望，因为这也许是我们所能做的一切，以限制当代的孤独，以及限制我们这个时代越来越多的狂热分子的普遍虚假性。这就是我所理解的拉康反弗洛伊德，根据差不多四十年后的新背景，我想重新强调这一点。

我们重新回到女人的话题。她们如何调和她们的平等主张跟她们作为性化的言在（parlêtre sexué），作为大他者的要求呢？

女人在性相遇中是大他者，这意味着她在作为主体（她是一个言说的存在）和作为大他者（她也是一个言在）之间总是"被分裂的"（divisée），也就是说"被分割的"（partagée）[1]。她也被分割在阳具享乐和另一种享乐之间，阳具享乐在主体的辖域内是同质的，另

---

[1] 这个术语来自尤吉尼·雷蒙恩（Gennie Lemoine）的一本书，即《女人的分割》（*Partage des femmes*）。

一种享乐则不然。如果一个文明的原则是掌控冲动，以使它们同质化，直至它们相容并且能够共存，那么，说每个女人身上发生的事情就是文明中所发生的事情，会太过头了？在这个意义上说，整个社会就是一个将大他者固定起来的企业。然而，对女人来说，特别是对每一个女人来说，在她作为主体和她作为大他者之间的斗争是在内部上演的，问题总是在于要知道天平会向哪一边倾斜。

在今天的话语配置中，可以肯定的是，现代女人远不是那些梦想着在神圣大他者中自我废除的神秘主义者，而是渗透在所有思想中的平等主义意识形态的信女。因此，所谓的"大男子主义者"（machos）被迫伪装自己，咽下他们的那些讽刺言论。无论如何，今日的女人显然是契约意识的追随者，是平等主义的信徒，而且这不仅仅是在社会生活的层面上。她们走得更远：是她们，女人，而不是男人，声称要强加一份契约，性契约——如果我可以说性契约的话，这有些讽刺地回应了亲爱的让-雅克·卢梭。这方面的证据就是我刚才提到的各种关于性骚扰的诉讼。辩护的核心围绕的是相互同意。于是我们就看到了那些典型的美国式荒唐：一个淑女，一个年轻的女孩，她接受邀请去参加一个派对，她接受了上楼去房间里，她也接受了某些靠近她的举动，然后在最后一刻，她声称要收回她可爱的、自由给予的同意。显而易见，这一幕没有考虑到冲动问题。那么好吧，接下来就是大家法庭上见。

正如我前面提到的，问题在于，不仅不可能和冲动立契约，而且尤其是，不可能和大他者立契约。根据定义，大他者在契约之外。也许有人会说，这正是认为女人是有欺骗性的（这种说法已经是众所周知的老生常谈了）另一个理由，因为除了话语判定给她的阳具性乔装的诱惑，她不可能得到任何保证以确保她是大他者。但是，如果没有话语本身及其屏幕功能所特有的诡计，这将是不算数的。从精神分析的视角来看，相反的评价也是可信的。

我们知道，在 20 世纪 70 年代，拉康进一步给予了女人赞誉，我愿意说这种赞誉是额外的。除了我更早之前提到的那一点，他还补充了另外的一点：她们跟实在的关系比男人的更近。在这里，实在是有双重含义的：一是书写性关系是不可能的；二是一种不被语言大他者加密的享乐之外-在是不可能的。

正是由于这种实在，那些渴望享乐的性的申诉者实际上变成了爱的渴求者。试图给这种实在一个伴侣，一个人类的或神化的伴侣，这完全是另外一回事。以某种方式把不带有大他者的享乐的实在献给这样一个伴侣，到最后代价就是使自己成为症状。为了弗洛伊德，我们可以说这个隐喻是一种升华，而且或许是最好的一种。这种升华的社会意义确实是显而易见的，因为它将过于实在的享乐和一个选中的纽带绑在了一起。只要社会关系处于危险之中，它难道不就是对抗隔离式碎裂的最后手段吗？至少它是对抗集体化大一的各种欺骗的最后手段……

第六部分
诅 咒

第十四章　不疯狂的爱

　　　　所有的爱都是由两种无意识知识之间的某种关系所支撑的。 ①

——拉康

男性措辞 / 诅咒（**Malé-diction**）②

　　跟随拉康的足迹，人们乐于重复说，精神分析承诺给爱的领域带来新的东西。现在仍然有必要说明那是什么，因为一个世纪以来，对"性诅咒"③ 的证明从未停止。自弗洛伊德以来，精神分析从未停止声称要详细阐述关于"爱情生活"（la vie amoureuse）的知识，而且他的分析者所说的确实给了他一些关于这些问题的独特洞见，且这些洞见是被其他话语所拒绝的。如我们所知，此信息并不乐观：弗洛伊德的轨迹使他从那个时代的"神经"症状，去到确认每个人的不满以及两性之间无法化约的不和谐。

---

① 拉康，《再来一次》，第 131 页。
② 一个文字游戏，用连字符拆分了 malédiction（即诅咒、咒骂、不幸）。——译者注
③ 拉康，《电视》，第 50 页。

　　这里所说的诅咒不是来自别的上帝，而是来自无意识本身，因为它是语言，它只想要并且只能知道那个一（le un）的某些事情，而不管后者是否有差别。结果，对于性的大他者，它说得很糟（il dit mal），甚至一点也没说——从这一点到把性的大他者说得很坏（dire du mal）只有一步之遥。爱渴望二，以在伴侣之间铭刻融合或溢出的关系，但无意识判处主体与大写的性分离。在男人和女人之间有一堵墙，如拉康所说，是语言之墙，它锻造了它的"amur"①，以标出女人呈现自身的那个僵局。

　　到了 20 世纪，我们一直凭直觉得到的东西才得以用一种方法表述出来，这并非偶然。如果大写的人（l'Homme）是由语言构成的，并因此是一个"言在"，那么他也是由拉康称之为话语的另一个言说居所构成的：这是一个由道德，如人们常说的"习惯和风俗"所规范的组织，为每个历史群体提供了一种被允许的——即可能的——享乐管制，并适合于确保社会纽带稳定且好受的构造。对于存在和性的不幸，除了这些话语之外，没有别的补救办法了。这个补救办法本身就相当笨拙，因为如果话语如同诸多社会历史表明的那样，是复数的，那么单数的大写之人以及宣称的普遍性，就必须遭受捶打；然而，这不是我今天要问的问题。

　　无论如何，当弗洛伊德认为他可以把无法化约的"不满"这一僵局归咎于现代资本主义这种极度牺牲的文明之声时，他并没有错。我们知道，在几个世纪的进程中，其他文化通过发明爱的

――――――

① amur 与法语中的 amour（"爱"）同音，是一个双关语，凝缩了 amour（爱）和 mur（墙）两个单词。——译者注

配置，或者相反，发明一些分离做法，做到了缓解这种僵局，掩盖了性的结构困境；在这个主题上，拉康召唤了道（Tao）。然而，我们不再有机会获得这些解决方案，除非是通过被学识所扭曲的方式，而这是完全无法赋予它们生命的。毫无疑问，精神分析只是揭示了科学文明允许它发现的东西；这种文明是由自由市场资本主义全球化所规定的，而且几乎已经完成了。可以肯定的是，分析性话语的存在以及它所发现的启示，在很大程度上归功于这种"接合"（conjoncture）。现在，弗洛伊德学说已经走过了一个世纪，我们必须问它对我们所见证的现象有过什么影响。在这个地方，对我们这个时代提供的东西进行最新的诊断也是必要的。

爱的形象

我之所以说"爱的形象"，是因为爱在象征和想象之间通过话语创造了它自身，并设置了一些将我们捕获的假相。其历史形式是艺术的产物，是被各种升华，尤其是宗教与文学培育出的。从一个文明到另一个文明，从一个世纪到另一个世纪，我们可以追踪它们的不断变化和调整，就像丹尼斯·德·鲁日蒙为西方所做的那样。① 他所描述的东西，如今留存下来的很少，甚至是一点都没有了——也许，只剩下仍然盛行的怀旧。一个时代的科学最终推翻了所有传统假相——包括大写父亲的假相和大写女人的假相——那么这个时代

———————

① de ROUGEMONT Denis, *L'amour et l'Occident*, 1938, éd. remaniée 1956, Plon, 1972, dernier tirage 1995, coll.10/18.

又如何能够成为一个新的爱情时代呢？

因为科学的主体，按照拉康的理解，出现在 17 世纪，所以我将从那个时期出发。爱，正如它在法国宫廷——那里的人们毫不怀疑自己体现了文明人的普遍形式——的古典舞台展现的那样，可以作为一个比较术语；它也可以作为一个对比模型，也许还标志着一个世界的终结。

荣 耀

弗朗索瓦·勒尼奥在《出奇的教义》[1]中的精妙分析将作为我的引导。首先，我要谈一下他论荣耀的章节，这是高乃依 [2] 和拉辛笔下的英雄所谈论的荣耀，而且，他们将自己的存在等同于这种荣耀。爱的意指与不同形式的政治在此结合。个人的命运以及大众的命运，感情的亲密以及社会的成员身份在此统合，从而塑造了一个没有另一个就永不输或赢的经典英雄，因为这样一个剧场使他们"等价"。

> 有一个主体性的结，一个主体与一个女人（或一个女人与一个男人）打结在一起，同时也与他在此世或来世将要切割或留下的形象打结在一起。这意味着如果一个男人或女人没有被爱，那么其存在就无法实现。

---

[1] François Regnault, *La doctrine inouïe*, Hatier, 1996, p. 58.
[2] 即皮埃尔·高乃依（Pierre Corneille），法国古典主义悲剧的奠基人，与莫里哀（Moliére）和拉辛（Racine）一并被称为法国古典戏剧三杰。——译者注

这就是那铸造了此戏剧所有悲剧原动力的主要意指，此意指赋予了英雄一种罕见的统一，且不受分裂的替代物的影响，也不受现代的虚荣的影响，因为爱的权利、自恋的权利以及集体的权利在这里和谐地结合在了一起。

承 认

第二个显著的特征强化了这种效果：爱，离不开承认。它总是被宣告，甚至被结束。这不是一种被巴洛克戏剧换喻性地激起的、被暗示的爱，也不是 17 世纪的女雅士总是通过增加新的迂回而推迟的爱，而是被承认的爱——在总是被逃避的结论时刻，其宣告"确定了不可判定的爱"。我认为这是一个主要的特点，即为这部戏剧引入了一种远比著名的"三一律"① 更为重要的统一。这种统一通过盛行的荣耀概念将此话语结扣（capitonnage）在一起，在这一概念中，爱若、自我肯定和社会成员的共同满足汇聚并打结在一起，成为"意义享乐"（joui-sens）② 这一个单结（un seul nœud）。

结扣点

结扣点，即能指与所指被打结在一起的点，拉康发明这个概念时，以及因此在把那让它们联接在一起的满足添加上去之前，就在这个同样的古典戏剧中寻求他的第一个例证，这不是偶然的——他

---

① 由亚里士多德的戏剧理论发展而来，即戏剧行动、时间、地点的分别统一。——译者注
② joui-sens，即对意义的享乐，由 jouissance（享乐）和 sens（意义）合成的词，发音与 jouissance 相似。——译者注

回到了拉辛的《阿塔莉》①的第一幕，回到了那个能指，即"敬畏上帝"（crainte de Dieu）。奇怪的是，笛卡儿在其"我思"思想出现的多年以前，就把这个能指放在了他的一本名为"序言"（Préambules）的手稿②的开头。拉康知道这篇文章，因为他引用了它，但由于他记错了，他将其归于给贝克曼的一封信。这意味着又回到了例外的能指，例外的能指决定了话语的所有结扣，而那正是笛卡儿剥离出来的纯粹科学主体所要破坏的。

分 离

我们知道我们在多大程度上丧失了"荣耀"这个结。早在我们这个世纪之前，它就已经是这样了，19世纪的浪漫主义戏剧已经证明了这一点。爱和政治都在其中，但又是脱节的（disjoints）；它们并没有打结在一起，而是仅仅以交替的情节突变（péripéties alternantes）来编织，无论失败还是成功。如果它们有时联结在一起，那是一个幸运且相当短暂的偶然结果，而不是相互影响的结果。想想罗朗札齐奥（Lorenzaccio）、埃尔纳尼（Hernani）以及查特顿（Chatterton），他们都说明了同样的分裂，个人目标和公众目标同样的分离——我们可以说是爱和野心的分离。弗洛伊德在这个世纪末登场时，显然继承了这种分离，在陈述神经症失败的两极——即爱与工作——时，他自己也采用了这种分离。同样的分裂可以在当今分析者的言词中找到，她/他哀叹自己在其中一个或另一个方面以

---

① Athalie，人名，源自希伯来语，意思是上帝是伟大的。——译者注
② Le titre complet en latinétait: *Præmbula. Initium sapientiæ timor domini.*

失败而告终，以及有时在两个方面都以失败而告终！

爱的"崇高事迹"及社会新闻

有人会反对说，我们不能把戏剧和现实相提并论，更不能把戏剧的成功和现实的失败相提并论吗？然而为什么不能呢？既然戏剧和现实都是话语的产物，都证实了话语所产生的事实。当然，人们不会就实在发表相同的言论，然而任何与爱相关之物在舞台上演出得如此之多，以至于无论它包含什么实在都是有问题的。这正是拉康在《电视》中的论点。展示爱的"崇高事迹"的舞台是如此（充满）幻想，以至于人们不需要精神分析家，就会怀疑人生是否并非一场梦。拉康补充说，除了人的谋杀这一事实之外，没有什么能向我们保证这一点！我把这句话转译为，从爱的崇高事迹到今天所谓的激情犯罪的社会新闻，有且仅有一步，或许这是最接近实在的一步。没有什么比这更能让爱可信的了！至死不渝的爱并非一个现代主题：特里斯坦和伊索尔德，这对传奇情侣被铭刻在西方的无意识中（又是丹尼斯·德·鲁日蒙），他们已经标记了一个不可能之处。只是，这里说到的死亡如今已从神话走进社会新闻，瞧，这可真是一个翻天覆地的变化！这变化难道不是从第一种情况下对话语必要性的一瞥，到第二种情况下仅仅是个骇人的偶然性吗？

在此，19世纪又一次证明了这点，因为小说的灵感恰好来自一些新闻事件；而且，它毋庸置疑地从激情之毒中汲取了一些东西，并将其作为现实的标志。我们知道，就《红与黑》（*Le rouge et le noir*）而言，朱利安·索雷尔（Julien Sorel）的罪行在两宗血案中有着预兆：一名神学院学生在1828年被送上断头台，以及一名不忠的情妇遭到谋杀。此外，同时代的人对这一打击留下了印记，而毫无疑问，这是一个对好品味的打击，梅里美（Mérimée）对此发表了评论："心灵的伤口太肮脏了，不可未加遮蔽地显露出来。"他们更喜欢《帕尔马修道院》（*Chartreuse de Parme*），它无疑是更具有古典美的（apollinienne）——或者用今天的话来说，它更温和。同样，将成为典范的包法利夫人（Madame Bovary），在编年史上要早于一个叫戴尔芬·德拉玛尔（Delphine Delamare）的人。

预　期

在这里，我要提到司汤达（Stendhal）和福楼拜（Flaubert），他们是话语发展的两个标志人物。

司汤达所写的著作《论爱》（*De l'amour*）并非激情小说，他在书里为维特（Werther）辩护——维特作为唐璜这个占有型的人的反面，是一个会爱的人——因此，我们可以通过预期读到弗洛伊德所研究的爱情生活中的症状性贬低；对此，司汤达仅仅增添了一种高度浪漫的情感颂扬。

在我看来，福楼拜还引入了别的东西，而且在他的《情感教育》（*L'éducation sentimentale*）中做得更加微妙。他笔下的弗雷德里克·莫罗（Frédéric Moreau）不再是激情英雄，也不是 20 世纪的可悲英雄，他不再抱有幻想。他有鲜活的情感，有敏锐性，甚至有细腻的情绪，但没有确定的欲望。他懦弱，优柔寡断，从不做出结论或决定，听任环境、相遇或事件偶然性左右自己，在爱情中和在政治中都是这样。然而到最后，一旦他接受了情感教育，且当他失去了他所有的偶像时——爱的偶像和意义的偶像——这个永远摇摆不定的人却对一件事得出了结论：在他最后的言辞中，他告诉了我们他一生中最值当的是什么。当再次见到他的老朋友德斯劳里耶斯（Deslauriers）——那位已然主动放弃了自己的政治希望的人，他们回忆他们的朋友，总结他们的生活，谈论他们学生时代的记忆。他们回想起记忆深刻的那天，当时他们想去一所妓院看看，并提到弗雷德里克是如何落荒而逃的；他听到妓女的笑声，瞧见她们聚在一起，他被吓到了，这一切引起了一场骚乱……在温暖的回忆中，他得出一个结论："那是我们度过的最好时光！"[①] 德斯劳里耶斯，这位失败的政治家表示了赞同，但又有些犹豫，因此不免扬起了眉毛，用了一个疑问词"也许吧"："是的，也许吧。那是我们度过的最好时光！"

这就是怀旧：选择梦而不是生活，选择过去的希望而不是已获得的经历和醒悟的愉快。这样的选择是需要解释的。这最终难道不是一种承认吗？即在经历了爱与生活中的所有失望之后，在他们的记忆中依然闪耀的是他们作为男孩群体中的一员度过的那段时光，那也是他们与女人相遇之前的时光。他们那失败的妓院之旅提醒了我们这个事实，以防我们忘记它。因此，当人们听到那覆盖着整部小说的发自内心的哭喊时——这一哭喊让享乐不再可数——正是同性恋力比多给了我们打开结论的钥匙。[②] 当时是 1863 年，距离弗洛伊德的时代已经不远了！

---

① FLAUBERT Gustave, *L'éducation sentimentale*, éd. Gallimard, coll. de la Pléiade, 1952, p.457.

② 回顾一下《狂人回忆》(*Mémoires d'un fou*) ——这是福楼拜十五岁时写的，早《情感教育》大约三十年——我们就能看到一段与爱情不幸相当的同性恋，因为他提到了其升华形式，与论女人的各种言论相关。FLAUBERT Gustave, *L'éducation sentimentale*, éd. Gallimard, coll. de la Pléiade, 1952, p.466。

迷 途

我将继续停留在戏剧或文学领域，以便确定什么是我们这个世纪所特有的。我们知道我们这个时代把完全不同的东西搬上了舞台：愚比（les Ubu）①，洛根丁（les Roquentin）②，戈多（les Godot），来自悲惨或怪诞日记中的各种失眠症患者，总是不安，迷失且可笑，没有任何计划或未来，处于社会纽带之外。对他们来说，甚至没有任何选替：既不是爱，也不是野心，也不是荣耀，甚至也不是虚荣，或许绝望冷漠的新自恋是例外。无常的英雄数着他们的时日，停滞在一种惰性的、非意指性（a-signifiante）的时间性中，并未意识到仓促／加速（la hâte）的功能以及结论时刻。此处没有什么能够结扣话语。这一切的逻辑结果是，在这同一个世纪，所谓的"先锋派"文学更多的是玩弄字母而不是意义。或者，通过攻击标点而使意指漂流，乃至用阿波利奈尔③来抑制它，而阿波利奈尔的确要比马拉美④晚一些；或者，在超现实主义文学那里，它玩弄语言的自动性，且与作者的意图背道而驰；最后，在乔伊斯那里，它培育出了一个

---

① 作者在这里指的可能是法国著名戏剧家阿尔弗雷德·雅里（Alfred Jarry）的愚比剧本，比如《愚比王》《愚比龟》《愚比囚》。愚比戏剧被称为戏剧史上最令人摸不着头脑的作品。——译者注

② 安东纳·洛根丁是萨特（Sartre）第一部存在主义小说《恶心》（*La nausée*）的主人公，他是一个孤独的、神经质的青年知识分子，对周围的人和事物充满"恶心"的感觉，通过日记记录自己对周围事物的感受，探寻恶心的原因，发现人和物都是一个偶然的、不必要的存在物，并且事物的存在都没有目的，没有意义。——译者注

③ 即 Guillaume Apollinaire（1880—1918），法国诗人，剧作家，艺术评论家，被认为是超现实主义先驱之一。——译者注

④ 即 Stéphane Mallarmé（1842—1898），法国诗人，文学评论家，象征主义诗歌代表人物之一。——译者注

非语义之谜（l'énigme asémantique）。

人们会说所有这些人物都是后现代的。的确，那时，我们还有克洛岱尔，一个伟大的人物，但他的时代更早，他仿佛在这个世纪之外——因此是注定要失败的。我没有忘记布莱希特（Brecht），他也是一个伟人，他的苦难史诗在流传，但恐怕历史的进程已然将他埋葬。之后是什么呢？在哲学和道德中，我们看到了正在显现之物：在没有宗教原教旨主义的地方，我们不再知道该向哪位圣人献身，于是把希望寄托在社会共识上，并呼唤辩论-共识-契约的"三重奏"。看看哈贝马斯（Habermas）、罗尔斯（Rawls）和其他许多人吧。这一切都值得尊敬，值得我们关注，但它们与能滋养爱的激情戏剧无关！也许正相反，正如我上面所说的，在这样的戏剧中，婚姻可以找到复兴。这是有必要的，因为从现在起它只建立在爱的选择上，而这是最偶然最短暂的，所以它也同样受到偶然性和短暂性之风险的威胁。

现状（État des lieux）

我要回到我们的现实，它不利于爱的神话，因为消费者超我、假相的新地位以及那些回应了它的新的双方同意的做法，构成了对它的三重反对。

精神分裂化（Schizophrenization）

首先有拉康所说的我们享乐的"迷途"（égarement）[1]，现在由那

---

[1] 拉康，《电视》，第32页。

吞噬人们的市场律令所支配，告诉我们每个人需要什么，我们还缺少什么。两性通用的同质化（l'uniformisation unisexe）还伴随着一种增补效应，这种效应不太明显，但可能影响更大：繁荣的消费者的标准超我让我们每个人都嫁给了剩余享乐，而此剩余享乐让社会纽带短了路。这样的享乐是固着在假相上的，令我们可以从中获得快感，但又并非由相似者所调解的假相。这种自闭症式的碎裂与精神分裂症的症状有某种相似之处：它在转移之外，而且没有大他者。

矛盾在于，伴随这种现象的是一种权利话语，它想要抵消这种现象，但却通过宣扬我所说的一种抽象普遍性强化了其效果。很容易看出，这种话语想要禁止传统的城邦（la polis）命脉：隔离与种族主义。它宣扬尊重差异——有谁不同意呢？但是，一旦这种差异在大他者的享乐中坚持自身的主张，这种话语就不得不以抽象大写的人的名义来谴责它。然而实际上，抽象大写的人只有在市场层面以及匿名市场律令普遍化的层面上才能实现，这些律令命令我们以供给（offre）的形式获取享乐。

因此，毫不令人震惊的是，这种伪精神分裂化，加上我们这个世纪所提倡的在享乐权上普遍化的犬儒主义，使满足之缺失继续存在，这种缺失也是相当普遍的，而且为此我们可以再次转向精神分析。

粉碎假相（Pulvérulence des semblants）

一方面，在这个世纪的变化中，爱缺乏假相。这并不是说假相都消失了；恰恰相反。随着我们可以获取享乐的对象和形式倍增，它们无法逃脱商业限制，并且发现自身处于不稳定的和精神分裂的粉碎中，这种粉碎远未将它们统一，反而与社会纽带的日益碎裂成对。从限制级电影到时尚标准，我们继续制造标准化的梦想陷阱。例如，今日的超模只是一个形象，甚至不是一个假相，因为假相想要言说。我们可以说，她是好莱坞的"致命女人"（femme fatale），因为在她身上除了她的身材之外，没有什么是致命的——此外，这种身材往往是为男同性恋者的狂热品味量身定制的，他们的偏好有时反过来被荷尔蒙改变，以使其偏好更有市场！"致命女人"仍然是一个性的形象，是一个大他者的占位者，一个完全他者的大他者，被赋予了一种不可抗拒且可怕的神秘。模特被缩减至其表面，缩减至身体形象，几乎和千百个他者形象一样，总是可以被替代；她充其量是贪欲（la convoitise）的诱饵，有了她，大他者就消隐了。然而，这带来了一种返回效应（effets de retour），因为消费者实现的普遍性所造成的对差异的除权（la forclusion des différences）反过来支持了异端的享乐配置的出现，而与此同时，大他者则在同一模式内产生，特别是以话语之外的冲动的形式产生。

众多例子揭示了这种逻辑。例如，我们难道看不出来，就像幻想中的唐璜，他有一千零三个女人；现代连环杀手则让群众担忧，而且如今被当作稀有怪物来研究，他也计数女人，只是另有他用——一种外在于任何社会纽带的用途。去年十二月一日①，澳大利亚媒体大肆渲染一则新闻事件，认为它可以让互联网面临审判：一名女子利用互联网挑动偶然事件，她出价找人杀自己，而且确实找到了。这是一种病理吗？无疑是的。是一直存在的吗？或许吧。这种做法，作为对我们当代享乐模式的不足的一种新回应，正在被谈论，并且不断增

———————
① 即1996年12月1日。——译者注

多；因为，均一性（l'uniformité），如果它驱逐了大他者的享乐，那么也激发了大他者的享乐。我之所以提到这些罕见而极端的例子——还有更普通的例子——只是为了把爱的问题放在正确的位置上。

排除大他者

民主对话的时代并不比假相的不一致性更有利于爱。我们梦想着爱的激情，它有伟大的典范、神话中的情侣、历史上的吟游诗人；但我们难道没有看到吗，被大肆渲染的联结和任何契约都没关系，甚至与那赋予所有主体平等权利的分配正义的民主理想都是异质的？这种正义无疑已成为我们用来维持和规约社会纽带的唯一象征手段，此社会纽带越来越因资本主义的蹂躏而受到危害，如今这是很普遍的，但蕴含着对大他者的排除。在契约之中，尽管有着不一致，但相同的人说相同的话。实言（la parole pleine）条约，著名的"你是我的妻子"本身就说明了这一点：除了看似意指的"接纳"（adoption）行为之外，说出这句话显然只是为了减少他者的异性。此大他者是否能够同意这句话就是另一回事了。至于萨克-马索克[①]的受虐狂，与所有的显象（les apparences）相比，它并没有真正对大他者性的缩减发起挑战。它当然宣称要与大他者建立一种可能的契约，但这只是假装的，因为其代价是"我请求你来请求我"，这就避免了任何诡异。真正的性倒错则是另一回事。

再一次，对于今天的男人和男人结婚、女人和女人结婚这个事

---

① 全名利奥波德·范·萨克-马索克（Leopold Ritter von Sacher-Masoch，1836. 1.27—1895.3.9），奥地利作家，以描写加西利亚生活的文章和浪漫小说在所处年代闻名。受虐狂一词即来源于他的名字。——译者注

实，又要说些什么呢？当然，这使我们注意到诅咒，注意到爱和异性恋之间的分离，这是由我们所有的无意识经验所证实的。古代的人就已认出了这一点，基督教在中世纪也容许了这一点。[1] 自此以后，它就被禁止了，但这太过分了。我们不能不为我们这个时代新的平等感到高兴，但它标志着性别的相异性的一种中和，并通过社会化的结合——即夫妻结合（le conjugo）——的契约而重新恢复。这有各种各样的表现。几星期前，美国的一份周刊——我们文明症状的信息大部分都来自它——宣布了一条来自"日出之国"[2] 的新消息：令人惊讶的"无性"（sexless）青年时代。一部以这种新的禁欲主义为题材的电视连续剧大获成功——就像硬核色情节目一样受欢迎——与此同时，家属已经向精神科医生表达了对这个问题的担忧，其中至少有一位精神科医生和他们一样，对这些平静且冷漠的年轻人感到惊讶：他们的平静冷漠针对的不是女人的陪伴，而是性。人们非常强调他们很年轻，以表明这不是一个由于年龄而导致倦怠的问题。我们也补充一句，在把世界划分为"拥有者"（les have）和"非拥有者"（les have-not）的时候，那些没有放弃"感官帝国"（l'empire des sens）的第一种人，注定要精益求精地运用爱若的想象力，以维持其魅力。

我在这里不是在讨论这些描述有多准确，但我假设其中有一部分是正确的，因为这种分裂与结构太紧密了，不可能仅仅只是新闻捏造的。对于那些读过弗洛伊德的人来说，这样的分裂确实会唤起

---

[1] Cf. l'ouvrage récemment traduit de John BOSWELL, *Les unions du même sexe,* éd. Fayard, 1997.

[2] 即日本。——译者注

一些东西，它们就如已经实现的贬低，通过分裂进入了实在界。我们不知道是什么样的主体性力量驱使着这些平静且无性的年轻人，他们显然没有为任何黑暗之神牺牲什么，他们可能只是因为"不是这个"（ça n'est pas ça）——这是阳具享乐的特征——的感觉而灰心。然而，它们使大写的性的力量短了路，这标志着对大他者的一种特别狂热的消除开始了，因为这种消除是在性化对子本身——我们可以想象此对子不太可能被缩减为两性通用对子的当代主宰——的堡垒上运作的。

重要的是，他们并没有就此制作一个症状——这就是被强调的——尤其是没有制作关于他们属于哪个性的问题。他们是"无性的"，但不是"无性别的"（genderless）。既非同性恋，亦非异性恋，他们为我们指明了上面讨论过的裂缝，裂缝的一边是归属一个性，另一边是选择一个伴侣。他们也不是"无家的"（homeless）！这是完全将爱缩减为"友爱"了。这也许并不坏，但谁会把"家"（le home）和与大他者相遇引发的狂风暴雨——无论是焦虑还是喜悦——混为一谈呢？

确实存在的大他者

也许仍有必要澄清，是什么使我们与拉康一道谈论大写的他者，就仿佛它是存在的，而至少两个世纪以来，整个西方世界都在哀叹它的终结。使我们能够这么做的是，结构被具身化了。"非全"当然禁止任何普遍性的预期，因为在处理倍数（multiple）时，它只制作出一个级数（série），因为缺少一个例外将其构建为一个集合；然而，它栖居于女性性所掩藏的大他者享乐中，这是一种确实存在的享乐，甚至使其自身以实在的方式外-在于边缘。至少，这是《再来一次》的论点，并且在《冒失鬼说》中亦有所呈现。这就是为什么拉康不仅能说女人是大他者，并且也能说她们是实在的。因为一般说来，每当一种冲动让自身被强加在话语所限定的界限和形式之外时，大他者便存在了。因此，我们必须认识到，"大他者不存在"这个表达式的含义是，每个人，特别是"他者们"（les autres），都可以存在。如果不再有一个大他者，那么，就我们每个人都能表现出被除权的享乐而言，我们都是大他者。因此，人们的担忧与不安正变得越来越普遍。如果没有大写的他者，那么言在在其至关重要的选择中，除了其享乐特有的"虚构固着"（fixion）①之外，就没有别的罗盘来指引他自身的方向；这种虚构固着本身就是作为每个决定和评估的隐藏原则而运作的。我们可以通过幻想的虚构来接近这种固着，并且可以像拉康在《冒失鬼说》中那样说："判断，直到最后，都只是幻想。"相反，我们也可以称之为"症状"，并且可以说每个人都是通过它而存在的，因为症状是最实在的。大他者的形态是多样的，但就大写的性之大他者而言，如今的问题是要知道它如何能被安置于当前的话语中，以及爱是否仍然有利于为其提供庇护。

爱的功能

我在上面提到过拉康用来指称女性的表达："性的申诉者"。从现在起，这声音如何能让其自身被听到呢？女性主义若只能反映前

---

① fixion，由 fixation（固着）和 fiction（虚构）组合而成。——译者注

面提到的问题，就不能具体体现这个声音，因为它被分裂在主张相同者（les mêmes）的平等或不可估量的女性性——而这被设定为虚构——之间。如果我们认为这种声音永远不会在爱——几乎是其最自然的位置——中被听到，那我们可能会担心我前面提到的，许多女人在分析中证实的事情：一旦征服的狂喜过去，"欲望的持有者"就会逃避女人的申诉。是的，他们会引诱女人，而且当然，还会展示他们的情妇，但是，他们从不过于靠近大他者。

在这方面，有必要再次检查女性对爱的要求所具有的社会重要性，因为其特殊性并没有被不断推进的两性通用或契约平等主义所消除。拉康的建议，如我读到的那样，指向的是确认其不可化约为相同者以及其在社会纽带中的积极功能。我们谈论爱，但是，只有单数 / 特异的爱（un amour singulier）——或者更确切地说，有一些爱（amours）。爱有很多种类型。

在这一点上，弗洛伊德用他著名的文本《群体心理学与自我的分析》（"Psychologie collective et analyse du moi"）开辟了道路。当然，他在这篇文章中讨论了一种社会化的爱，但它不是情侣的爱，更不是（对）女人的爱，尽管弗洛伊德把对领袖的爱、催眠以及转移之爱放在一个系列中。这就是群体紧密性的基础，这意味着盲目而幼稚地服从于父亲对象（père-objet）之替代者的位置。

弗洛伊德的图式很简单：他把爱当作群体的基础，因为爱呼唤一种自我理想，一个主人能指，通过成为那些组成群体的不同自我所共有的东西，这个自我理想使这些自我彼此认同，并构成一个集合。拉康在《评丹尼尔·拉加什的报告》第 677 页中明确地引用了这个群体图式：

弗洛伊德向我们展示了一个对象如何被缩减至其最愚蠢的现实，却又被一定数量的主体用作公分母——这确认了我们所说的它作为一个徽章（insigne）的功能——它能够加速对理想自我的认同，达到这种"灾难/领袖的愚蠢力量"（pouvoir débile de méchef）的程度，它从根本上揭示了自己的存在。为了使这个问题的重要性被听到，我们必须回顾元首（Führer）[①] 的形象以及那使这篇文章具有洞察文明核心之意义的集体现象吗？

此"灾难/领袖的愚蠢力量"是一个很好的表达，用以指明我们还没有充分强调的东西：总是很愚蠢的能指与一个对象愚蠢的偶然性的接合。

我们可以区分此结构的层次。从领袖到其追随者，理想特征，"单一特征"（trait unaire，简称 TU），建立了一种可以称为垂直的纽带，它不是一种等同纽带，而是一种差异纽带。另一方面，在群体成员中，TU 建立了一种相互的、水平的认同，创造了一种联合：

此联合（union），它甚至应该写作两个单词加一个连字符，即uni-on，因为它正是所有的人（tout les on）组成的群体能够"一致"（unisson）的条件，这些人是"完全同类的"（tous pareils），有一

致性的大众。事实上，这并没有使他们成为一个统一体（l'unien），恰恰相反，这就是"孤独群体"这一伟大主题的含义。这种联合恰恰体现在制服（l'uniforme）上。语言系统很合适，因为正是制服——作为衣服，在可见的意义上，在罩子的意义上——呈现出了自我的同质化（l'homogénéisation des mois），使得他们千篇一律（uniformité）。弗洛伊德曾指出，在一个群体中，认同的力量非常强大，乃至可以抹去性差异。在我们这个时代，科学和大众技术蓬勃发展的时代，两性通用在服装上的出现并非偶然。

对"大一"的爱会制造相同，弗洛伊德明确把这种爱与女人的爱对立起来。因此，他所指的女性无社会性（l'asocialité féminine）只不过是他所认为的女人对群体心理学（massenpsychology）的抵抗。如果是这样，今天谁会说她们应该为此受到责备呢？在精神分析中，我们不要忘了我们一直在重复的东西：阳具的全并没有耗尽主人能指的有效性（参见与"使用"父亲有关的讨论），它也不是社会纽带的理想。这个世纪不是为此付出了巨大的代价吗？

在女人这边，一个不受约束的大他者所具有的风险——人们有时以此来吓唬自己——并不是顽固的厌女症想要吓唬我们的唯一选替。仍有一种更常见的选择，那就是单数/特异的爱，这种爱愿意做出任何让步，而且在这种爱中一种界限得以具象化；这种爱从同样是单数/特异的伴侣所建立的纽带中获得享乐，它使我们可以像拉康那样得出结论：人们乐于说"完全疯了"（toutes folles）的女人"并非完全疯了/一点也不疯"（pas folles du tout）。①

---

① 再次参阅《电视》。

20 世纪大规模的极权主义失败并不意味着这些结论失去了有效性。理想的统一的大一（l'Un idéal unificateur），其缺陷也许会改变群体普遍化的社会性质，但是，标准化享乐的同质化及共存并没有因此失去其力量；相反，它们现在得到了强烈的市场律令的支持，而这种律令已经取代了主人律令。因此，"非全"虽以一种意想不到的方式获得了胜利，却没有给社会纽带的爱若斯带来任何好处，而差异也未从中获益，那么，对于那些想要与众不同的人来说，还剩下什么呢？表现，英雄业绩，履历，所有这些现在在各个领域被商业化，从体育、艺术到政治。也许，冲动有未开化的状态。我们怎能忽视那些走向极端的人在人道主义理想的反面所激发的令人震惊的迷恋呢？大屠杀后的一个世纪继续发生的具有时代标志性的集体暴行，比如带着手簿的连环杀手、新的恐怖主义等，给了我们一个新视角去看待所谓的"激情"犯罪——这些犯罪看起来几乎是微不足道的。

计 算

我们可以看到精神分析在这里扮演了多么引人注目的角色，因为精神分析建立了一种一对一的纽带，"转移"之爱在其中起着至关重要的作用。1973 年，拉康在《电视》中所谈论的一种新的爱，并不如人们所想象的那样，是一个必须被延宕到终点——如果不是历史的终点，至少也是分析的终点——的承诺。它本来就在那里，只是其形式是如此出乎意料，以至于我们几乎察觉不到其"颠覆"[1]，

---

[1] 拉康，《德文版〈著作集〉的导言》，载于《即是 5》（Scilicet 5），巴黎：瑟伊出版社，1975 年，第 16 页。

因为在转移中，爱"是发送给知识的"①——人们期望它产出一种知识，但不是随便什么知识，因为这关乎的是一个展示一种在经验中特有的实在的问题。这确实是史无前例、闻所未闻的。因为爱之谜在这里不像在其他地方那样被隐藏。并不是说精神分析必须传递什么信息，无论是支持的还是反对的，而是说它必须要"计算"（faire le compte）。

爱的无能

分析经验证明了性僵局，从而似乎大大削弱了爱的力量。有时，它甚至像公诉人，把爱的幻景送上审判台；它揭示了爱是虚幻的，是撒谎的，是欺骗的。爱是虚幻的，因为爱没有兑现其诺言，把"那些光靠性不足以成为伴侣的人"②结合在一起，结果让享乐是虚假的；爱是撒谎的，因为爱是自恋的，以爱他者作为幌子，隐藏的是爱自己；最后，爱是欺骗的，因为爱以他者的善为幌子，只想要自己的善。总之，爱与恨是双胞胎。弗洛伊德已经列举了对精神病来说的"我不爱他"这句话的诸多形式。③拉康概括了这种"爱恨交织之恋"，然而，这些仍然只是真理，是在痛苦中享乐的真理，因此只会使（性）诅咒加倍，而诅咒必须得到实在的证明。

没有典范的爱

我们不再有任何理想的爱，但我们还有复数的爱。在许多时代

---

① 拉康，《德文版〈著作集〉的导言》，第16页。
② 拉康，《电视》，第43页。
③ Cf. FREUD S., *Cinq psychanalyses*, éd. PUF, Paris, 1966, p.308.

里，大他者足够一致，用其神话来掩盖非关系之缺口；以这种方式，它能将享乐、孤独冲动的伴侣，与两个都臣服于性的存在之间的关系扭结在一起。然而，现今大他者已不再滋养这些爱的扭结——不管是古代的同性之爱，还是中世纪的典雅爱情及其在女雅士时代的变体，又或者是古典时代的辉煌之爱、荣耀之爱。一旦这些典型的过去形象丧失了，剩下的就是我们的复数的爱……没有典范。这就是我们这个世纪的特点。当代的爱已被其神话所遗弃，被化约为相遇的偶然性。从现在起，似乎只有运气能把它们编织在一起，而大他者，它存在的时候给我们提供了一个统一的标准。然而，我们对爱的爱，要胜过以往任何时候，或许也比以往任何时候都要绝望。在这个时代，当我们爱的时候，我们会平淡地说，我们有一段"关系"（relation）或"交往"（liaison），这无疑是因为我们知道这就是问题所在。

爱作为症状

精神分析在这里又撒了一把盐，而这把我带回了一个世纪以来弗洛伊德学说对爱情现象的返回效应的问题。

这个问题确认了这种没有典范的爱——我们很高兴地相信这种典范是从天上掉下来的——同时也揭示了这种爱并非没有限制，而且这些限制是非常精确的。这些都是无意识本身的约束，它们通过其自身的限制，对每个主体而言都很特异的限制，支配着相遇的偶然性。爱没有典范并不意味着爱是自由的。爱，尽管可能是偶然的，但它有症状的结构，这与其重复和强迫的特征完美吻合。

症状为主体指定了对其作为一个言在的享乐安排（les agencements

de sa jouissance），且未将其与另一个人捆绑在一起，而只是与其享乐捆绑在一起。爱是症状，成功地将这最初的关系——没有形成社会纽带，因此是自闭症式的——与有性的相似者扭结起来。因此我们来到了拉康的最终论点：一个女人是一个男人的症状。我们可以补充说，她是一种症状，因为还有其他种类。

你是我的症状，在分析结束时，这或许是最坚实的说法。这种使人瞠目的爱，不像超现实主义者疯狂的爱，拔高的既不是夫人也不是大写之人，它使自享乐（auto-jouis）的闲谈爱变得毫无生气，这也许是我们在这个时代所能期待的最好的爱。

第十五章　因为享乐

因此，我用"言在"这个表达替代了弗洛伊德的 Ics
（我们读作无意识）：从那里让开，这样我才能进来。[1]

——拉康

享乐起支配作用吗？是的，当然如此，至少是部分如此，如果它就像我将要展示的那样引起了不同的主体性效果，如果它在男人和女人方面的特征产生了反响，特别是在爱的不同临床水平上。

从结构主义来看——人们往往把结构主义方法归于拉康——此论点可能是令人惊讶的。如果我说的是能指及其前主体性组合的命令，我们就会熟悉了。我们甚至可以理所当然地认为——参考他后来的教学——欲望的主体是被对象原因支配的，用弗洛伊德的话来说，是被丧失的对象支配的。语言的阉割操作会针对每个主体特有的情况削减享乐，正是这推动了欲望的动力学。

然而，这里的问题既不涉及能指也不涉及主体，而是涉及鲜活身体的正性享乐（la jouissance positive）的影响，特别是占据着性关系领域的享乐。难道这不也决定了具体的效果吗？我在上面已经强调过，其中一个效果部分性地与认同有关。除了完全的或非全的阳具享乐模

---

[1]　拉康，《乔伊斯症状 II》，第 32 页。

式下的认同以外，没有其他的性别认同了，这个模式决定了能指的非实质性主体（le sujet insubstantiel），使主体成为言在，即由一种享乐指定的存在，而且在所有情况下，它都跟"能指性的存在"[1]有关。

言在的假设

这些都是《再来一次》研讨班提出的问题，它们基于拉康在最后一章中明确提出的一个假设。这里我引用如下：

> 就像牛顿一样，我不会在没有假设的情况下进入（无意识）。我的假设是，受无意识影响的个体与构成我所说的能指主体的个体是同一个个体……作为形式媒介（支撑），能指触及的，直白点说，不是能指本身所是的东西，而是一个受其影响并被造就为能指主体的他者。[2]

拉康有充分的理由称这个假设是他自己的，因为它不仅在精神分析中，且在当代文化中都是独一无二的。与对能指的参考让我们想到的相反，这个假设是与语言学方法的决裂，也是与这个世纪以来所形成的一切语言哲学的决裂：从大体上除权了无意识的逻辑实证主义的第一步，到徒劳地努力抵达实在界的语用学研究。这里提到的个体不是能指，追随亚里士多德，它被定义为身体，甚至是鲜活的身体。这种受语言影响的活生生的存在与语言-器官的假设是截

---

① 拉康，《再来一次》，第70页。
② 同前，第129页。

然不同的。正是语言作为操作者的假设改变了这个有机体，甚至以一种实在的方式使它变了性（dénature）。

换句话说，无意识被具身化，变得有血有肉，而个体则成为言在。这一假设不仅假定冲动"是身体内对这一事实的回响，即存在着一种说（un dire）"[①]，这一论点已经很古老了，因为它可以追溯到这一时期，即需要与请求之间的区分是主体之空（le vide du sujet）出现的条件：它假定无意识-语言调节着鲜活身体的享乐，后者则臣服于有性繁殖。"实在界……我想说，是言说的身体之谜，是无意识之谜。"[②] 在我们读到这个奇怪的，似乎模糊了所有二分法的句子时，我们可以衡量已经采取的步骤。在此我们与一个由诸多连续的二元对立产生的想法还相去甚远，这个假设开辟了新的发展。事实上，它标志着在一对爱人之间于享乐经济学与爱的经济学问题上的进步，并为我们在1974—1975年的《实在界、象征界、想象界》研讨班上发现的新的症状定义开辟了道路。

因此，问题就在于：各种不同的享乐——阳具享乐或增补的享乐——是如何在症状的空间中制定规定的，以及它们在主体的空间中产生了什么影响。

普遍化的症状

显然，我们要是不考虑拉康引领的精神分析对症状定义的非凡转变，就不能理解这个问题本身。如果性享乐之间没有关系——我

---

① 拉康，《乔伊斯症状》，1975年11月18日的课，第42页。
② 拉康，《再来一次》，第118页。

已经提到过普遍化的性倒错——那么，除了症状性的关系之外，主体与享乐之间也没有关系，而这种关系是在无意识-语言的基础上以一种独特的方式来安排的。这是所有人的症状，因此它与任何病理学的内涵是分离的。这并不是说，就主体的舒适——主体受其影响——或社会本身的舒适而言，一种症状和其他症状一样好。然而，症状——换言之，"身体事件"，以区别于主体事件——可以包括所有不同形式的固着，包括每个人可支配的触及享乐的各种方式，无论它们是否符合时代的特定规范。

因此拉康开始把症状重新定义为一种享乐功能。如果我们还记得在《无意识中字母的动因》中，拉康把症状变成一个隐喻——能指的一种功能，而且具有链的结构——那方向改变就是显而易见的。这个论点与症状可被解密和释放意义的特性是一致的，但事实上，我们已经可以观察到，能指本身固有的相对性——其对自身的非同一性（non-identité）——与症状的固着性并不一致，而正是这种固着性使症状区别于言语或行为中的其他无意识构形（formations de l'inconscient）：遗忘、口误、过失行为，所有这些都以短暂性为特征。因此，有必要召唤能指的一种转化（une transformation），以说明其在享乐-症状中成为什么。正是在此处，能指和字母之间的区分变得有价值。字母是唯一以等同于自身为标志的语言元素，它在链之外（hors-chaîne），因此也是无语义的；它外-在于链条中链接的能指的构成法则，于是为症状所具有的享乐功能提供了一个论据。

症状因此被重新定义为语言和享乐之间的一个结，且以被享乐的字母（une lettre jouie）为形式，被排除在"无意识构形"之外，尽管它起源于它们，并引起享乐的"虚构固着"。因此它强调了弗洛伊德从一开始就强调的东西：症状首先更像是一种获取享乐的方式，而不是言说的方式。在某种程度上，正如我过去说过的，在拉康的教学中，这样的构想是对弗洛伊德的"再次回归"（second retour）[1] 的结果，这种回归早在 1964 年的《精神分析的四个基本概念》（*Les quatre concepts fondamentaux de la psychanalyse*）中就开始了。这使他得以更新"症状学"（symptomatologie），并根据在鲜活的享乐、语言和相似者的表象之间的打结或解结的方式，推动了一种新的临床。根据实在、象征和想象之间的打结来构想，这个新的临床可以被称为波罗米（borroméenne）临床，正如我前面所做的那样。[2] 从这个点出发，我们就可以得出所有关于作为症状的父亲（le symptôme père）、女人-症状（la femme-sympôme）、乔伊斯圣状（sinthome），还有我已经用佩索阿的事例做过阐释的"心智疾病"（maladie de la mentalité）的新说法。

父亲作为症状

如果我没有弄错的话，拉康在他的教学中，第一次，也许是唯一一次，定义了一个配得上这个名字的父亲：他是一个症状。不过，说作为症状的父亲，就是在用享乐模式来定义他。我们必须承认，这一立场与拉康在教学之初所说的完全相反，那时他说亡父是"父之名"。在这方面，《实在界、象征界、想象界》研讨班 1975 年 1 月

---

[1] SOLER Colette, "Le second retour à Freud", mars 1986, Publicaciones del Círculo psicoanalítico de Galicia.

[2] SOLER Colette, "Clinique borroméenne", novembre 1996, Buenos Aires, in "Satisfacciones del síntoma", août 1997.

21 日的课值得我们特别关注，因为拉康在这里用症状的新的形式化又针对症状提出了两个新定义，这两个定义在逻辑上是并立的：它们是，作为症状的父亲和女人-症状。

拉康说，一个父亲"有权得到尊重，除了爱"——他已经用这个简单的连词"除了"来标明，爱并不一定是必需的，甚至几乎是多余的，而且，无论如何，它也不是功能的索引。在这一点上，我们有乔伊斯作为反例：他一点也不尊重他的父亲，但似乎还是爱过他。

我们继续来看：只有当父亲是"父性倒错向"（père-versement orienté）[1] 时，他才有权得到尊重。因此，这个父亲就被包括在整个人类普遍的性倒错之中。然而，他绝不能是"随便任何人"（n'importe qui），否则会受到除权的惩罚，尽管拉康说必须让"任何人都能成为例外，这样例外的功能才能成为范式"。这是最复杂的，因为"任何人"这个词有双重含义，必须被拆解。

"任何人"，也即是说，全体男人集合中的任何人都能获得此功能。他们全体都有这种可能性：（∀（x））。然而，在这全体中，只有配得上此名的父亲（因此不是所有的父亲）才是此功能的范式。因此，全体男人的集合被分为两个子集：一个子集是父亲，他们并非仅是任何人或任何男人，因为他们有父亲-症状——在此情况下，他们是否有其他症状并不重要；而另一个子集则是没有父亲-症状的。

因此，男人"普遍化的性倒错"至少有两种版本：父亲版本——即父性倒错版本（père-version paternelle），以及另一个（或

---

[1] 文字游戏，以突出副词 perversement（性倒错地）里面的 pèr（e），即父亲。——译者注

者可以说另一些）版本——可以被称为非父亲版本。这至少产生两种类型：大写父亲类型（les Pères）和其他类型。大写父亲类型，在这里当然不是指有精子的雄性（géniteurs），而是指拥有父亲–症状，这就是为什么我用大写的 Pères。至于其他类型，它们同样是父性倒错的（père-vers），但它们是通过其他方式，而不是通过这种在有机会的时候并不会阻碍他们成为有精子的雄性的症状。

很明显，所提出的问题是"父亲"与"男人"之间的区别——"男人"的普遍性，由"阳具大一"来定义。

对父亲的新定义，拉康是分两个阶段提出的。他先是说了一句相当怪诞的话，说大写父亲（le Père）使女人"成为引起他欲望的对象 a"。拉康如此警告我们，我们简直无法相信自己的耳朵。至少在表面上，这难道不是所有异性恋男性的定义吗，这个定义只把那些支持超越性别（hors sexe）的独身者 [1] 伦理的人排除在其领域之外，而这些人不把女人当作对象原因？每当涉及"全体男人"（∀x. Φ（x））的普遍父性倒错／父亲版本（père-version）时，大写父亲总是位于异性恋者子集的一边。

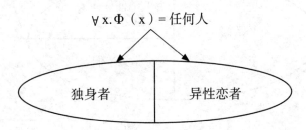

$$\forall x.\Phi（x）= 任何人$$

独身者 ｜ 异性恋者

---

[1] 我是按照拉康的意思来使用这个词的，它指的不是妻子缺位，而是各种力比多位置，在其中，一个女人并非对象。

　　然而，这并非全貌。下面将澄清这一点。拉康补充说，关于女人-原因，她仍然有必要"是他的获得的（acquise）[1]，以便给他生孩子，并且对于这些孩子，无论他愿意与否，他都要付出父性照料"。但通常情况下并非如此。

　　事实上，临床表明，选择一个女人以及让她对他自己而言是获得的——这个表达具有双重含义，她成为他的，她同意这样——这并不是每个男人都能做到的。我说的不是同性恋者（对其来说这是显而易见的），而是异性恋男人；如我们所知，对他们很多人来说，女人在一个可计数的序列中是一个接着一个的。然而，将她们中的一个区分出来作为被选中之人，把她选作他们自己的，那仍然是他们力所不能及的——我的意思是说，是超出他们的症状触及范围的。这样一来，异性恋男人集合就依次被分为大写父亲和其他人（即非大写父亲）两个子集。

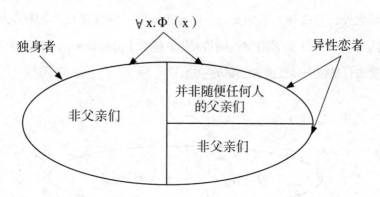

　　这表明了一个大写父亲不是"随便任何人"。他远非"随便任何人"，他是一个模范——不过，是父亲功能的模范。这种模范

---

[1]　这个词有生物学和医学含义，分别指的是获得性的和后天性疾病。——译者注

并不常见，也不要求他成为模范父亲——远非如此。"正常"（la normalité）并不能定义他；他自身的症状，就像他的能力、他的才华，或者他身上任何可以作为典范的东西，都不太重要。他的功能和对他的理想属性的考虑无关，这是拉康从一开始就取笑过的，他讽刺那些"在暴怒的父亲、随和的父亲、全能的父亲……居家的父亲和寻欢的父亲等之间"[①]对父性无能的研究。这样的研究在父亲现象学中误入歧途，这种现象学或多或少还是规范的。问题并非他是平庸还是杰出；大写父亲本身只是一个功能模范，而且，就这个功能而言，它没有程度之别，也没有多少之分：它要么被满足，要么没有。

对父亲身份的欲望?

大写父亲不仅仅是一个大写之名（un Nom），而是关乎欲望，他处在男性欲望之因的某种模式之中时就被悬置了。父性隐喻使母亲的欲望成为大写之名发挥作用的前提和必要中介。有了这些新的构想，我们离《论精神病一切可能疗法的一个先决问题》的论点已经很远了，尽管我们已经在这篇文章中发现了一个关于父性主体性（la subjectivité paternelle）的谨慎而零碎的评论。从一个相反却又并非矛盾的观点来看，在这里，我们把功能的支撑（le support de la fonction）放在了作为主体的，或者更贴切地说，作为言在的，大一父亲（Un père）一侧，这样其症状公式就可以被表述为：使他的妻子，或那个被选中的女人，成为一个母亲。

————————

① 拉康，《论精神病一切可能疗法的一个先决问题》，第 578 页。

我们看到，这并不是什么普通的男性欲望，因为许多男人，他们在性面前甚至在被选中的女人面前都不会退缩，然而，众所周知的是，面对生命传递，他们则退缩了。相反，他们保持着这样的公式：一个女人，可以；一个母亲，不行。

使自己的女人成为一个母亲，这要区别于男人这边更普遍有用的情况：也就是说，"大写的母亲一直污染着女人"①。其结果是弗洛伊德所觉察到的：对一个男人来说，让他自己成为他女人的孩子，这个诱惑永远是开放的。这意味着，非常具体地来说，在他的日常生活中，期待来自她的母性照料，这一点会延伸到他的自恋，有时也会更广泛地延伸到爱若层面。这种男人-孩子（l'homme-enfant）的配置不仅与父性位置不同，而且给父性位置制造了障碍；正是由于这种"污染"，一个男人将会拒绝父亲身份，因为父亲身份会使他少获得妻子的一部分母性照料，从而将他置于与自己的孩子"手足相争"的位置。相反，接受自己是大写父亲就意味着分离效果，使一个男人可以把她留一点给别人——至少留给那些作为孩子的"别人"。

因此，父亲-症状为我们提供了一个例子，以说明在对一个女人的爱、有性的欲望和同意繁衍生命之间有一个打结。如果我从"是他的获得的，以便给他生孩子"这句话中所包含的目的内涵出发，也许这就不仅仅是表示同意了。这里用大白话提到了对父亲身份的欲望，它与任何教育的欲望截然不同，正如"无论他愿意与否"这句话所表明的那样，拉康通过这句话将父性照料从任

---

① 拉康，《电视》，第51页。

何教育使命中分离了出来。这个主题是拉康教学的出发点：没有什么比一个认同教师（magister）[1]的父亲更糟糕的了。人们甚至会惊讶地发现拉康写下了"父性照料"这个表达。那么，这种照料是什么呢？

最常见的是，照料被认为是母亲的固有属性。她献身于用乳汁喂养孩子，并致力于调解语言及其多样的效果，同时，她引起孩子的阉割情结，为孩子建立爱若区，她所有的关心都是她母爱的首要表现。就父亲而言，这不是简单地复制母性照料的问题。更确切地说，他要承担起象征照料的责任，连同他的在场带有的分离功能，这一功能无论如何肯定是和母亲有关的。这无外乎是大写名字的传递，而大写的名字总是至关重要的，因为它把孩子铭刻在代际链条中，铭刻在一种并非匿名的欲望中。在这一点上，临床使得我们可以清查对传递的症状性拒绝。其程度各异，但在极端情况下，我们会发现生物学上的父亲对自己的名字很吝啬。一个奇怪的悖论是，他们有时甚至愿意分担母性照料，甚至支付抚养费，但却坚决拒绝承认孩子——也就是我们说的，拒绝把孩子写入族谱。

父亲-症状并非什么普通症状。它是可以持续被称为父性功能的标准症状，条件是父性功能被重新定义，即像拉康那样根据三个一致性，即实在界、象征界及想象界构成的波罗米结来定义。在二十年前阐述的父性隐喻中[2]，"父之名"隐喻化了母亲欲望的能指，以

---

[1]　这个词指的是古罗马或中世纪的教师。——译者注
[2]　参阅《无意识中字母的动因》。

给予它一个阳具所指，从而把能指的象征界和所指的想象界扭结在一起，实在界则仍然与它们分开来。用波罗米结做的最终阐述，跟把活生生的享乐视为实在的享乐，它们是一致的，而实在本身又和另外两个一致性是分离的。

父性功能的扩大既有将两性（男-女对子）扭结在一起，将代际（父母-子女对子）扭结在一起的作用，也有将性别和代际这两组对子扭结在一起的作用；而与此同时，当代文明正愈加努力地解开它们。因此，我们看到了其在社会化中的重要性——这是拉康始终坚持不变的一个论点——而整个问题在于，要知道此症状是否在倒退，它是否能超越"父权的衰落"一直保持下去，以及是否有什么东西可以弥补其失败。很显然，对此，拉康并没有设想同性恋的育儿方式。

这个问题可以列入关于新型家庭的辩论卷宗。要公正地评价拉康论点的政治意义是不容易的。一方面，它们似乎强化了传统异性恋家庭的对子，我们可以说它们是保守的。然而在另一方面，拉康却提出了一种双重拆离：一个是在赋予我们作为男人或女人法定地位的解剖学性别和我们实际的性别认同之间，另一个是在享乐的性别认同和性伴侣的选择之间。结果，异性恋（异性性欲）和同性恋（同性性欲）似乎被平等地视为我前面所说的"普遍化的性倒错"的形象。更确切地说，在这里要提到的是自由主义，那么我们可以以什么名义对异性恋和同性恋做等级划分呢？有些人会说，以它们带来的后果的名义。然而，将他们的声音与善之神谕（l'oracle du bien）的声音混淆，这与解密无意识固有的约束毫无关系。至于无意识本身，它对于我们使用它所允许的自由一事只字未提，并且，它在伦理问题上也保持了沉默。这的确就是精神分析家不能以道德专家自居的原因。①

一个女人，症状

此论点是在重新定义父亲作为症状功能的研讨班上发表的。"我要有所行动——为了那些被阳具缠住的人，一个女人是什么呢？是一个症状。"②

两个公式之间的不对称性是巨大的：父亲有（动词"有"）父亲症状，而女人是症状（动词"是"）。正如我上面提到的，在这里起作用的是对已经用于阳具的动词（"是"和"有"）的同样玩弄。实际上，女人可以被称为男人的症状，而不仅仅是父亲的症状；这种区别证实了拉康已经断言的（与弗洛伊德相反）女人与母亲之间的分离。这种分离标志着父亲和异性恋规范之间的差距，因为后者本身并不是父性的。

1975 年，拉康开始用"症状"这个术语来重新命名所有最初被定位为对象 *a*（即欲望原因）的元素。女人也是这样，在同一期研讨班中女人作为对象 *a* 被提及，然后作为症状被提及，而分析家自身也是如此。在分析性话语的公式中，分析家使这个对象得以呈现，但拉康最终却说，分析家是一个症状。③

如果这个新的命名仅仅是为了表明对这个对象的选择只是因为

---

① 参阅伊丽莎白·卢迪内斯库（Elisabeth Roudinesco）的《无序的家庭》（*La famille en désordre*. Paris: Fayard, 2002）。
② 拉康，研讨班 XXII，《实在界、象征界、想象界》，见 *Ornicar*? n° 6, p.107。
③ 参阅《圣状》，1976 年 4 月 13 日的课。

无意识，那就没什么新鲜的了。我们将再次发现（弗洛伊德已经探索过的）对象选择的无意识条件的问题，我们只能说，因为言在缺乏任何被规划的伴侣，所以无意识就充当了一种补偿，它使自己成为爱情生活之相遇的煽动者。然而，使用"症状"这个术语，所唤起的不仅仅是重逢的对象（l'objet de la retrouvaille），更多的是爱和欲望的纽带以及享乐本身。没错，但是是哪一种享乐呢？

性伴侣之间身体对身体的享乐产生了一个问题，因为它并没有创造一种关系／相配。拉康则明确地说："没有大他者的享乐这回事。"这句话告诉我们，一个女人是一个症状。这是《再来一次》研讨班已经提出过的问题，并得出了如下结论：身体对身体的享乐——这听起来很自相矛盾——是通过无意识的享乐得以实现的。此外，它甚至可以确保主体在拿他／她的无意识享乐。如果症状是"每个人拿无意识获得享乐的方式"①，当涉及的是一个女人时，就可以得出这样的结论：她把自己的身体出借给男人，男人享乐她，而实际上是从他自己的无意识中获得享乐。相反，正是通过从无意识中享乐，他才能触及身体对身体的享乐，而这并非大他者的享乐，而是阳具的享乐。

从无意识中获得享乐

我们记得，拉康在《再来一次》第一课中断言大他者身体的享乐不是爱的符号后问道：通过大他者的身体的享乐而给出回应的东西，如果不是来自爱，又从何而来呢？然后，该研讨班继续列举

---

① 拉康，《实在界、象征界、想象界》，1975 年 2 月 18 日的课。

了一些否定性回应。它既不来自女人的性器官，也不来自第二性
征；此外，它也不来自大他者的享乐，因为享乐并非朝向大他者，
而交媾只会诱导出一个虚假终点的谬误。拉康最后回应说，身体对
身体的享乐在能指本身中有其原因，这个能指"位于享乐实质（la
substance jouissante）的水平上"①。

1973 年的这样一个新回应，是拉康于《再来一次》研讨班第
24 和 25 页中提出的，这两页应该更为人所知才对。在这两页中他
提出了能指作为原因的四种形式；后者不应被理解为享乐丧失的原
因——这是经典论点——而应被理解为身体享乐的正原因（cause
positive）。我曾经说过，假相，即诸多构成性话语的规范止于床脚；
但是，**能指性**的情况就不是这样了，它甚至统御了床第之欢，激活
了性关系的空间。能指是爱若的。

就男人而言，它也掌管着射精，掌管着身体之外的陌异享乐，
也就是阳具享乐。起作用的不是壮阳药！因为我们处在"伟哥"的
时代，同时我们可以注意到，医生坚持强调它不能弥补力比多的活
力，或者如我们所说，不能弥补能指的因果关系。这是很有趣的！
因此，我们有了关于乔伊斯的研讨班提出的那个令人瞩目的表达式：
"男人用 / 与（avec）他的无意识做爱"——avec 应该被理解为有工
具和伴侣的双重意义。因此，对女人来说，确认她们的存在处于一
种非全的享乐中，这同样是她们**能指性**的存在的问题。我将会回到
这一点上来。

用 1975 年 3 月 11 日课上的话来说，"只有能指在无意识中交

————
① 拉康，《再来一次》，第 26 页。

合，但是，以身体形成的情素性的主体（les sujets pathématiques）①
却被引导去做同样的事——他们称之为接吻 / 操（baiser）"。

这一说法是《再来一次》所提出的更新论点的结果之一。他声
称，言在，在此称其为情素性的主体——也就是说，身体，其享乐
受能指支配——只有从语言的角度来说才配对。换言之，大一享乐
之所以依附于"大他者所指的身体"（corps signifié Autre）②，只是为
了能将此身体与无意识知识的能指配对。

女人-症状首先是一种用来享乐的身体（un corps à jouir），且是
从无意识的角度享乐的，但其结果是，此大他者身体所承载的享乐，
对男人来说，只是一种对无意识的享乐（un jouir de l'inconscient）。
这也意味着，阳具大一——它是重复性的，且不停书写其自
身——即使在爱中，除了语言"同伴"（compagnie），没有其他同伴
了，在这一切结束的时候，其命运是孤独的，这不禁令人叹息。然
而，这让我们看到了症状的另一面。

爱的疯狂

如果在法语讲的爱的行动中，在拥抱大他者的身体时，男人仍
然与其无意识独处，我们就可以理解为，这指的是症状的省略号。
这三个点 ③ 写作：阳具大一，与症状的大一配对，缺失一个大他者。

————

① pathéme，指的是情感域的语义单元。这个词是由 pathos 和后缀 éme 构
成的，可类比于 phonème（音素）、mythème（神话素），乃至拉康所说的
mathème（数学型）。至于 pathos，通常指的是生活经验或者艺术作品中的一
个元素的性质，它能唤起人的同情、怜悯、悲伤。——译者注
② 拉康，《再来一次》，第 26 页。
③ 法文的省略号不同于中文的省略号，它只有三个点。——译者注

我用一个括号来表示就是：大一（Σ）...（A）。正如拉康所指出的，这些点代表了与非关系有关的很多问号：大一（Σ）...=？大一所能做的就是继续质问大他者的缺失，因为正是大他者的缺失创造了两种性别。正是在这里引入了这个维度：信赖症状。它显然与其享乐的言说居所是异质的，但却又被后者所掌控。因此，我们有了本文的标题，它涉及享乐的那些特征所产生的主体性效应。

信赖症状，甚至信赖大他者的发明，都是其中之一。拉康于《再来一次》研讨班中引入它并非偶然。"男人信创造（L'homme croit créer）——他信啊信啊信（il croit-croit-croit），他造啊造啊造（il crée-crée-crée）。他造啊造啊造出了女人。"[1] 这种拨浪鼓效应（effet crécelle）将无法逃脱各种恼怒和虚荣的回响。此主题在《实在界、象征界、想象界》中再次出现，它被概括为："构成症状的……是一个人信赖它。"[2] 换句话说，人们相信它能说出一些东西。既然"信赖"症状是任何解密的前提，那么让症状说话不正是精神分析的原则吗？

然而，当症状是另一个言在——这个言在是一个女人，一个也言说的女人——那么，除了"信赖她"（y croire）之外，也有一个转向开始了：疯狂地"相信她"（la croire）。这两者的差距就像转移和真正的轻信（crédulité）之间的差距：前者朝向潜在的知识，后者则让人臣服于大他者的文本。转移假设并寻求隐藏的能述，而轻信则屈服于明示的所述。从"信赖她"到"相信她"，其

---

① 拉康，《再来一次》，第 118 页。
② 拉康，《实在界、象征界、想象界》，第 118 页。

间的距离如同神经症和精神病之间的距离。正是这个同源的点使爱变成了一种疯狂，因为一个人就像精神病主体那样"相信她"，精神病主体，他们不仅"信赖他的声音"，也相信它们。按照拉康的说法，爱，他所称的"成年的爱"（l'amour majeur），是一种滑稽的情感（un sentiment comique），充满了"众所周知的喜剧，精神病喜剧"①。

因此，阳具大一的孤独享乐使得大他者不可及，且指挥着这种将爱推向疯狂的效果。然而，它也在享乐方面为其创造了一个限制。的确，我们知道，这种爱的疯狂在女人身上表现得淋漓尽致，而在男人身上，爱的疯狂仅仅是一带而过，犹豫不决。

不是他不爱，而是对他而言，爱可以用不着说，拉康在《不上当者犯了错 / 诸父之名》研讨班 1974 年 2 月 12 日的课上指出了这一点。爱没有说也行，因为他可以满足于他的享乐，这个表达有双重意义：此享乐不是在说中而是在无意识的离散能指中拥有其原因，这种享乐对他来说足够了；这也满足了他，使他作为男人的身份是实质性的，而不是与之对立。

男人折磨

对女人来说，情况完全不是这样的，这就是为什么拉康要寻找一种表达方式，在两性各自的伴侣之间创造一种不对称。

在男人这里，他讲了一种女人-症状，但在女人方面，他发现没有什么比折磨和痛苦——即男人-折磨（homme-ravage）——更合适

---

① 拉康，《实在界、象征界、想象界》，第 118 页。

的表达了。这两个词既包含了痛苦的折磨，也包含了毁灭性的破坏。

此外，值得一提的是，拉康再次使用了"折磨"一词。他第一次使用这个词是用来描述女儿和自己母亲的关系的。他似乎借用了弗洛伊德的论断，根据这一论断，男人继承了女儿与母亲的关系——更准确地说，是她对母亲的责备——并在母亲之后成为女儿的目标，即对阳具的追还要求。

然而，我不认为这是拉康的论点，因为折磨并不等于追还要求；折磨有时包括追还要求，但不能被化约为追还要求，而且归根结底，折磨属于另一个秩序，因为它不属于阳具的辖域。

它的真正本质只能从女性享乐的特征中去把握，因为它是后者的结果。正如拉康在 1966 年 4 月 27 日的研讨班中所说的，性高潮就像症状一样，是享乐在主体空间中的一种显现。它的价值恰恰在于它是被分裂的主体的一个消失点（un point d'évanouissement）；换句话说，这是一个从对象的因果关系中减去主体的点，以获得封闭于自身的享乐。结果是，确切地说，在性高潮享乐和主体之间存在着一种互斥：一者的在场导致了另一者的缺位。

对一个女人而言，其临床结果是，在性高潮体验最被肯定，甚至最被满足的时候，它仍然总是使主体失去稳定性。这种经验把主体从她的认同所提供的基础上，从她在那将她分裂的对象中所找到的支持上，驱逐了出去，把她绑架到了它自己身上，特别是当它碰巧是在喜悦中被体验到的时候。

这就是折磨的核心：折磨主体的是另一种享乐，在片刻的空间中强烈地将她毁灭。此隐没所产生的一些主体性效果永远不会消失。它们从最轻微的迷失到极度的焦虑，并经历各种程度的失常和逃避。

这一语境可以解释某些类型的性冷淡。此外，我们还可以了解是什么把神秘主义的提法强加给拉康的：确切地说，正如所有的文本都宣称的，除了在大他者中废除自己，废除自己作为任何造物计划的主体之外，神秘主义的志向究竟是什么呢？

在男人这边不存在这样的情况，因为阳具享乐非但不与主体的认同基础相对立，反而构成了主体的认同基础。这是千真万确的。如果一个男人遇到阳痿或勃起失败这样的不幸，他往往会想法子锻炼自己的那个器官；无论是和一个女人，或和一个男人，或是通过自慰，此种锻炼总能起到一种安慰的作用。男人也经常用这样的方法来堵住一段分析中存在的阉割效果。这就是转移中许多言行表现背后的秘密。相反，对于一个女人来说，当她被失败压倒时，最常见的办法就是诱惑，这总是阳具化的，有时也会为了拥有阳具而竞争。但是，确切地说，她很少转向性享乐，因为这会把她带回到毁灭的状态。

将爱绝对化（Absolutisation de l'amour）

另外的享乐，其主要的主体性结果——甚至超越了其情感效果——要在女人这边与爱有关的立场中寻找。我的表述如下：她的享乐让她投身于将爱绝对化的逻辑中，这个逻辑驱使她永不满足地追寻大他者。

然而，此追寻有两个面。在更明显可见的一面，在享乐的 S(Ⱥ) 拆除了认同之处，爱恢复了一种阳具性认同。从这个意义上说，当一个女人向男人要求用爱甚至是用一种独一无二的爱包裹性行为时，她实际上在请求的是要确保她是其阳具性装载（arrimage phallique）的主体。另一个不太明显的面，在我看来，则是本质性的。我在此解密的是这个表达式：废除自己，是的，但却是在大他者中废除自己。因此，女人有时会疯狂地努力把她们的男人提升到大他者的尊贵之位上，以便他们让他们自己稍稍适用于"与上帝混淆"，拉康在《再来一次》中就是这么说的。因此，这个在临床上显而易见的事实逐渐变得清晰起来：对女人来说，"爱，没有说是不行的"①，并且她们抱怨最多的就是男性的沉默，说这种沉默让她们感到"阳具性的苦恼"（aphlige/aphliction）② 都是轻描淡写。日常生活中的那些小喜剧都来自这个"阳具性的苦恼"：她抱怨道——"他什么都不对我说"，他则回应道——"但她想让我对她说什么呢？"从这个意义上说，毫无疑问她们期望这个说给予小神像式对象以实质，但更本质的是，她们渴望它填满 S（Ａ）。换句话说，她们要求一个男人愿意承担麻烦，甚至愿意不辞辛苦（我可以这么说），而不只是付出他欲望式的在场：他的诸多努力，努力稍微成为一个大他者。

因此，确切地说，在我看来，折磨与简单的阳具追还要求截然不同。它不排斥后者，它可能与后者结合，但却与后者不同。正如我已经说过的，拉康使用同样的术语"折磨"来修饰母女关系，这是值得注意的。弗洛伊德已经认识到女儿对她母亲的一连串责备，在他把这些责备全部归为"阴茎嫉羡"这一单一概念之前，这些责备在他看来非常神秘莫测。然而，在追还要求的维度之外，难道没有这样一种对母亲的央求——揭开终极秘密——吗？这个秘密不仅

---

① 研讨班《不上当者犯了错/诸父之名》，1974 年 2 月 1 日的课，未出版。
② aphlige/aphliction 这个词，经张涛先生的提醒，它出自拉康《实在界、象征界、想象界》研讨班 1975 年 3 月 11 日的课，由 affliger（使痛苦、使苦恼）和 phallus（阳具）组合而成。——译者注

是女性小神像——它总是阳具的——的秘密，也是外-在的享乐的秘密，尽管这是大他者不知道的，而且因此，女人向大他者提出诉求就是为了这个秘密。

的确，阴茎嫉羡会以折磨的形式出现。在某些女性主体中，拥有之缺失的感觉达到了顶点，产生了一种认为自己没有价值的有害确信；另外，这种确信经常因对所有阳具化人物的疯狂愤怒而加剧。因此，我们可以从这些女人身上看到，她们对对手的魅力和成功感到愤怒，就像对假设的男性享乐的便利感到愤怒一样。

这一临床领域在精神分析的文献中已被广泛探讨过，但这要归功于拉康，他用"折磨"这个术语补全了这一领域。这个词在本质上指的是另一种现象：无非是情素效果（effets pathématiques），这些效果是另外的享乐在主体那里引发的，而且被分配以及分裂在我前面提到的主体性废除和对大他者相关联的绝对化之间。

第七部分
分　析

第十六章　分离症状

　　一段精神分析达到其终点时，真的能声称有一个新主体产生了吗？这个问题关注的与其说是分析序列的终点，不如说是由此产生的主体。拉康在谈到分析引起的主体转变时，不止一次毫不犹豫地使用了一个非常强烈的词："变形 / 蜕变"（métamorphose）。而弗洛伊德，我们认为他对成功结束治疗抱有的雄心有一些减退，但他也没有回避这个问题。

　　在文章《可终止与不可终止的分析》中，他自问一段分析的可能结果是什么，并提到了主体必须经历的转变（如果我们要使用过去分词并称他 / 她是"经历过分析的"）："难道这不是我们理论的主张吗，即分析产生了一种从未在自我中自发产生的状态，这种新产生的状态构成了一个已经经历过分析的人和一个没有经历过分析的人之间的本质区别？"[①]

　　弗洛伊德和拉康两人的所述存在很大的分歧，它们有时似乎是对立的。弗洛伊德在第三节的开头还强调，他的意图是在病人那里

---

① 弗洛伊德，《可终止与不可终止的分析》（"L'analyse avec fin et l'analyse sans fin", 1937, *Résultats, idées, problèmes II*, éd. PUF, 1987），第 242 页。

"从根本上穷尽疾病的可能性"。拉康则谈到不可治愈的东西带来的产物，并以"对症状的最终认同"来表达，就人们理应归给分析的治疗效果而言，这个表达相当奇怪。然而，我们要是不把这个表达式当作阻碍我们看到森林的树木，并逐步复原它们的逻辑，那么这种分歧就会大大减少。

弗洛伊德的修正立场

1937 年，弗洛伊德发表了《可终止与不可终止的分析》，年迈多病的他知道自己将要死去。在这篇文章中，他评估了自己大约 50 年的经验，为我们提供了一份理论上的证明，其中勾勒出了未来的任务。他让过去那些折磨他的人物复活了：弗利斯（Fliess）和他的性理论，阿德勒（Adler）和他看似遭到遗忘的"男子气概抗议"。然后，尤其是费伦奇，他现存的责备——尽管这个时候，他已经去世了——涉及他自己未完成的分析。这些是弗洛伊德最后的回应，而且仍然令我们感兴趣。

弗洛伊德提出的问题与其说是关于分析的插曲、惰性，甚至其可能的绊脚石，不如说是关于其结果，关于产生一个不再患有新症状的主体的可能性或不可能性。

弗洛伊德的主要论点与他的发现的起源是一致的，这个论点便是，对冲动的压抑为它们在症状中的返回提供了条件。弗洛伊德在这里使用了两个术语：冲动作为对特定享乐的要求，以及 Ich① 作为

---

① 拉康在他对弗洛伊德文本的阅读中区分了 Ich 在其中的两个用法，即加上定冠词和不加定冠词的用法，das Ich 对应于"自我"，Ich 对应于"我"。比如弗洛伊德那句很出名的话，"Wo Es war, soll Ich werden"（它曾在之处，我必将生成）。——译者注

对这种不可调和的要求采取的防御和拒绝的原则。因此，问题在于压抑在分析中以及分析后的命运。他谈到了让不可理解的材料成为意识的，或者对其进行阐释时 ①，强调这一过程的认识论方面，即指望分析带来知识上的收获：一个"我知道"。然而，他同时提到了"修改这些旧有压抑" ② 的可能性，达到"对最初压抑过程的后续修正" ③ 的可能性，那问题就很不一样了。我们所处的轴不再是分析所揭示的东西，而是分析如何运作以及它在防御冲动的层面上——在主体的"我想"或"我不想"的所述层面上——所能带来的变化。

弗洛伊德区分了两种可能的转变：众多压抑之中，"有少数遭到了拆除"——因此，冲动得到了许可——"而其他的虽被承认，但却从更坚实的材料中得到了重新建构" ④，其结果是拒绝得到了增强。如我们所见，弗洛伊德并没有梦想着一个主体将不再防御冲动享乐之实在；顺便说一句，这样一个存在不可能被吸收进任何社会纽带。相反，他关注的是这样一种防御：在主体仍然不能接受享乐的情况下，这种防御不再导致压抑以及伴随压抑的症状之返回。

因此，精神分析对冲动的可能治疗的两个障碍被明确指出：一方面是著名的"量的因素"以及持续在场的，与可能的"本能力量"有关的威胁，另一方面是 Ich 的"防御机制中（不完全）的转变" ⑤。

弗洛伊德说，其结果是，"分析声称能通过控制本能来治疗神经

---

① 弗洛伊德，《可终止与不可终止的分析》，第 235 页。
② 同前，第 242 页。
③ 同前。
④ 同前。
⑤ 同前，第 245 页。

症，这在理论上总是正确的，但在实践中却不一定"①。这个结论成功地在以下两者之间建立了卓越的联盟：一个是概念上的要求，即断然确认其目标；另一个是实用的现实主义，关注的是经验轮廓。

在这个文本中，弗洛伊德从未设想过分析会修改冲动本身的要求。"升华"这个术语在他的作品中总是指称一个转变冲动的过程，甚至可以是一个社会化的转变，但在这篇文章中却没有出现。相反，根据这篇文章，分析所达到的修改可以说是透过压抑来处理冲动——我们会说是与实在的关系。那么情况仍然是，对于主体来说，他／她一旦受到分析中发生的解密所启迪，就可以做出新的选择。因此，虽然经常有人指责弗洛伊德扮演主人，但他却给了主体一个重新决定的重要位置。

同样的特征也可以在其他地方找到，一目了然，看看弗洛伊德在该文章最后一节介绍的著名僵局：作为"基石"②的阉割。在将这个僵局定位成"转移性的阻抗"③时，他告诉我们，这个僵局不能被化约为对身体残缺的恐惧，在那里激增的形象以及他所编列的形象，只是对一个不同过程的想象转译，而这个过程本身并不是想象的：与大他者的关系所隐含的丧失的效果。这种威胁以一种新的版本出现在对这个大他者的每一次接近中——这里是一种转移性的接近。

我们知道弗洛伊德在这一点上的最后言词：

---

① 弗洛伊德，《可终止与不可终止的分析》，第 245 页。
② 同前，第 268 页。
③ 同前，第 267 页。

　　很难说我们是否以及何时在一段分析性治疗中成功掌控了这个因素。我们只能安慰自己，确信我们已经给了这个接受分析的人一切可能的鼓励，让他**重新审视并改变**他对此的**态度**。[①]

　　一个有趣的主人——一个允许别人做选择的主人！人们可以说这是一种无力的自由主义，事实上，这正是提及安慰时的言外之意；但同样正确的是，最后言词和最终结果在这里被交还给了主体，或者说是交还给了"存在之深不可测的决定"[②]。

　　因此，简而言之，这个被分析所转变的主体，将由他和阉割以及冲动这两者的新关系来定义。

认同症状？

　　这是拉康从 1964 年开始一再回顾的论点，尽管他用了不同的表述方式，并通过这个论点补全了他对主体经验之语言构形的强调，对于这种强调，他坚持了十年。第十一期研讨班《精神分析的四个基本概念》确认了这么一个主体：对这个主体而言，幻想最终被化约为冲动；后来则提到对症状的最终认同，问的是同一个问题：主体是否可以和冲动有新的关系，更一般地说，是否有可能在语言无意识的基础上处理享乐。

---

① 弗洛伊德，《可终止与不可终止的分析》，第 268 页。
② 拉康，《有关精神因果性的评论》（"Propos sur la causalité psychique"），收录于《著作集》，第 177 页。

　　拉康曾说，在分析结束时，认同自己的症状是主体能做的最好的事情。这让人们感到惊讶。人们感到惊讶，说明在那之前还没有人真的听到他的这一思想。显然，一切都取决于如何定义"症状"；其定义在这里只是隐含的，并使这种断言听起来几乎就像一个被编码的所述。甚至有可能认为，这个所述包含了一些讽刺性的挑衅。事实上，分析者在分析中是以他的痛苦之名述说自己的，因为他**有**一个症状。精神分析家将接着向他承诺，到最后，他将能够说："我**是**我的症状！"从有症状到是症状，多么奇怪的治疗！显然，我们必须假定，在这两种情况下，涉及的并非同一个症状，而且在这个裂口中，治疗效果将能够找到其位置，但仍有必要阐明，认同症状意味着什么，以及这个表达给出的答案针对的是什么问题。

　　谈论认同症状似乎很奇怪。毕竟，认同是从大他者那里借来的，而症状则铭刻了一个特异的享乐。

　　所有流派的精神分析家都会承认，认同是主体受大他者影响的一个标志，这个他者甚至可以是不大写的，即相似者。它从这个他者（不管是大他者还是小他者）身上提取一个元素，即单一特征，来标记主体，为他定向，至少是部分地决定他，而这预示着他可以被教育，可以受到影响。对于每一个认同，我们可以询问，主体从谁那里借来这个认同的，以及提取的是哪个特征。经历认同的主体总是一个受影响的主体，无论他是否知道。大多数情况下，他并没有意识到这一点——除非精神分析向他揭示了这一点——而且他有时甚至认为自己是自主的！这就是为什么教学之初拉康就可以说，"我是一个他者"。我们还记得，弗洛伊德在《群体心理学与自我的分析》中，把认同当作每个人与其相似者以及与例外之人的关系的驱动力。

症状则完全相反。如果认同造就了相同，那么症状则创造了相异。它总是特异的，反对普遍化，用一个具有政治回响的词来说就是，它是异见原则，拉康也将这个词应用于冲动上。症状的这种异见是如此明显，以至于不久前在东方，社会历史记录了一个包含政治分歧的症状学定义。这完全不是偶然的，它有它的逻辑，因为症状从来都不是按部就班发展的；即使它是无害的，它也会反抗主人能指的戒律。不可能使之同质化，它有实在的一面：谈论症状的自闭症并不为过，因为它反对一切对话。确实，癔症症状在这一点上似乎不一样。它的确是从大他者那里借来的（参考朵拉的咳嗽），因此似乎是对症状的集体化利用。然而，这只是一个错误的反对，因为她的特征是从大他者自己的症状中提取的。

因此，大致上，认同和症状是相互对立的，一边是同质化原则，另一边是裂隙之源。也因此，"认同症状"这一表述是自相矛盾的。它只能指明主体与其症状相关的方式的变化，而这种变化必须得到定义。

与结束有关的两种认同

自我心理学家——尤其是美国的，但也包括整个英国学派，并渗透到整个国际精神分析协会（IPA）——为了减少症状的偏常，推崇这样一种理想：分析结束于对分析家的认同。拉康以一种讽刺性的呼应提出，主体反而认同其症状的特异性。这种回应不是一种简单的蔑视行动。它有其逻辑，甚至让我们能够掌握那些主张分析者要认同分析家的人所服从的必然性。

只有在主体——拉康所构建的主体，乃语言的效果——的地位的基础上，才能把握认同对言说的存在的作用。这个主体，其存在被假设在他与每一个能指链接的关系中，除了它与（能指）链——此链通过隐藏主体来代表主体——的差异之外，没有别的本质了。其在场只有通过移置和切割的动力学才能得到确认：它是一个移动的空。主体是一种幽灵，这可能就是为什么在主体的想象中会有幽灵。它作为一个无形之谜而在场，萦绕着语言居所，给它指定一个居所那是不可能的。认同则恰好赋予了主体一个面孔和一个地方。

认同是逮捕和固定（固着）存在的原则。这显然是以消逝为代价的，因为从那时起，面具就占据了舞台，而对"我在"（je suis）的确认，即主体的安置之处，则是以那些补全整句话的词语——"不思"（ne pas penser）——为代价的。"不思"可能不会阻止我们的主体成为一个知识分子；他/她将思考一切，除了他/她作为无意识主体是什么这个问题之外。无论它们的补偿和它们的多样性水平如何，诸多认同最终——包括对大他者缺失的能指，即阳具的"最终认同"——装饰了主体的空，带来了对其存在的确定。

因此，主体的正常状态——我不是说"正常的主体"——是一个并不思考自己是什么的"我在"。弗洛伊德在 1937 年关于分析结束的文章中提到的"健康人"，即不需要分析的人，无非是这样的：一个 Ich，它就是主体本身，却通过认同被设定为一个自我。

除了少数的例外情况，主体只基于其分裂的症状表现来把自己传送到分析之中，而这种表现破坏了他的统一性。鼠人向弗洛伊德求助时，情况就是如此。他作为主体不再能认同正直勇敢的军队理想，这些理想曾使他想给职业军官露两手！很不幸，这位优秀的军官受困于一些奇怪的现象：工作上的抑制阻碍了他的研究，最后是和老鼠有关的强迫以及它在他身上激发的恐慌。这是他无法认同的东西，这种症状在他身上激发了弗洛伊德所说的恐惧，而问题就在这里：人可以认同这个可怕的东西吗？当然，主体一开始的分裂并不总是以这种具有一致性的症状形式表现出来。相反，癔症主体选择赋予它的形式可以不具有一致性的经验，这使这个主体处于痛苦的不确定之中，不确定自己在想什么，想要什么，或者自己的位置。

分析把主体引入自由联想，主体必须不思考、不计算、不评判，分析驱使他／她质疑存在。这个"质疑"有双重意义：分析想在最后制造一个答案，但也悬置了他／她的保障。因此，分析首先引入了一个等待期，在这种状态下，问题在方法学上是开放的。然而，一旦走过了阐述所必需的悬置期——在症状鬼脸下分割主体的东西在此期间将被揭示给他／她——分析必须把主体带回到另一种类型的"我在"。在这一点上，尽管有非常对立的表述，但整个分析运动都是趋同的。认同的主人能指与症状，两者的共同点在于它们的惰性，这种惰性固定并决定了存在。

因此，我们可以掌握自我心理学所隐含的第一层逻辑：由于非症状性（a-symptomatique）的正常是从认同的角度来考虑的，因此这就是主体要复原的东西。他"真正"的存在已经受到了症状的扰乱，所以最终要重建的是一种改进过的认同效果。这种更好的认同，如果不是在一个被当作模范的分析家那里找到，又能在什么地方找到呢？它为我们勾勒出来的是这么一段分析：此种分析让分析者认同分析家，让认同之正常化从失败走向最终的成功。反对意见则立即映入我们的眼帘：在这种情况下，分析成了继续教育，纠正并强

化了大他者留下的认同标记。没有必要为此发明精神分析了；自我
心理学混淆了主人话语和分析话语。

不用大他者

认同症状，这种概念与分析结束时更新存在效果的必要性是一
致的：获得一个对于自己想要什么以及自己是什么有新决定的主体；
然而，这种决定遵循的路径并不是认同大他者。这从一开始就是拉
康的论点。早在《镜子阶段》（"Stade du miroir"），他就提到了一个
终点，主体在这个点上将达到"你是那个"的狂喜极限。"狂喜"这
个词是说，所期待的是对存在之中无法被代表的东西的反应，原因
极其简单：认同只能使大他者的统治永久化。看似得到确保的存在，
只是乔装和谎言的存在，分析家不能让自己充当其帮凶。认同症状，
在拉康教学的另一端，则指明了分析的首个目的，即抵达一个并非
假相的"我在"。它表明了利用言语技术的此种努力：得到主体之中
一切并不属于象征辖域而属于实在的东西。实在玩弄我们思考和评
判的东西，甚至玩弄我们的思考和评判**本身**：在这里，"我们"不过
就是大他者的一个名字，是假设知道的主体的一个名字。症状恰恰
代表了这样一个实在。

尽管认同主人能指和认同症状这两个平行表达式意在指出一种
同源功能，但它们指明的是两个完全不同的过程：认同主人能指固
定了主体的空，而认同症状则固定了享乐。

与认同相关的因素是能指的致命效果：阉割享乐。仅仅这么说
是不够的，即说它人为地给那个缺乏身份同一性的主体提供了代表
和形象，把无法代表的东西笼罩在根据大他者时尚而裁剪的服装里。

还必须强调的是，主体的这个空并不仅仅是代表上的缺陷。它是一种并非惰性的，反而动态的空，其活动被命名为欲望（以纪念弗洛伊德）。这种欲望也是对享乐的一种防御。

症状则相反，在弗洛伊德的定义中，它是一种获得享乐的方式。拉康在教学过程中为它接连提出的所有阐述，都是为了设想这两个要素是如何链接的：语言以及享乐。对于语言要素，为了说明症状可以被解密并屈从于解密过程，就必须假设这个项；对于享乐元素，尽管主体自己轻视它，但它可推动主体前行。症状的首个定义便是能指的功能，它作为一个隐喻而被结构，这已经暗示了享乐存在于能指组合中；它指向了"与性创伤有关的神秘能指"①，即与享乐侵入性的相遇的纪念品。同样地，拉康可以将症状的"形式外壳"② 与症状的享乐内核区分开来。

最后是 1975 年的第二十二个研讨班《实在界、象征界、想象界》，其将症状定义为字母的功能，以回应同样的必要性，但也引入了新的东西。说症状是字母享乐并不就是说字母作为一个纪念物代表了享乐，而是说字母本身就是一个对象，而且因此，享乐完全渗入了语言领域，模糊了我们习惯性地描画在致命的语言和享乐之间的边界。然而，在这个被享乐的语言领域中——有和解密相关的享乐，还有意义享乐③——症状作为一种"不停止被书写"的固着性得到了区分；字母依据其与自身的同一而得到定义，能指则总是包含了差异。如弗洛伊德所言，无意识作为语言而运作。拉康则补充

---

① 拉康，《字母的动因》（"L'instance de la lettre"），收录于《著作集》，第 518 页。
② 拉康，《关于我们的经历》（"De nos antécédents"），同前，第 66 页。
③ 拉康，《电视》，第 22 页。

说，无意识是一个模范工人，从不罢工。那么，症状是无意识之物，它已经进入实在：它是一个罢工者。

总之，除了都有固着（固定）这个同源功能之外，通过认同分析家与通过认同症状来结束分析是对立的：认同分析家强调的是防御实在；认同症状则相反，假设的是直面这个特异的实在。而在这之前发生的是，与大他者的能指的认同陨落了；这种陨落有一种分离效果，揭开了那个构成主体的空。这仍然只是一个必要但不充分的条件。拉康的选项在于推崇对症状的认同。这就是他所做的，尽管非常谨慎，他说，**这是主体所能做的最好的事情**。[①] 这个表达表明了存在一个可能的选替。

症状的功能

这一选项与我谈到的对症状功能的新见解是一致的，此见解将症状普遍化并削减了其病理内涵。像弗洛伊德那样只是说症状是性满足的异常替代品是不够的。如果性关系不能被铭写在语言结构中——弗洛伊德的阐述表明了这一点，虽然说得没这么明确——那么正好始终是特异的症状在确保主体与其享乐的交合。因此，在任何情况下，症状都弥补了那可以被书写的性关系的缺位。由此可见，不存在没有症状的主体，而伴侣本人就处在这个（症状）位置。这一事实显然迫使我们区分症状的各种状态与主体和症状的各种关系，并询问症状的哪种状态是可以认同的，以及在何种意义上认同。

症状的变种出现在现象的层面，因为很明显，这种现象要么

---

① 这是我们强调的。

让人更不舒服，要么比较舒服。有些是无法忍受的，因为其中包括了有害的享乐；其他的就是太容易忍受了——例如，我们是否想到了毒品，或者甚至想到了一个作为症状的女人：它们并不总是那么令人不快，而且偶尔是不够令人不快！某些症状遭到了部分的误解——因为主体仍然是某些形式的行为的俘虏，它们充满了一种不被察觉的享乐；它们没有被主体化，直到分析让主体衡量它们。于是就有一种治疗效果，削减了它的一种或另一种形式，消除了恐惧症或躯体化，比如鼠人的强迫症就消失了。然而，无论这种效果程度如何，它总是留下了一些东西：症状的剩余部分，这是任何有限的分析都无法削减的，弥补了性关系之失败的享乐对每个人来说都固着在其中。

经验也表明，根据对最后剩下的享乐的安置是主体可忍受的还是无法忍受的，就已经可以区分出两种情况。我们知道，分析并不是在每一种情况下都能削弱神经症的痛苦固着，并使主体与冲动和谐相处。有时会出现弗洛伊德揭示出的那种负性治疗反应，即痛苦像凤凰一样从治疗中升起，并盖过每一种治疗获益。在这种情况下，分析只得延长，即使最终走到了终点，也不过是一种放弃。在这样的情况下，大家很容易把认同症状与简单的接受混为一谈；分析者厌倦了战争，承认并接受了那些最终仍然不可能转变的东西。然而，这种对结束的宽松定义并不能使我们将其与认命区分开来。如果认同症状只是对不可避免的东西的"将就"——这就是逃避它的手段？——那么这个表达式就不值得受到如此关注。咬咬牙承受可能有其好处，但这只是斯多葛伦理学的一个好处。就精神分析而言，它如果不与更彻底的改变相联系，就不会被视为进步。弗洛伊德谈到过一个修正立场。而且，在进入分析时被拒绝的症状和结束时被接受的症状之间，还有症状的第三种状态，这对于症状插入转移是决定性的。

转移中的症状

症状本身外-在于无意识，在意义之外被发现，并可以受到质疑，在意义与原因方面受到质询。这无疑是一种无动机的行动（acte gratuit），但始终是可能的。如果拉康用"字母"这个词来指示被享乐的元素，这恰好是为了把跟那作为链条的无意识始终有可能的接合纳入他的定义中。字母变成了一个对象，等同于自身，它并不是随便的哪"一"个：它仍然能够被连接起来，它总是能够从意义之外的地方移向无意识，这是一个从实在界到象征界的轨迹。因此，症状虽在意义方面罢工，但总能准备好在分析中重新开工。

主体进入分析，他**信赖**自己的症状。这和认同症状是很不一样的。他认为，那困扰着他的东西，他体验到的约束和情感，"能够说出些什么"[1]。信赖症状就是给症状加上"省略号"[2]（拉康如是说）；它是一个宣告："未完待续"，（性的）非关系通过它受到质询。这是相信字母的"一"能回到链条的"二"，并且是信任符号的替代，通过这种替代，症状具有了意义。换句话说，就是信赖这种想法：它可言说。

由此，我们可以给认同症状下一个更精确的定义，而不只是将

---

① 拉康，研讨班 XXII，《实在界、象征界、想象界》，1975 年 1 月 21 日的课，载于 *Ornicar?* n° 6，p.110。

② 同前，第 109 页。

其化约为：把分析结束时剩余的症状惰性承担起来——不管情不情愿，都不重要——并在其中认出主体核心的、特许的享乐模式。根据拉康的观点，这种表达指的并非一段以某个主体特定的无能而告终的分析。相反，它指的是一种与主体在分析中通过象征工作而弄清的不可能性相一致的结束。这种不可能性可以这样说：不可能不用那意味着阉割的语言来表述。因此，认同症状假设了主体已经不再期待补充性的词汇会在翻译（症状后面的）省略号时出现。然后，他／她可以像乔伊斯那样，退订无意识。而且，既然我们说到了认同在分析过程中的陨落，那我们也来谈谈信念的陨落。这是分析结束时的另一种陨落，它回到了意义之外的东西。在非同寻常的展开之后，在对意义不同凡响的追寻（分析就是这样的）之后，它在结束时擦掉了症状的省略号，把沉默放在了最后面那个位置。

这就标出了已经走过的距离：在入口，有一种对症状的信念，将症状与无意识的意指链相连，这就是转移。在出口，有一种不信，将症状与无意识链断连，无意识关闭了。因此，又回到了这个所述："我不思"；这不是认同分析家，而是拉康所说的"反精神分析"的效果。认同症状，就行动而言，是分析结束时的无神论的第二种伪装，它没有信条。行动不信赖无意识，这就是为什么我曾说起 l'acthéisme①：虽然分析家必须让自己上语言结构的当，但认同症状则是不再信赖语言结构。这就是转移——此转移乃是分析可以引出的——中的两个故障点，它们是沉默点。

———————

① 一个文字游戏，由 acte（行动）和 athéisme（无神论）组合而成。——译者注

信赖它

然而，我们可以质疑进来时的信念以及信念的陨落，做法是询问此两者的真正动机和它们所带的享乐。

是什么授权我们可以假设：在无意识中，有能指可以从症状中处在意义之外的东西那里给出回应？必须说，在验证之前，在没有任何担保的情况下，我们想相信就相信它。这是一种信仰行动。

在精神分析中，对于信仰先于证明，从科学要求的角度看，当然是个缺陷。然而，与人们所相信的相反，这并非精神分析独有的；尽管表面上看不出来，但在科学中也是一样的。问题是，在精神分析中，这种信仰可能会成为一个干扰证明的障碍。

尽管精神分析的名气越来越大，但公众舆论对它的理性基础和分析团体都持怀疑态度，这些团体往往被认为是邪教，是只分享信仰的一群人。这种怀疑的部分基础——而不是合理理由——在于一个事实，即人们只在转移的条件下进入分析：相信症状会被驯服，假设有个知识会回应症状。这就是进入时的假设，只要有人认为在她那里行不通的东西是一个症状，这个假设就暗中在场：从这一刻起，她相信症状是可以解密的，症状说了一些关于她的事。她只怀疑，相信向来不只是相信。

我们当然可以像拉康那样，依据一个正在寻求答案的问题来表述分析诉求。主体被她的症状享乐所淹没，把它当作一个谜呈现出来，并召唤假设知道的主体，她指望着这个主体提出解释，给出一个答案：她信赖她的症状，同时，希望来自象征界的回应将在实在界中发挥作用。然而，在主体相信并明显希望得到答案的地方，在她由此认为她所处的一个纯粹认识论辖域——一个享乐之空的辖域——的地方，她已经用一种享乐交换了另一种享乐。因为进入自由联想意味着将那固着在症状字母中的享受进行换喻，从而转换享乐，同时将享乐分割为来自解密的享乐和来自意义的享乐。拉康在1975年的《第三》中这样表述："我思，故享乐（se jouit）。" ①

最后，主体认同了他的症状，不再相信这种模式，并与之决裂。这是对享乐的重新转换。在无止境的分析中，拖延结束的时间，意味着一个享乐的选择。只要一个人被那来自欲望——它在要求之中坚持着——之上演的享乐所捕获，结束就会一直拖延下去。欲望和要求当然等同于享乐之缺失，但在这种享乐之缺失中也有一种享乐；在延续防御时也有一种满足。我们明白，对于认同症状，如果有一种选替，那就在这一边，而且必须穿越这种防御，以便最终的认同症状得以发生。然而，主体在分析结束时可能认同的症状是一个被转变了的症状，超越了对幻想的穿越。放弃了她曾拥有的东西之后，它就被剥离了能指的谎言——如弗洛伊德所说的"Proton pseudos" ②，拉康所说的"falsus" ③。这种症状不是妥协的构形，因为它不再包括防御的（−1）。因此，症状字母化解了主体的空；这种解决方案终结了存在问题以及与之相关的知识钻研：这个人已不再谈论它。

___

① LACAN J., "La troisième", 1974, Paris, *Lettres de l'Ecole freudienne*, n° 16, p.179.
② 弗洛伊德，《科学心理学大纲》（*De l'esquisse d'une psychologie scientifique*），1895年，收录于《精神分析的诞生》（*Naissance de la psychanalyse*, éd. PUF, 1979），第363页。（弗洛伊德是在讨论癔症的时候引入这个术语的，这个术语本身和亚里士多德以及三段论有关，即如果前提是错的，存在这么一个初始错误的话，那结论一定是错的，无论中间的推理多么可信。Proton pseudos 指的便是这个错误前提，一个初始错误。——译者注）
③ 拉康，《无线电》，第80页。（falsus, 拉丁文，有把……绊倒、使……坠落、欺骗等意思。——译者注）

分析将因此产生一个可以说是与自己的症状结婚的主体。然而，这种配置给社会纽带，特别是给爱的特异症状留下了什么位置，更不用说留下了什么机会？我将从男人这边出发讨论这个问题，这是唯一一个让我们可以提出通用预言的角度，而且对女人来说并非没有后果。若症状是一个女人，那么"认同他的症状"会怎样？

爱自己的症状？

圣经把女人放在货物之中，放在驴和牛之间。我们现在可以看到是什么将她与强迫症、恐惧症、恋物癖放在一个系列中，我们甚至可以加上精神自动性的声音，以补全这个临床结构系列。

我们可以掌握那个导致了这一明显奇怪的确认的逻辑：语言当然将男人和女人作为能指配对，话语为他们配备了行为规范，但在身体交合的真理时刻，若给出回应的不再是假相，而是实在的享乐，那无意识中就没有任何东西可以铭记性化享乐之间的关系。这样，我们就有了爱情配对的永恒之谜，而自弗洛伊德以来，精神分析一直声称要通过解密无意识的这条理性途径来解开这个谜。

在无意识中不存在双重的享乐铭记，但就每一个主体而言，确实有一个铭记，也就是弗洛伊德所说的表象代表，这是第一次与享乐相遇的标记，是要被重复的标记。因此，对象投资是双重决定的。阉割是它的第一个条件，因为它是主体固有的负享乐，并使得享乐价值 ① 可以转移到对象上；通过这个享乐价值，伴侣来代表主体本

---

① 可参阅拉康在研讨班《幻想的逻辑》（"La logique du fantasme"）中对此的展开。

人的享乐，差不多是将其享乐隐喻化。然而，凭借爱的机遇，这个对象仍然必定通过相遇来承担那来自主体无意识的标记。她是一个症状，而不仅仅是一个匿名的且可交换的对象，这意味着涉及的这个"一"总是带有一些神秘的符号。这些符号是她所不知道的，而且往往也是主体自己所不知道的；这些符号在她和他的无意识之间创造了一种姻亲关系。若非如此，我们怎么能设想爱具有的律令般选择的特征，通过这种爱，一个男人想象他可以对**一个**女人说："你是**我的**妻子？"这是一个时间会自行拆穿的谎言吗？也许是吧，但这不是主体的谎言。这是"只能对伴侣说谎的实在，此实在被标记为神经症、性倒错或精神病"。[1] 因此，爱的全从言词中获取养分，无论这言词来自诱惑者的言语，其功能与其说是诱惑，不如说是构成他的对象；还是来自那封用字母替代伴侣的爱情信笺，要小心一个过于专注于自己字母的恋人；还是来自那让言词变得实在的症状。

这意味着，一个女人，就像一个强迫症、一个恐惧症，甚至一个声音，使得主体能够享乐他的无意识，从他的无意识中提取一个词来享乐。这种情况并不说明这是否会使她高兴。她是否从中获取快感——如果是，那么就有了相互性——是一个完全不同的问题，是与她自己的对象或症状有关的问题。拉康曾指出这么一件惊人的事：人们通过一个男人的妻子来评判这个男人，但反过来说就不对了！这是偏见、信仰、神谕，或者经验智慧？相反，这是无法回答的逻辑：如果一个女人是一个男人的症状，而症状是对无意识的实在化，那么，在她那里，我们就会看到他的一些无意识之物被外化，

———————

[1] 拉康，《电视》，1974年，第21页。

因而显现出来；我们看到了无意识的表面。

事实上，她有时类似于某种非常接近于强迫症的东西；在鼠人的老鼠和一个女人之间，可以有很大的类比空间！这在爱情现象出现时就出现了，并且首先可以在此种事实中看到：爱情——不是一种模糊的感觉，而是真正的爱情——是强制性的；它出乎意料，受制于相遇，而且经常与主体的选项相抵触。此外，一个女人可以折磨式地把一个男人迷住。老话说得好，il l'a dans la peau①。我们可以看到，很多时候，一个男人反而脑海中有她们中的"一"个，并且挥之不去。这有时会伴随着恐惧症：他没法接近她，甚至是，每个女人他都可以接近，唯独她不行，用一个表达式来说就是，"都行，但这一个不行"，拉康就是这么说苏格拉底的妻子的。这也不排除恋物化：就是这一个，别的都不行，要是没有这个绝对的、重要的条件，主体就会认为自己处于死亡边缘。

信赖她，信赖这个女人-症状，使得主体处于一个尴尬的位置，因为它在意义之外；**信赖她**，就像信赖强迫症、恐惧症或任何其他症状一样，就是认为一个人对所爱之人的选择是可以被解密的。弗洛伊德就是这么认为的，他认为看似最反理性的东西——爱的激情——却可以被理性地解密，并为我们提供一把揭开其自身的钥匙，就像症状一样。一旦他着墨于爱情生活心理学，他就选择了信赖它，并假设了无意识可以用来回答这个问题："为什么是她？"这也是分析者在分析中所做的。

---

① 这句话的大意是，另一个人钻入某人的皮肤之下，引申出来的意思就是一种令人难受又无法摆脱的迷恋。——译者注

很久以前，拉康的一句话让我很吃惊。在研讨班《不上当者犯了错／诸父之名》中，他展开了这样一个观点：为了不"弄错"（errer），精神分析家必须让自己上无意识的当。他评论了尚福尔（Chamfort）的一句话："一个人永远不会完全上一个女人的当，因为她不是你的。"他说"你的"，意思是说她是你的女人，还是说她是上了你的当的人？这是个问题。我们可以看到，这里有一个从无意识到女人的滑动。

一种无神论之爱

主体就其爱而质询无意识是一回事，他从有关的那个"一"那里得到回应则是另一回事。这不再是信赖她，而是相信她。拉康说，这就是爱的风险所在。爱与强迫症、恐惧症等的不同之处就在于此：一个女人不经我们要求就言说。相信她，不仅是假设她已然由无意识选中，也是混淆她的言语与这个无意识真相，在"你是……"的所述中认出它，这个所述是解释传递给我们的。这是把她说的话放在了症状的省略号的位置上，那里应该是解密之处。与此种事实有关的临床现实是相当确定的。因此，那个圣经律令有一个很有趣的变体：爱那个与你相近也与你的无意识相近的女人！

我们知道**大师说**（Magister dixit）① 在经验中的分量。在分析中，"我的妻子说……"必须被考虑在内。这可以让我们了解许多临床事实，特别是这种：一个女人有时会承担起一个准迫害性的角色，成

————

① Magister dixit 在拉丁语中的意思是"大师说"，比如说，有人提出一个观点，认为事情就是这样的，因为毕达哥拉斯或亚里士多德就是这么说的。——译者注

为一个震耳欲聋的声音。"她说……我不行，不勇敢，在孩子面前不成样子，是一个可有可无的父亲……"这不利于日常生活的和谐，因为女人恰恰相反，她们喜欢有人跟她们说话，而且，她们常常试图向男人展示如何做到这一点。我们还可以注意到，由于没法让她闭嘴，因此男人的解决办法有时是听听她们中的好几个，让她们交织成曲，因为要是他只有一个（女人）可以相信，那么结果就像人们所说的那样，是很疯狂的。

在幻觉中，主体是由自己听到的信息来标识的，这就是为什么拉康可以说这样一个人相信他的声音。相信自己的妻子，并没有什么不同。然而，这里有一个细微差别：就声音而言，这并不意味着屈从于它们！看看施瑞博，他从他者那里接收到一则可以这么表述的信息："你不是个男人！"他相信自己的声音，但他也抗议和挣扎，直到自己找到一个妥协的办法。"我妻子说……"具有迫害结构，拉康假设爱的滑稽之处就是精神病的滑稽之处，这并不是开玩笑：一个人相信她，就像相信一个声音。然而，有一点不同的是，如果偏执狂"将享乐定位在大他者那里"①，那么爱则首先是将真理信息放在那里。

因此，我们发现了非常男性化的愿望："让她闭嘴"，这也被表达为"多打扮，少说话！"我们没法想象是审美标准在这里起主宰作用。重点在于"少说话"。仿佛是在对她说："不要到我的无意识所在的地方来。"在分析中，则是"它曾在之处，我必生成"，但在爱

---

① 拉康，《关于施瑞博〈神经疾病回忆录〉的演讲》（"Présentation des *Mémoires d'un névropathe* de D.P. Schreber"），载于 *Cahiers pour l'analyse*，n° 5，p. 70。

中，"它曾在之处，她的言语必将出现"，人们处于一个审慎的偏执结构中，一对夫妇的悲喜剧有很大一部分是由这个结构创造的。对于真理，也就是她被发现的地方，只有一个单一确定的关系：阉割。

我曾了解到一个男人的情况，三十年来，他一直在笔记本上写他生命中的那个女人所说的话，仿佛他的存在就是在那里运作的！还有一些不那么极端的情况，男人会对一个不一定是他们妻子，但却是他们的那个"一"的女人进行夫妻间的监视。我们知道有一些女人被要求待在家里，因为危险至少要被限制住——这是一种相当于恐惧症中产生的机制。在恐惧症中，威胁被定位在一个能指中，只要这个能指不出现，他就可以放松。在某些情况下，若夫人待在家里，男人就可以放心在外面做自己的事情。然而，要是她在公共场合走动并说些什么，情况就会变得更加危险。还有另一种类型：男性审问者，要她说出自己内心最深处的东西！为什么不同时提及与被殴打的女人有关的现象呢？这种现象无疑是多重因素决定的，但我要提一个特殊的案例：一个女人被殴打，不是在她一开口讲一些很普通的事情的时候，而是在她想说一些关于他们两人的事情的时候；殴打随之而来。

要解释这种结构，就需要重新思考弗洛伊德曾经认出的一个主题：爱情生活中的贬低。

自弗洛伊德以来，我们一直在评论爱与欲望的这种分裂，对心爱女人的矛盾情感，以及理想化、恶劣的攻击性、折磨对象的癖好的混合体，而且我们依据爱情中的阉割内涵来看待这类行为是对的。确实，如果爱意味着承认自己的缺失，并把自己没有的东西给予心爱的人，那么可以设想，爱能够，尤其是在男人那里，激发出类似于防御的东西，一种针对爱的男性抗议。一定不要觉得富女人和穷女人之间的戏剧只在钱包舞台上演，因为爱可以是阉割的换喻型等同物。如果她要被欲望，就要有这么一种必要性：她得再次变穷。贬低可以补救这个问题，因为贬低对象就是赋予对象阉割意义。这是男性主体的一种策略，可使想象阉割从配对双方中的一方**摇摆**（osciller）到另一方，拉康在《主体的颠覆与欲望的辩证法》中就用过**摇摆**这个词。

　　这第一个展开可以这么完成，即要观察到这个"相信她"不在有的层面，而在是／存在的层面：相信自己的妻子就是相信她所说的不只是和她有关，还和你有关。当然，有一种爱的言语，女人想必能够巧妙运用，她将它发送给某个人，使其更加有吸引力。然而，也有真理之言，这就是我们在这里关注的，它总是别的东西。

　　真理之言从来不是爱的言语，这并不意味着爱是不真实的——它可以是真实的——但当主体说出真理时，似乎是爱撒了谎。这不就是女人经常被指控撒谎的众多原因之一吗？她们更喜欢处理爱的言语，而真理之言出现时，欺骗就会变得很直白。我们的语言带有这样的痕迹，即真理和爱并不是和谐的一对："告诉别人一些刺耳的真相"（dire à quelqu'un ses quatre vérités）与阉割信息密切相关。它非常类似于施瑞博从他的声音中听到的东西："你不是个男人——不太是个男人！"其结果是，相信一个女人不仅是把她放在一个凶猛超我的位置上，而且也是把她放在和无意识链接／表述的竞争中。由此可以推断出很多东西：首先，一个女人，你要是相信她，那她就不是一个可以轻易分析的症状，因为相信她意味着轻易地让你免除转移工作。其次可以推断出，某些女人对其男人的分析所实施的监视有其自身的逻辑；这就像有时在一些寻求通过的男人提出的有关女人的证词中观察到的奇怪沉默，这个女人显然对他们很重要，但自始至终都没有被提到过。

话说回来，若症状是一个女人，那么关于认同症状，有什么可说的呢？这里涉及一段完结的分析对男性/女性配对的影响问题。用"没有性关系"这样的说法来授权自己，用"它永远行不通"这样的模糊命题来为自己设定命运，就过于简单了。另一方面，分析力图说出的不仅是适用于每个人的"为什么"，还包括每一个人独有的"如何"。

这里和其他情况一样，认同症状就是不再信赖它，并且在把它化约为无法解密的东西之后，认同症状就是留待它所提出的问题是明确无法回答的。如果症状是一个女人，这将是停止自问："为什么是她？"我们看到这对神经症式的怀疑有好处。它不一定完全排除这种怀疑，但它确实使主体的选择走向确定性和沉默。谁会在这一点上吃亏呢？爱情无疑会放弃其省略号，会变得不那么多话，但不一定会更不实在。另一方面，毫无疑问，爱者的话语会变得更糟。

也许这是一种无神论之爱，与言语相分离。因为就相信她而言，分析工作肯定会使这种相信陨落。这项工作只能设定一种与大他者的言语神谕相分离的操作。广为人知的是，人们对这些影响感到很忧心。然而，这是否意味着，停止把她当作大他者的时候，主体将转而承担一种随意且讽刺的"说下去"（cause toujours）①？这种情况可能会发生，但不一定会变得更糟，因为为了听到差异，与大他者的言语相分离不是必需的吗？

---

① cause toujours 是一个讽刺性的说法，虽然其意思是"继续/说下去/很有趣"，但实际上，说出这句话意味着听者对别人正在说的话并不感兴趣。——译者注

第十七章 爱的……结束

　　分析可以承诺什么？这个问题被问了很久了。一个分析者和一个已经接受过分析的人，他们有什么区别呢，尤其是在爱的方面？如果分析者如我们所知，是一个爱者，那我们应该假设那个已经接受过分析的人在爱的方面已经被治愈了吗？

　　我们知道，转移策略并非分析行动的全部。早在《超越现实原则》（*Au-delà du principe de réalité*）中拉康就区分了一个双重层面，他用"理智阐释"（l'élucidation intellectuelle）和"情感策略"（la manœuvre affective）之间的对立来指定这个双重层面。这种粗略的二元对立被重新翻译成两条不同的转移轴：一条是假设知道的主体，分析者期待那里有分析性的启示；另一条是"无意识的性现实的上演"，其中涉及力比多的变化。为了在概念上有所区别，这两条轴还必须在经验中得到表述／链接，而这取决于分析家。

　　分析家策略的第一步恰好就是提供假设知道的主体的假相，让分析者去爱，换句话说，就是制造出一种分析性的迷恋。这种迷恋可能和其他的一样真实，但有其自身的独特性。进入分析时的爱并不是一个很大的谜。我们知道，仅仅是欢迎抱怨，就足以制造出对任何一个愿意倾听的人——顾问、治疗师、牧师等——的爱，因为倾听本身就已含蓄地向主体表示，他／她值得别人产生这种兴趣。在分析中，发出自由联想这张牌增强了这最初的效果。它向主体表明，除了说出一切这种可能性之外，他／她说的不管是什么——愚蠢的、不恰当的、荒谬的、无意义的——都是有价值的，或者至少他／她会从中得到一些有价值的东西。就是这赋予了分析者某种神秘的小神像（agalma），它让他／她成为被爱者，即éromènos，拉康曾在研讨班《转移》上深入评论过柏拉图《会饮篇》里面的这两个词。无意识的小神像被假设是从他／她的嘴里冒出来的——拉康称这是一种慈善行动——并注定要通过发出解释这张牌来揭示。然而，在另一次发牌中，自由联想也改变了这最初的效果：调动了言语中固有的存在之缺失，引出了对大他者的呼吁，并制造了奇怪的爱的隐喻，让被爱者变成了爱者，即让éromènos变成了érastès，让对象变成了一个主体。分析者的这种转变显然对分析家是有影响的，即赋予了分析家爱的对象的高贵。因此，进入分析就相当于几乎自动生产出作为爱者的分析者，而且无须任何重复搅入这种生产。

这种开场策略应该被称为诱惑策略，与癔症主体的策略不无相似之处。此种情况绝非偶然，即拉康在苏格拉底这个绝佳的癔症主体的操作中发现了那预示着转移性出牌的东西，因为苏格拉底成功地让阿尔喀比亚德这个享乐者陷入了爱的诱惑。

由此可以提出分析家对爱的使用的问题。这个问题在精神分析的开端就已经和禁欲规则一同存在了，而且我们知道这个问题在费伦奇这样的人身上肆虐过。事实上，这是一种全新的使用，可将爱与知识打成结。我之前说过，对爱的通常且自发的使用旨在制造一种存在效果。这种效果当然有其缺点和局限，即制造了爱情生活的戏剧性，但无论多么不确定、多么异化以及多么反启蒙，它仍然是真的。分析家是唯一一个对爱进行我所说的无私欲使用的人。正是因为他并不指望从转移中获得他的存在——这也是他最好不要因他的存在之缺失而生病的原因——所以他才不关心存在呢，如同他不关心分配正义，他知道自己注定要去除存在。事实上，他力图让爱不为存在服务，而为知识服务；爱是用来生产一点知识的。

转移性的斗争

结果是，转移乃战场；一场秘密斗争就在其中。这不是日常爱情里面的"不是你就是我"，后者是语言留下的痕迹，语言将爱里面最热烈的壮举翻译成占有、征服、胜利、屈服、逼人求饶等战争词汇。这是一场斗争，其中呈现出来的是在一段分析中运作的两种转移策略之间的不一致性。

一种占有欲盘踞在分析者的策略中。"转移之爱的陷阱，目的只是为了**获得**……"，拉康在1967年的提议中是这么说的：获得分析家被假设持有的东西——比方说通往存在的钥匙——无论我们给它起的是什么名字，包括阳具、小神像、剩余享乐。分析者力求以特殊或典型的形式获得它，这些形式是主体和结构的特征，例如，强迫症的围困，癔症主体想让自己缺位。

分析家自己发展了一种不能只是被称为拒绝的策略。他拒绝爱，但他也给予爱，用解释以及他的在场来给予。或者说，用的是他的节制（abstention）①——拉康用的就是这个词——持续的节制，有条不紊的和工具性的节制。它增强了自由联想特有的挫折感，并把

———————

① 这个词首先指的是"弃权"，比如投一张弃权票，既没有赞成，也没有反对。在分析中的一个意味则是，比如分析家通常既不是直接拒绝分析者的请求／要求，也不是满足这个请求／要求，反而是让分析者说下去。——译者注

哀悼程序作为它的终点和视野。我们可以看到精神分析历史中有些人的误解，他们认为有必要满足转移性的要求／请求，而不是知识问题。分析方法规划了爱，分析家则规划了哀悼——这可以说是不快乐的爱。如果要产生的哀悼是爱的悲痛，和其他类型的爱没两样，只是重复了原初的哀悼，那这种爱肯定是欺骗，而这种欺骗使最初的希望破灭，唤起爱并有条理地挫败爱。因为分析中的主体已经遭遇了哀悼。这甚至是"俄狄浦斯"期所描述的：哀悼原初对象；幼儿神经症的很大一部分讲述了享乐的丧失，以及爱无法弥补此种丧失。我们由此可以理解，你越是力图满足当下的爱，以此治疗这个伤口，你就越是会把转移化约为一个没有出路的重复。

这场战争持续好几个阶段。拉康在《治疗的方向》中提到了其中三个：原初之爱、退行以及转移神经症特有的满足，他补充说，这种满足实在难以解决。

陷入迷恋是有个悖论的，而这只是爱的状态之一。没有缺失，就没有什么形式的爱是可想象的，缺失不是作为一种痛苦的不足而被体验到的，相反，它被体验为一种与完整有关的得意、兴高采烈，甚至是准确定性。你们应该看一看弗洛伊德和拉康对这一事实的所有解释。我只想指出，这一事实表明，陷入迷恋的状态本身是多么享乐，因此对分析工作的帮助又是多么微小——弗洛伊德早在1914年就注意到了这一点。在分析中，这反而是这么一个问题：牵制它，保持它不被满足，同时也不削弱转移之爱，后者是主体有能力维持这个方法的条件。

这种在转移之中陷入迷恋的状态，它的陨落或者至少是它的减弱，显然针对的是爱的乞求的一面。但我们还得说，分析家拒绝回应分析者的爱，且还在沉默和解释之间引入了主体要将重复本身定位于其中的那个空。可以肯定的是，转移并非重复。我们确实坚持这一点。转移甚至就是通过这个条件使我们能够在重复的层面上操作的。转移不是重复，却导致了重复。拉康于第十一个研讨班上介绍了这两个概念的区别之后，在好几个地方明确了这一点，但这个论点早就在《治疗的方向》中出现了。事实上，这就是经典理论用分析性的退行概念，在经常被强调的转移神经症和幼儿神经症之间的类比中发现的东西。还有就是，在"我们的说的实践中"，重复"并不是自行（解决）的"；我们的实践"为它提供条件"。

分析经验的现象学让我们最清楚地看到，分析家的节制产生并维持了要求。因此，它把过去的戏剧带回到了分析者的记忆中，并在分析空间里为不停止被书写的东西，即 ananké[1]，伟大的必然性，带来了新生命。这并非一无是处。在分析中，破灭的爱使得（分析者）质疑最初的哀悼，即它想象的和象征的坐标，它对爱的选择的长期影响，它在行为层面的标记，以及使它变得可承受的幻想方案。因此，分析，只要它组织并且恢复了它们在记忆碎片中的逻辑，就构建了严格意义上的幼儿神经症，而不只是让幼儿神经症出现。在这样做的时候，分析揭示出，爱本身就是重复性的，而且总是重复同样的破灭。

这是弗洛伊德的发现：在所有的爱中，在男人和女人之间的爱中，也在分析家和分析者之间的爱中，原初对象的阴影都很突出。这也是主体有时感知到的，那时他经由最不可能的相遇概率而觉察到，对他来说一再得到验证的正是那被称为命运的恶魔般限制；他

---

[1] Ananké 即阿南刻，是古希腊诸神之一，乃必然性的化身。——译者注

观察到环境的多样性间穿插着一些保持不变的东西，且中间还出现了一些既令人诧异又总是被预期的东西。在主体只能感觉到的东西中，分析表明，必然性在起作用。弗洛伊德就曾说，最初的爱总是第二次爱，但还有：如同拉康喜欢重复说的，在假面舞会的最后，男人发现自己弄错了女人，而女人也发现自己弄错了男人。由此我们可以看到爱的后果和不利之处。说"我爱他"其实就是对伴侣撒谎，这不仅仅是精神病中的情况，弗洛伊德就是这么假设的。

可以肯定的是，存在一些相遇，甚至除了相遇就没有别的了，但言在与伴侣的分离是通过特异的享乐模式之恒常性来实现的，此种享乐模式为他回应了阉割的普遍性。正如我所说，分析家规划了爱的破灭。他／她这样做是合理的，因为破灭本身被证明为并非偶然，而这又是由重复编排的，这是真正的重复，因为它涉及那反对爱的享乐。重复假定了一个单一特征，从而标记了首次相遇的痕迹，重复到第三次的时候，就有了对丧失的重复。第一次重复把这个特征作为相遇的纪念品固着下来。第二次，对这个特征的重新寻找促成了首次享乐的丧失。因此，存在着熵。第三次则是第二次的丧失，作为一个错过的相遇无限重复（répétition），并使得享乐只作为这些特征的系列而幸免。其结果是 ré-pétition，它可以被写成两个部分，就像拉康在《冒失鬼说》中所做的那样①，以标记对"恳求"（pétition）和"渴望"（appétit）的重复，因为拉丁语动词 peto② 回响

---

① 在《冒失鬼说》中，拉康有两次使用 ré-pétition，用来表示要求的无限重复，而欲望便是由此经过两次转向而构成环。——译者注
② 拉丁语动词 peto 有多个意思：攻击、瞄准、欲望、恳求／乞求／要求、伸向／走向。——译者注

在这两个词中。分析是这种 ré-pétition 作为对要求之说（dire de la demande）的重复的地方。①

转移之爱的解决方案?

我们来说说分析对爱产生了什么结果。这样的结果并不简单。

分析以一种间接但合乎逻辑的方式介入了爱的重复方面。我想当然地认为，分析"通告废除"（dénonce）②了主体的认同。然而，"认同是由欲望决定的"③。介入认同是为了让主体感知到，他 / 她是相对于什么欲望和什么目的而被定位的。因此，我可以说，对一个经历了认同的主体来说，有一个被认同的对象——如果对象认同是我们可以赋予其特征的名字。去除主体的认同，也就是部分地解除他 / 她遭受的限制——这是一些由重复强加在他 / 她的对象选择上的限制——并让他 / 她可以拥抱更加多样化的相遇。这种效果可以在分析中观察到并认出来。它还没有解决的问题是，要知道它是否延伸到了那被爱遮盖了的享乐模式。

分析并不仅仅是揭示对象的选择。它还让我们认识到，在求助大他者以矫正缺失——存在的缺失、知的缺失、享乐的缺失——的 ré-pétition 中，有些东西被悄悄地从冲动之满足中减去。分析者当然会消费（consomme）阳具享乐，也就是隐含在加密中的那种享乐。但他 / 她也相应地消费那始终不可能加密的享乐，后者由分析家所具身化。这就是为什么拉康也可以说她 / 他"消费"分析家。一旦

---

① 可参阅《冒失鬼说》的第 24、44、50 页。

② 这个词另有"揭露、暴露"的意思。——译者注

③ 拉康，《论弗洛伊德的"冲动"》，第 853 页。

爱的重复条件被解除，剩下的就是，在建立伴侣的过程中，结果证明是将语言大他者短了路的，并直接通过冲动来运作的东西。一见钟情，哪怕是在分析之外，也体现了这种可能性，并通过揭示爱里面最实在的东西，已经不经意地把著名的"对象关系"中的秘密泄露出来了。越过缺失，穿过磨难，那里有拉康在《电视》中所说的主体的幸福：那种对他者别无所求并总是自我授权的满足。让分析向主体揭示这一点吧，这也许会让他不再悲叹自己的缺失。这就已经解决了重复，因为它针对的是大他者，并产生了一种无神论之爱。

这是主要的问题：分析产生了转移，但如果分析者不停留在爱所导致的臣服中，那么分析是否能如人们所愿地成功解决转移呢？在这一点上，我们怎么能看不到分析机构的问题在多大程度上与分析话语本身的问题有着内在联系——无论那些手脚干净的分析家，那些只愿意关注分析话语本身的问题的分析家是否碰巧喜欢这样？

每当精神分析团体遇到危机，这个问题就会重生，而且我们很乐意想象，在一个选择被强加给我们的时刻，每个人所采取的立场的充分原因就是转移，转移成了一切的原因。顺带一提，其结果是有趣的：毫无例外地，冲突的一方将另一方的行动归咎于转移，反之亦然。

我们很容易承认分析者可以被他们的转移所俘获，但对于分析家自己也这样，我们感到震惊和愤慨：分析家被假设为已经接受过分析，他们是怎么丢掉自己精通的判断力的？如果分析的结束在于达到并承担绝对差异，即症状的绝对差异，如果结束因此登记了大他者的缺失，那么对于在分析团体中被赋予自由的卑屈享乐，我们如何解释其爆发？确实应该提出这个问题，因为那种让分析团体变成了邪教的现象，在历史上并不新鲜，频繁到完全不能说是偶然的。证据就是威廉·赖希（Wilhelm Reich）和荣格（Jung）身边的狂热分子，这是离我们很远的例子。

然而，这是转移的错吗？

我们给转移定罪，是因为转移是爱，而爱使我们顺从，只要它持续下去。爱导致同意，但有时也会导致牺牲。在《群体心理学与自我的分析》中，弗洛伊德着重强调了这一点。拉康从中得出了一个很妙、很有风格的表达式：爱是一种自杀。牺牲的等级从最温和的形式到最残酷的形式，但无论如何，牺牲都把思考和决断的负担放回到了他者身上。愚蠢的盲目和不负责任的顺从也把欲望和剩余享乐的负担放在了大他者那里，而这些正是支持思考和决断的东西。换句话说，爱者被推动着牺牲那对他来说最实在的东西，我们称之为他的症状。

因此，人们可能倾向于认为，精神分析"邪教"的驱动力来自未解决的转移，而这些转移可能引发爱的牺牲倾向。

那么，我们是否应该把那些真正经历过分析，会抵抗塞壬诱惑的人和那些臣服于转移的人对立起来？或者我们应该说，分析并没有真正结束？

两种爱

在这个问题上，我们忘记了并非每一种爱都是转移之爱，而且转移之爱也不是什么普通的爱。正是拉康有这样的洞察力，而弗洛伊德丝毫没有怀疑过转移之爱：他发现了转移，立即就把它等同于童年之爱的回归，他在其中看到的，归根结底就只是对父亲的旧爱重演。我要指出的是，如果弗洛伊德是对的，那么精神分析式的转变效果将是不可能的，因为后者只会无休止地重复幼儿立场。如果没有什么能超越父亲，那也就没有什么能超越孩子。

拉康挑战了这一立场，认为转移是一种新的爱。它如此之新，乃至把"颠覆"引入了这个领域。我们知道，拉康并没有滥用"颠覆"这个词。他把这个词用在主体身上，后来又应用于转移，这是具有一定的分量的，尤其是因为他向来就不是爱的狂热粉丝。

整个论点转向以下见解：转移之爱并非对父亲的爱。旧的爱和新的爱彼此对立，分别是对 S_1 的爱和对 S_2 的爱，因为我们把知识写成了 S_2；在语言结构中，S_2 来担保 S_1，特别是父亲的 S_1。这两种爱是相互对立的，尽管第二种爱让我们回过头来考虑第一种爱。

转移之神不是任何信徒的神。假设知道的主体也许是上帝本身，但这是不存在的神，即哲学家的上帝，这个上帝潜藏在任何类型的理论中，甚至在数学中；那么，这个神不过就是拉康所说的大他者场所。

信仰之神，尤其是先知的，则完全不同。基督教归给这个神的爱和承诺虽分量十足，却只能掩盖这样一个事实：这个神是一个意志之神，一个令人恐惧和战栗的神，偶尔还是一个神圣的恐怖之神；这就是拉康所说的"黑暗之神"。这个神，就其晦暗不明而言，把我们推到了迷恋牺牲的地步。我们把这个神写作 S_1，即复仇之主及其所有的世俗衍生品。无论牺牲和弦在哪里振动，我们都可以肯定，起主宰作用的并非那种新的爱，而是对以前可怕父亲的旧爱。后者与其说是一种假设的知识，不如说是一个被假设为有所想要的人。

父之名可以与他区分开来。弗洛伊德觉察到了这一点，他写了关于两个摩西的故事，拉康从他那里接了过来。因此，我们必须看到他们每个人的承诺，并找出转移工作传递给那些接受过分析的人的最终回应，以及在分析之外可以预期的后果。

黑暗之神没有地方可以缠绕分析。的确，转移有时会采取一种偏执的形式。这可以解释为，转移导致分析者假设存在着一个无法掌握的主体的谜，这个假设在其所有阐述中反复出现，这就是分析中幽灵般的负一。这样一来，主体的僵局就转向了这个黑暗之神的建立。这既不是最常见的情况，也不是最有利的情况，人们通常期望分析家能阻止这种偏离，将病人引到转移之爱这个路径之外。

对转移的阐述，越过了假设知道的主体的陨落，朝向的方向无非就是我所说的阐明出口症状（le symptôme de sortie），而主体能够做得最好的，无非就是让自己认同这个出口症状。然而现在，我必须回到症状是什么这个问题上，并引出拉康对这一主题的最后阐述的临床结果，看看它们是如何与父亲问题相联系的。

症状之名

无意识不仅仅是一个主体，它也是享乐。它是"没有主体的知识"，并赋予症状中的身体享乐以形式。我们不要忘了，症状在这里不是被定义为精神病学意义上的异常，而是说每一个伴侣都是症状性的：一个伴侣是由无意识产生的，是两性关系无法被书写这一事实的结果，我在前面说过这一点。

在可无限解密的享乐领域，症状具有例外的功能。每一个被解密的能指（∀x），每一个无意识知识能指，都带有阉割（Φx）——大一的受限享乐——以及由此产生的东西：地狱式的持续感应，它只是扩大了主体的符号群。这个群落可以写成 $\forall x. \Phi x$。

除了一个能指之外，其他所有能指都是阉割性的，因为存在一个能指——我们姑且说它是一个字母或符号——它不代表主体（$\exists x. \overline{\Phi x}$），却固着了他的身体享乐。因此，有一个能指不带阉割，而是阉割的解决方案；它不是被阉割的享乐的换喻，反而固着了那作为主体的保证的享乐。这就是症状的一，拉康称之为字母；它充当了作为链条的象征界的例外，使无意识进入了实在（见研讨班《实在界、象征界、想象界》）。

用其他可能更简单的话来说，症状的这个大一也是被划杠的大他者的能指，一个断开了连接的能指，它与实在的能指具有相同的结构；实在的能指是一个作为例外的，并不属于大他者链的能指，但它是唯一一个结扣各种形式的能指，它在这些形式中显现自己。

我使用了与《冒失鬼说》同源的表述，以表明父亲和症状处于同一平面。然而，我们一定不要忘了，这种症状不是我所说的"自闭症式"的症状，而是作为一种社会纽带的症状；它包括欲望和幻想的言说居所。我们在乔伊斯身上找到了证明，这种症状改变了精神分析中父亲的功能。

因为父亲本身——父之名——就是一个症状；这是论点的另一部分。他是一个症状，这是他自己的一般化的父性倒错／父亲版本。这不是一个 S_1，而是一个 S_2，如同症状。父之名是一个模型，就其作为例子而言，是阉割的解决方案，是众多可能的解决方案中的一个，但它的优点是把两性和代际——性和代际的享乐——打结在一个可忍受的配置中。

拉康更新后的论点的首个结果是，想象的、象征的和实在的父亲之间的著名区分变得即使不是无效，也至少意义不大。象征父亲压根不存在：那个把三个辖域打成结的父亲是实在的，或者他根本就不是／在（il n'est pas）。第二个结果是，一个症状可以做得和父亲一样好；想想乔伊斯作为艺术家的症状。因此，没有父亲也行，前提是利用症状。症状不仅可以用于享乐，更可以作为独一的一致性原则，可能用于话语和社会纽带。大他者是缺失的，那使得大他者具有一致性的 S_2 也是缺失的，但每个人独有的症状却弥补了它们的缺失。要是大他者不存在，那每一个选择就都来自症状并朝向症状，这个症状，我们要注意，它甚至可以是"有一段分析"。我们的指南针始终是症状，无论我们知道与否。

分析没有其他的目的，只有借助实在来实现的目的。

达到这个目的，对神经症主体来说是一个很大的变化，这个主体因结扣点而生病，而且正如拉康所说，这个主体没有名字。这意味着，由于他无法在他的症状名字中认识自己，由于他不能自行承担享乐——此享乐单独就能掩盖大他者是缺失的这一事实——他就只能漂浮到不一致之中。在日常语言中，我们说他不知道自己想要什么。我们姑且说，他生病主要是因为问题而不是结论——因为也有人因结论而生病！我们知道这种不一致症状：怀疑、不确定、拖时间、逃避、拖延、空想——这些都是它的普通表现。因此，有这样的一面（尽管有各种意图），即无决断且不可靠的一面：癔症主体的无信，强迫症主体的（思想、态度和行为等的）大转变。用另一种方式来表述就是，只有他的抱怨是一致的，这相当于从阉割中获得享乐。在这个意义上，他更多的是主体而不是症状。

分析是否可以治好他／她？可以。分析通常能让他／她做出选择（选择一个女人、一个男人、一种生活方式、一种职业等）；使得他／她更能做出决定，不那么受拘束，不那么局促不安——总之就是，更果断，更有战斗力。换句话说，分析强化的不是他／她的自我，而是其"症状点"——我用这个表达类比了拉康所说的"正统点"（point doxa）。分析使得她／他能够估量出，自己已经被引导了。把一个神经症主体带回症状是一个巨大的成功，使她能触及自己身上最实在的，而且与其他人最不相似的东西。这也使我们能够理解，在分析的最后，在主体已经瞄准了她的症状的绝对差异时，可以出现的，如拉康在第十一个研讨班末尾所说，不是无限之爱——这是一种误解——而是"无限之爱的意指"①，这是完全不同的。无限之爱的意指，如同该研讨班末尾用多种方式呈现的那样，正是绝对的牺牲。认同症状和迷恋黑暗之神，这两者是互斥的。

假体症状

但是，就分析而言，有一个"但是"和一个"之后"。

如果主体通过分析终止了无意识享乐，与自己的症状和解了，那他／她就可以不受影响了吗？经验向我们表明，情况恰恰相反，而且我们还必须把握这种现象的驱动力。它和假设知道的主体无关。

———————

① 可参阅第十一期研讨班最后一课的最后一段，拉康的用词是 un amour sans limite，而本书作者在引用时用的是 un amour absolu，考虑到拉康的原话以及本书英文版的用词，此处翻译为"无限之爱"，而拉康在那里接着就谈到了为什么可能只有无限之爱的意指浮现："因为它在法则限制之外，在那里，它可以单独存活。"——译者注

其源头在于，并非所有症状都具有充当导向原则的优点。拉康提到了无意识的位置。我想说的则是症状的位置，以肯定症状的享乐价值。此价值因人而异。

我已经使用了"爱你的症状"这一表述，但并非没有深思过。我可以补全这句表述："爱你的症状，而不是另一个——另一个症状。"你可以认同你的症状，但要违背自己的意愿，神经症主体往往就是这样的：拒绝自己，甚至憎恨自己的存在，这不仅仅是忧郁症中的情况。如果他成为一个闪烁着不同享乐的症状，并将它肯定到了傲慢的确定性的地步，我们就几乎可以确信他将会被这种相遇的一致性所捕获。

在我们那没有指南针的话语中，除了症状之外，不再有任何东西可以引导主体，但其方式或多或少是松散的。因此，主体正在寻找类似于后备症状的东西，从而为他们带来更精准的定位。这可以从作为简单补充的症状一直到实在的假体症状。症状-假体是踌躇不定的主体的"天赐之物"，他们越踌躇，症状-假体就对他们越有利，因为被这样装配之后，他们往往被转化为坚定不移且可怕的狂热分子。弗洛伊德察觉到了这一点，他说，集体构形可以弥补神经症构形。症状-假体提供的支持**不**是转移。相反，它缝合了转移。

不要把问题归咎于转移。当然有一种和"灾难／领袖的愚蠢力量"有关的爱若，但知识的爱若是不同的东西。转移作为对知识的爱是珍贵的，因为它独自就能把主体引向最实在的东西；它独自就能把她引向这么一个目的：如拉康所说的，"让她和群体分离"。在这里，我们可以再次发现性差异，并假设女人因为是非全的，所以

第七部分 分 析 | 311

不仅仅被分割；她们还被分配在两种享乐模式之间。因此，她们不太适合群体，群体是被同质化的享乐的规则。一个女人并不像普遍的良心那样容易 "超我化"（surmoite）[①]。弗洛伊德为此责备她，他清楚地知道，他用一个被高估的术语，即 "文明" 来称呼的东西，不过就是用来制造群体的话语机器。拉康本人在这方面则肯定了她，至少他在教学末期提出了女人与实在有更近的关系，这是就一种不可能去说的活生生的享乐而言的。

---

① 拉康，《冒失鬼说》，第 25 页。

第八部分
结 论

作为结论，我将重提非全对社会纽带产生的各种形式的影响。"你想要什么？"弗洛伊德在私人层面上对女性欲望和女性性提出了疑问，这个表达在当下则蕴含了一个完全不同的社会维度与集体维度。在一个已经放松了那些束缚女性的古老枷锁的时代，情况如何可以不是这样子呢？这不再是一个想让她们一无所知且不做任何决定的时代。生育、爱若、家庭、职业——现在所有这些都属于她们。因此，我们必须问，在这些新力量所包含的欲望中正在诞生的东西，以及这种与实在更近的关系——拉康将之归于女人——它们将会产生什么呢？这个问题涉及的不仅是女性欲望在社会层面上（在这个词的一般意义上）的效应，而且还是女性欲望在分析性纽带自身中的效应。

社会效应

我已经提到了可能的推向爱（pousse-à-l'amour），这是由女性主体的享乐之异性在其身上诱发出来的，而这种异性并不包含认同；这种推的作用是抵抗社会纽带的个体化碎裂。这是拉康所说的实在界中的女性爱若斯及其力量的问题——在同样的地方，由于没有更好的词，弗洛伊德曾称之为"死亡冲动"，以指涉搞破坏和分裂的东西。我们可以把这种推向爱归于女人。弗洛伊德不会反对这个说法，这正是他责备她们的原因；至于拉康，他是会赞成的，但他不会太相信这种爱。无论如何，我们会带着肯定地说，女人宁愿自行承担一种特异之爱的纽带（无论是伴侣双方中的、家庭中的，还是新的对知识的爱中的），而不是拥抱以前对那个起统一作用的领袖的爱。我们如今已知道，此领袖是一切形式的极权主义的准则，并且解除了所有这些特异的纽带，以让位于群体利益。

然而，在这一点上，癔症本身似乎创造了一个问题，甚至是一个反对。癔症主体难道不像所有经验表明的那样，为父亲悲痛吗？然而，这并没有解决问题，因为癔症主体与父亲以及群体的关系是很复杂的。

癔症的流行在"癔史"中并不罕见，这可能使我们认为癔症主体是群居动物。弗洛伊德在《群体心理学与自我的分析》第七章中以女子学校为例，阐述了她的群体模范机制。但是，我们在此不要搞错了：在那里发生的蔓延，虽然与那引发了对领袖的爱的东西相似，但也有很大的不同，因为在她导致的危机中所扩散的不是别的，正是对缺失的认同，而在爱的不幸中，就是这种认同在起作用。弗洛伊德举的例子让我们毫不怀疑，女孩子所认同的，是她们在爱中可能会感受到的各种失望，而且她们对即将到来的年轻男人一无所知。这种认同的范式是，癔症群体总是受到双人伴侣关系之化身的秘密指挥；这种关系就是，一个女人爱上了她的大他者，不论此大他者是实在的还是想象的，在早些年月，这个大他者还包括上帝与魔鬼。《群体心理学》（*Massenpsychologie*）中的群体则不是这样。相反，这样一群人直接垂直认同于单一领袖，而这个领袖指挥着兄弟——即大一的崇拜者——之间的水平认同。如果垂直认同瓦解，那么水平认同亦将不复存在。弗洛伊德坚持认为，在这种群体结构中，领袖的声音变得寂静时，恐慌以及纽带之破裂就会随之而来。

领袖崇拜与"维持父亲的欲望"——癔症主体的典型位置，尤其是在转移中——之间的区别是什么呢？这可不是谜语，因为答案太明显了。一个必须得到鼓舞的父亲是缺乏欲望的，无论是对知识还是对女人，或者同时对两者皆是如此。领袖之声，尽管可能很愚蠢，却能制定法则，激发和引导力比多。癔症主体的父亲必须被唤醒，因为他正在遭遇困难。骇人之神将引领群体，但癔症主体的父亲远不是这样的一个神，他是那个从例外位置跌落下来的父亲。他被降格至遭到阉割的级别，和每个男人都一样了；他被爱，更多是因他那敞开的伤口，而不是因他的力量，尽管癔症主体保留了一种对至少有一个知道的人的怀旧。此外，我们还知道，由于历史偶然性，当一个假设知道的主体将自己呈现在癔症主体面前时会发生什么：癔症主体让他接受质询，找出他无能的地方。由此，要责备癔症主体爱大他者的阉割胜过爱大他者本身，就只差一步了，而且这一步已被迅速跨过。这有点过于简单，但并非不正确。看看安娜·O吧，我借用她开启了这本书。她转移性的事业当然失败了，因为在弗洛伊德拒绝之后，她成了布洛伊尔的懦弱的牺牲品，但从这次失败中，她找到了一个使命：把自己献给世上所有受苦受难的姐妹，她们都是男人的殉道者，弗洛伊德讨论过的那些年轻女学生也是如此。

我刚才提到了一个明确的事实，那就是癔症受制于历史，并且随其环境而波动。拉康引入了一些不一样的东西：癔症作为原因，对文明的演化不无责任。因此，他将一个主要的社会角色，特别是在科学的出现及其对知识不可阻挡的激情中的社会角色，归于癔症位置，而这一位置是精神分析在私人层面上所揭示的。拉康在苏格拉底那里看到了这一操作的象征性人物，这是柏拉图（也没有别人了）的苏格拉底，他在质询古代的主人时，要求对方亮出自己作为主人的知识。由伽利略创立的现代科学很可能是这一挑战带来的长期回响。我们看到了拉康如何定位癔症主体：她是那个让他者生产知识的人，这是她的使命。癔症主体和科学男人是一对引人注目的对子，其中一个发出刺激，而另一个一点都不癔症的人则为知识劳作。因此，我们可以想到，癔症主体在寻找一个会受到知识欲望驱使的男人。

癔症主体与科学在结构上的同源性可以在某种话语中找到，在此话语中，是伴侣被召唤，被命令提出答案。然而，此两者的伴侣并不相同。科学针对的是人们长期以来所说的世界或自然，它使知识在实在界中成功给出回应。也就是说，就像爱因斯坦，科学处理的是一个未被划杠的大他者，一个复杂但不具欺骗性的大他者，此大他者并不掷骰子。这是一种方法论上的除权，它将主体的全部辖域排除在其考虑之外，此辖域总是意味着与欲望和享乐有关的特异真理。

因此，将精神分析的出现理论化为科学所排除之物于实在界中的返回，并不为过；科学想要知识，而且别无他求。它几乎想要所有的知识，除了那使我们成为"言在"的无意识知识。而要想得到无意识知识，就得成为癔症。癔症主体不得不把问题带往科学不去而弗洛伊德想去的地方：性的领域。拉康在《无线电》中恰如其分地指出，"性的颠覆"总是与科学的萌芽时刻紧密相连，他在此也嗅出了同样的癔症气息。这种颠覆在今天是显而易见的，但显然不许诺幸福，尤其是不向伴侣许诺幸福。被问及这一对伴侣还有何种神秘之时，除了知识能指，他还能回答什么呢？而知识能指将永远说不出不可能言说之物。失败是注定的。

我将在此点上得出结论：癔症本身为开启"性诅咒"出了一把力。这是其美德，但没有说出任何与爱的力量有关的东西，而且并不助长爱的力量；若要包扎伤口，光建立社会纽带是不够的，这是癔症的局限。非全和癔症之间的区别，并不能用来区分一个女人与另一个女人，而是穿越了每一个女人。这种区别也在爱的层面上产生了回响；将伴侣的根基定位在其中一位的阉割中，和其活生生的享乐中，这两者有很大的区别。

在精神分析中

我现在来到精神分析领域。这里可以明确地证实，女人更容易被转移性的纽带（而不是大一的支持者）所吸引。这是合乎逻辑的：难道不恰好总是在一点点实在的基础之上，我们作为"情素性的主体"可以诉诸假设知道的主体吗？因此，就女人而言，她们与实在界更近的关系伴随着与大他者更近的关系，这并不令人惊讶。然而，我们如何评估这种倾向的影响呢？这种倾向肯定过度决定了精神分析职业相对于其他诸如医学、教育、文学类职业的女性化。

首先，我们可以把这归于女性。然后我们会带着肯定地说，女性更愿意走向新的对知识的爱，而不是走向对集体化的领袖的旧爱。癔症在女人中很常见，它也在这个方向上运作着，自从它与弗洛伊德相遇以来，我们已经意识到精神分析欠了它什么。精神分析家认为癔症是一种优势，因为癔症开启了一种可能的分析性纽带。然而，这并不是赞美。

对大一的爱已经遭到了批判，我们知道它促成了群体的产生，使主体脱离了其欲望和判断。另一方面，转移作为对知识的爱，不仅仅具有美德。爱知识就是不欲望知识。这种新的爱和其他的爱一样，都是虚幻的；只不过，它使人更喜欢梦而不是实在——梦想着解释能够带来的意义。这是拉康至20世纪70年代为止的论点。这里所讨论的知识显然不是什么普通的知识，在任何情况下，它都不是科学知识，而是与性化的享乐有关的无意识知识。现在，此知识首先允诺的不过就是阉割。因此，谁会欲望这种知识呢？对知识的爱当然使得制作转移成为可能，但也为知识欲望制造了障碍。因此拉康退回到了弗洛伊德的论点，尽管是以完全不同的路径，这个论点就是，转移既是治疗的条件，也是治疗的障碍。

也许就是这使得拉康说女人既是最优秀的分析家，也是最糟糕的分析家。她们是最优秀的，是因为她们的解释更加自由，不那么在意准确性，更关注真理，而真理本身就是非全的。她们是最糟糕的，因为她们太爱这个特异的真理，就会忘记结构，而结构并不特异。拉康取笑她们的声音在精神分析中所具有的分量与产生的"解决方案之微小"不成比例。这样的评论对梅兰妮·克莱因来说是不公平的，如果拉康未在其他地方对她的天才致以慷慨的敬意，并强调她的积极作用的话。

我认为，除了这个尖锐的评论，他还指出了我等会要总结的一个非常实在的问题：就分析的结束而言，两性之间存在着不一致。

结束的不一致

结束上的这种差别反映了另一种差别，即进入分析的差别。我在弗洛伊德领域关于癔症和强迫症的会议上强调过这一点。所有人都同意，让癔症主体进入分析比让强迫症主体进入分析更容易，但让癔症主体离开分析也更难。现在，毫无疑问，这两种临床结构之间的区别，作为一个整体，可以叠加在性别的区别上。

这个众所周知的临床事实的原因，只能在于我所说的享乐"戒律"。我假设阳具享乐很悖论地更有利于分析的结束。阳具享乐已被结构为能指，已被一所塑造，它更适合于症状性的固着。对于一个既定的主体，除了其具有"父之名"功能的基本症状之外，再没有其他结论性的结扣点了。这对于男人和女人来说都是显而易见的情况，他们远远没有位于阳具享乐之外。然而，症状的字母，它将符号与享乐联姻，并不能确保额外的享乐，而额外的享乐总是大他者缺失的，无论这个大他者是大写之人、上帝还是魔鬼。换句话说，有一些享乐并不经过字母。在我看来，这就是为什么拉康会用一个图式来将异性——他用这个词来指涉异质性之物——与一打成结，无论此一是什么。

一个女人，每一个女人，当然总是能把自己与大一说打结在一起。有几种方法可以做到这一点，这要看此大一说是否会固着她的爱，或者相反，固着她的挑战，甚至她的拒绝，比如女性同性恋中的。然而，在所有情况下，解决的办法都并不等于挑战。我曾经提到过："任何女人为一个男人（*a*男人）做出的让步都是没有限度的：她的身体，她的灵魂，她的财产。"可是，"一旦你做得太过了，那还是有限度的"①。用爱的大一说来解决问题，太容易受相遇的偶然性支配，尤其是，太无力于削减对大一说无法遏制的呼唤之渐近性，它还要再来一次。后者并非一个癔症式的满足之缺失的问题，甚至完全相反，但却常常与这个问题相混淆。

换句话说，只有一个男人——他认同自己的症状——才能平息对大他者的呼唤的复现。症状完全的阳具享乐——为了有一段关系，就不能够是这样——足以制造……大写男人（L'homme）。无论是谁，只要不完全处在这种享乐之中，情况就会不一样：有实在界之物超出了大一，没有什么打结会让女人自足。没有哪个结会削减她对大他者男人讽刺般的期望，这种期望是由永不闭合的一系列可能的一来维持的。"因此，女人欲望的东西的普遍性就是纯粹疯癫：他们说，所有女人都是疯癫的。"②

然而，在一个男人和大写男人之间，并没有被排除的第三项；存在一个可能的第三项，即分析性的纽带所提供的假设的知识，并且我们可以看到它将我刚才提到的渐近状况维持得多么好。我们可以理解，女性出于偏好，把希望寄托在分析中，以便减轻额外的实在带来的负担，但是分析能向她们允诺什么呢？

总的来说，分析家都同意治疗涉及哀悼，哪怕他们对哀悼概念的理解各不相同。然而，有好几种哀悼：首先是对大他者的哀悼，此大他者不存在，但转移一度使其存在。我强调过，正是在这一点上，基本症状得以代入，并使得每个人都能根据她的欲望和她的享

---

① 拉康，《电视》，第 64 页。
② 同前。

乐来决断。

　　然而，对于任何一个被没有能指的享乐所影响的人来说——这使得她所说的是"不一致的、未被证明的、未被决定的"（s'inconsister，s'indémontrer，s'indécider）①，症状带来的结论是不够的。因此，一场针对可能全知的知识——它甚至可能了解非全——的哀悼，没有任何补偿，被提上了日程。这种哀悼开始出现时，通常具有不同的色彩，这取决于分析家是男人还是女人；在第一种情况下，这种哀悼可能倾向于怀旧式的抑郁，在第二种情况下，这种哀悼则倾向于恶毒的指责。然而，这些只是单一经验的细微差别，在这种经验中，我们可以说，通过退出来得出结论是比较困难的。它们对退出决定所施加的影响无可避免，而决定退出与结论是不同的。此外，它们彼此截然不同，因为在临床方面，难以得出结论既有利于被延长的分析，也有利于那些突然结束的分析；既有利于分离行动被阻滞以及纽带的维系，还有利于通向行动，而通向行动意味着采取极端行为，没有任何实在的分离。弗洛伊德虽看到了第一点，但他依然有盲点，这是因为他痴迷于阴茎嫉羡，这种嫉羡虽确实存在，但恰恰是非全的。

---

① 拉康，《电视》，第64页。

第九部分
附　录

分析中的性差异

关于性差异，分析话语能让我们表述什么呢？关于男人和女人，我们又能提出什么不是来自公众舆论或个人意愿的东西呢？

这些问题的关键并不在于两性之间真正的关系。我们知道，这些关系运行得很好——或者也有可能很糟，但情况就是这样的——人们对此并不能说什么。问题的关键在于治疗的伦理。关于这个主题，还有很多问题悬而未决，首先就是这样一个问题：在性别认同方面，什么是必需的，以及是否有什么是必需的，以便我们能够说分析完成了？这场争论由来已久——关于要达到生殖性的奉献的争论，已经激烈地持续了一段时间——至今仍未解决。我们也可以问，分析家是否是以"去–性化的"（para-sexué）[1]身份在工作，在这种情况下他是男是女并不重要，区别只在于分析者的表象。或者，我们还可以提问，一段治疗对男人和女人的效果是否一样。

我不会在接下来的言论中回答这些问题，不过我之所以提到它们，是为了让我们看到，根据分析经验，我认为在拉康提出的性化公式中起作用的是什么：就性差异而言，仅仅借助言语来工作的分

---

[1] 前缀 para- 表示"防止""避免""去除"。——译者注

析，是否能触及某种实在？

拉康说，男人和女人是实在的。没有哪种理想主义能发展到声称性别之间的划分只不过是一种表象。然而，对于这个实在——活生生地被性化的身体之实在——我们什么也说不出来。我们什么也没法说，是因为有一道语言之"墙"，是因为实在处在象征界之外，但我们还是把它当作非常明确的享乐形式来处理。我要引用拉康的一段话：无意识是

> 一种从呀呀语中链接出来的知识，是在那里言说的身体，此身体只被实在打结，它利用实在来享乐自身。但是，就其自然状态而言，身体是和实在解结的，此实在，哪怕它是在拥有享乐的基础上存在，都并非较不晦暗的。什么是呀呀语，这是少有人注意到的"深渊"，恕我直言，呀呀语使得这种享乐文明化。这里我的意思是，呀呀语将享乐带往它被开发了的效果……①

所以，如果一个身体所享乐的实在是不可触及的，那么言在唯一能触及的实在，即拉康用不可能性来定义的实在，仍然有待界定。对于一个"存在的假相"，一个受制于话语的存在，最实在的东西就是话语最强烈禁止的东西，也就是在话语固有的逻辑中是不可能的东西，因此，它也是不能僭越的东西。所以，这关乎于探寻"来自

---

① LACAN J., "La troisième", *Lettres de l'Ecole freudienne*, N° 16, novembre 1975, p. 189.

实在的什么东西在知识（知识用自己补充了实在）中发挥了作用"。

由于形式化的僵局，由于实在作为一种不可能性，链接是有一个极限的，那么，在分析性言语的经验中，你如何能够触及此种在极限处被把握的实在呢？还有，性差异是如何卷入其中的呢？

让我们从显而易见的事情开始：首先，有分析者说的话，这是强制性的，是有风险的，也是摸索性的，更是无法收回的。就像孩子说的，"说了，说了！"这些话瞄准的当然是主体的独特真理，但在追逐该真理的过程中，它们勾勒出了治疗特有的运动，利用这个运动，言语转向自己，把所有的真理都化约为言语真理，即化约为拉康曾经阐述的，但也是每一个分析者都证明了的真理：主体是分裂的。为了让它进入说之中，分析者只需要言说就够了。在这里说和所说的话是要区分开的，因为说并非真理维度的。这是一个能述时刻，其内容不是在所说的话中陈述出来的，而是从其中推断出来的，是从其中证明出来的。在这一点上，分析方法触及了言语的实在。

事实上，神经症主体一生都在尽力避免阉割，但如果他言说，就会有很多事情是他不能避免的。首先是能指的歧义性，如果分析家把能指返还给他，就会使他失去他所说的话（ses dits）带有的意向性，并使他与那可能已被说的（s'est dit），但并不包含他的话绑在一起，也就是说，其中没有他的"（宾格）我-（主格）我"（moi-je）。因此，能指的歧义性使得他成为主体，臣服于能述——一个几乎可以说是没有能述者的能述。此外，他还是这样一个能述的主体：该能述的意义——一个或多个意义——是他不可能中断的。因此，此意义即使被表述/链接了，也仍然是不可能表述/链接出来的。那些梦想着综合其所述，梦想着抓住那编排了其历史的最后言词的人，都会发现自己是无意识主体。这是任何综合的失败之处。我们可以说：综合对任何这样言说的人而言都是被禁止的，这就是主体的分裂。在这样通过他的言语漂流的过程中，他是不是至少还能希望把他自己系在他最后的能指的共时性上？这也是不能的，因为有原初压抑。他没法将他的一组基本能指集合在一起，由此我们可以得出结论：存在一种逻辑上的不可能性，拉康用 S（A）来表示这种不可能性。"共时性"这个语言学概念在这里被揭示为一种错觉，如同分析者会发现的那样，而且拉康也为此提出了解释。一次获取所有能指，这是不可能的。我们不可能把它们当作一个整体，因为总是至少有一个能指是缺失的，即主体的能指。拉康说，正是这种不可能性，最适切地说明了阉割是什么。

因此，我们可以说，分析使阉割在言语中起作用。从这个意义上说，它是言语特有的逻辑的经验；而且，我们不要忘了，这个言语是具身化的，不管二元论怎么说，言语都造就了言说的身体。因此，与逻辑一样，分析是"话语之必然性的产物"，并且带有这个定义所暗含的悖论。的确，如果必然性是被生产出来的，那就必须把它当作是以前不存在的，但作为必然，它就必须被假设为在生产出来之前就已经在那里了。经验的许多特殊性都陷入同样的悖论之中，例如拉康所说的象征阉割：一方面，我们把它当作一个并非偶然的结构事实，换句话说，没法避开它；另一方面，我们谈到承担起阉割的责任，进入象征阉割的责任。因此，我们说它是一直存在的东西，是必然的，又说它是必须要出现的东西，是必须被生产出来的。我们在弗洛伊德的一句话里也能发现同样的细微差别："它曾在之处，我必生成。"

在分析中，这种出现，如果指的不是通过言语及其承载的说而形成的存在，又是什么呢？然而，这并不是你意识到的东西，有些分析者就证明了这一点，他们进入分析时，提前就知道他们必须经历象征阉割，他们有时就是这样表述的。在他们并不通过放弃或者逃避来回避失望的时候，有了象征阉割这个术语，他们就找到了一个地方来安置最微弱的失望。所以他们"知道"，但情况并非如此。为了使情况就是如此，被说出的东西的经验就必须将说隐藏起来，必须让它外-在。另外，在知识和真理之间存在的分裂，可能也分裂了精神分析的传递。事实上，精神分析的传递产生了一种知识，一种关于真理的知识，它可以被事先知晓，被重复，甚至被用在学术上，而且，可以维持任何我们想要的迷恋。但是，这种关于真理的知识，只有在它是通过转移性的言语而产生的情况下，才对主体而言是真的。它被生产出来，而不仅仅是已经被生产出来了，因为在真理和知识之间有一种我们可以称之为"隐没"（éclipse）的游戏，在这种游戏中，真理在显现的时候迷失了方向，在被知晓的时候遭到了遗忘。所以，让分析者继续工作下去是有必要的，不管其形式如何。治疗的经验不可替代，这并不意味着它就像有些人担心的那样类似于宗教入会。如果从全部的所说（ces dits）中，有一个说浮现了出来——这些所说的意义会逃逸和消失，而借由说，意义能够被书写——那么治疗经验就能和宗教入会区分开来。在科学和宗教之间，也许没有必要做出选择。

我想再回到性化这个话题上：因言语而分裂的主体是有性别的（sexué），还是说，性差异仅仅是活生生的实在的事务（affaire），或是自我的事务？自我是一个综合功能，但它是一个想象性的综合。可以肯定的是，自我与性的问题有牵连。拉康甚至说它在那里占主导地位，但是，他补充道：

> 自我的事务——就像阳具的事务一样——只要能在语言中被链接/表述出来，就足以成为主体的事务，想象界就不再是它唯一的动力。

因此，这个问题可以重新表述为：既然性是主体的事务，那么分析中的说是什么呢，如果正是它支撑着存在？根据拉康的观点，弗洛伊德的"说"是从未被他表述过的"说"，拉康对它进行了"还原"：没有性关系。这是从弗洛伊德发现的与无意识有关的一切所说中推导出来的表达式。但这种推导的基础是什么呢？

这不单单是分析者说的"这行不通"，因为这样一个观察并不排除"这将来行得通"的可能性；正是这份希望——这最终将行得通——让很多人进入了分析。

"没有性关系"，这意味着人们在期待这种关系，我们对此并没有太惊讶，因为这已经是陈词滥调了，而且非常方便地让每个人都能掩饰自己孤独的经历、自己的失败，甚至自己的失误。我们在这里发现了否定（la négation）问题，如果我们追随弗洛伊德，会发现否定假定了一个预先的**肯定**（bejahung）。为了让人期待性关系，就必须要有"两"，必须要把差异安置在无意识中。

然而，我们看到的是，差异本身就是一个问题。当然，男人和女人，他们的言语是不同的；在风格、语气和内容上都不同。我们以男人或女人的身份言说，我们能谈论差异是因为有能指。然而，我们不知道差异是什么。弗洛伊德已经强调过这样一个事实，即在无意识中没有男性-女性（masculin-féminin）差异的表象。确实，我们看到的运作是，要么拒绝成为男人或女人，要么更经常是，渴望自己**真正是一个男人**（être vraiment un homme）或渴望自己**是一个真正的女人**（être une vraie femme）——注意这里语言上的细微差别——但毫无疑问，在这些情况下，在对男人和女人的想象之外，目标对准的都只是阳具——为了有阳具或者是阳具。所以，我们谈论男人和女人，但不能对他们的归属做出任何判断。

那么，差异是如何产生的呢？

我们说男人女人是不同的，这首先是因为微小的解剖学差异。但当我们说他们不同的时候，不仅指的是身体形态方面的差异，同时也暗示他们作为主体是不同的。我们之所以能这么说，是因为阳具已经是一个区分他们的能指。要理解这一点，只需将阳具与其他解剖学上的差异进行比较：例如，眼睛是蓝色的还是黑色的。从这种"有"的差异出发，我们并不能得出"是"的差异。的确，这正是种族主义的目的，特别是雅利安人的种族主义：从一种解剖学特征中再制造一种与性别一样根本性的差异，也就是说，这种种族主义将另一种解剖学特征——雅利安人或地中海人的类型——提升到了能指的功能，象征位置则可以相对于这个能指来分配。

因此，正是因为已经有了阳具能指，我们才说男人女人是不同的，而且，因为我们说他们是不同的，所以他们在差异的问题上才会有不同的关系。

我坚持这一点，是为了让你们注意到拉康为阐明一种并非归属判断问题的差异所付出的努力，也就是说，这种差异不是按照如下形式运作的：男人是这个，女人是那个。关于这个问题的所有意识形态都是以这种形式展开的，而且这种形式总是假定归属背后有一个实质（substance）。

那么，从"阳具"这个独一的术语出发，我们是如何将那些个体分成了在**性别比例**上可叠加的两半的呢，而且它们在重复交合（coïtération）① 中还不会太混乱？

是阳具和有阳具的区分——在《阳具的意指》中，拉康以此处理性别的划分——可以用命题函数来阐明。

关于这个主题，我只想简单地谈谈。

在书写 ∀x.Φx.［对于所有的 x，x 都受制于阳具（Φ）功能／函数］时，参数 x 在与函数相关联之前是完全不确定的，拉康明确地指出了这一点。让我们能够确定它从而区分它的，是写入量词 ∀② 之中的模态。所以，当我们像拉康那样说男人是有普遍性的（il y a une universelle de l'homme）时，我们就可以说"全体男人"（tous les hommes），男人完全（tout）在阳具功能中。不过需要注意的是，并不是说因为他是男人所以他就在阳具功能中，而是相反，正是因为这样一个不确定的 x 把自己全部放在了阳具功能中，我们才能说他是男人。因此，这是一种有条件的归责（imputation）。"男人"这个能指将被归入每一个完全处于阳具功能中的 x，那么有待回答的问题

① coïtération 是拉康在《冒失鬼说》中自造的一个新词，凝缩了 coït、itération 和 iteración，兼有交合／性交与重复的意思。——译者注
② "∀"，在数学中经常使用的一种符号，表示的意思是"任意一个"，中文读作"任意"。——译者注

便是，他们之中是否有哪个真的存在。

同样地，∀x.Φx.表达的是女人没有普遍性，女人不存在，女人并不完全在阳具功能中。并不是说因为她们是女人，所以她们是"非全的"，而是说，如果她们站在"非全"这一边，那她们就可以被称为女人。

没有男性和女性的本质，因此也就没有义务，因为解剖学并非命运。拉康说，每个人都可以自由地站在这一边或另一边，两性都有选择。如果是这样的话，那么询问为什么话语将"非全"的选择——这让她们彻底地成为大他者——归于女人是没有意义的。事实上，我们可以反对说，不是因为她们是女人，所以她们必须把自己安置在那里，而只是因为她们把自己安置在那里，所以她们被称为女人。

然而必须指出，在这个问题上，这不可能是一种无差别的自由，因为能指是与解剖学联系在一起的。身体的一个器官表征了阳具能指，因此个体在采取主体位置之前被称为男孩或女孩。所以，如果有一个选择，那至少也是在强烈的劝告下所做的选择。否则，我们将无法理解为什么人类的"两半"（deux moitiés）可以作为一种性别比例粗略地相互重叠，从而让人类的繁殖得以延续。另外，这正是弗洛伊德在《性学三论》的一个注释中已经感到惊讶的地方，他在其中指出，如果像他确立的那样只存在部分冲动，那么就必须解释这么一个问题：异性恋怎么会这么普遍。无论如何，可以肯定的是，由于"男人"和"女人"这两个能指与解剖学并非无关，因此主体将先验地由这些能指中的一个或另一个来代表，而且他 / 她不能选择不去面对它。因此，这个问题依然存在。

　　"全"和"非全"代表了言说主体（sujet parlant）的两种可能性，结构的两个方面。在《冒失鬼说》中，拉康提出了这个问题：$\forall x.\Phi x.$ 这个表达式是在说什么呢？它意味着每一个主体都被铭刻在阳具功能中，这就是为什么拉康也可以说，如果女人并非全然处在阳具功能中，那么她们**并非**完全不在那里。

　　为了定义 $\Phi x.$ 和它所支撑的阳具享乐，在所有可能的表达方式中我保留了这个：由于呀呀语，阳具功能就是阉割功能。因为身体享乐是由呀呀语组织的，它变成了"身体之外"（hors corps）的、反常的、等同于症状中运作的享乐。能指是享乐的原因，但也使得享乐部分化（partialise），以及不可避免地外在化（extériorise）。因此，阳具功能指明了身体和主体是如何被捕获在呀呀语中的。

　　但是关于"非全"，我们能说些什么呢？如果阳具功能是我们刚才所说的这样，而且如果主体是拉康所说的那样，也就是说，是相对于能指而被假设的，并且在两个能指之间，那么谈论一个并非完全处在阳具功能中的主体，初听起来就是很矛盾的。拉康非常明确地将非全与我前面提到的 $S(\cancel{A})$ 联系起来。这是因为大他者作为言语的场所是有一个缺口的，而且这个场所总是在别处，因此我们可以说，没有大他者的大他者，或者不可能有绝对的知识。换句话说，在大他者那里有一个洞。这个洞在这里指的是象征秩序的内部边界。

　　若要一个存在（un être）来代表这个边界，那就意味着对此我们什么也说不了，或者我们可以"全说"（tout dire）——可以说任何东西，但没有什么能作为一个普遍定义的基础。因此，用来划"不存在"的女人的斜杠跟用来划大他者（以及主体）的斜杠是同一个东西。然而，尽管它在能指的领域内可能是没有被定义的，但这个存在并不是完全不确定的，因为言说的主体并不是无形的，因为有一个实在的身体。所以，必须强调的是，不要把象征界的内部边界——它在 S（Ⱥ）中找到了自己的能指——和它所涵盖的另一个边界相混淆，后者是将实在界和象征界分开的一个边界。确实，那逃脱了话语的东西，如果不是象征界之外的实在，那个在涉及性的时候只能由身体来代表的实在，又是什么呢？

因此，绝对的大他者有两个方面：一面是作为能指的场所，被划杠的大他者，它总是大他者；另一面是实在的大他者，由于它绝对地不同于象征界，所以它外在于象征界。在我看来，当拉康在《第三》中谈论大他者的享乐（la jouissance de l'Autre）的时候——他说大他者的享乐是不可能的，而且也是"在语言之外，在象征界之外"的，就如阳具享乐是"在身体之外的"——这两个方面似乎都含蓄地存在。大他者首先指的是另一个身体实质（autre corps substantiel），作为身体，它只能被拥抱或摧毁，或者只有一部分能被抓住。但另一方面，这个身体，伴侣的实在身体，象征化了那作为不可穿透的能指场所的大他者。

因此，说女人是"非全"的，就是说女人这个能指隐含着逃脱话语的东西，并呈现了任何超越言语所能抵达的东西。当然，这种超越源自象征结构及其固有的缺失，但如果在象征界之外没有实在——这里指的是身体的实在——那么它将仍然是完全不确定的。在这方面，关于天使性别的争论值得被称为是拜占庭式的。因此，声称自己是一个女人，就是把身体赋予结构的一个方面："通过其与论及无意识时可说的东西的关系，从根本上成为大他者。"在这里，身体之实在的晦暗性（身体通过实在来享乐自身，而且这对象征界来说是最陌异的事情）来到了象征界缺口的位置。

为什么是女人的身体优先被召唤到这个位置，这对主体来说意味着什么？

毫无疑问，我们必须回到那个物——那个始终是陌异的，在象征界之外的实在——它是所有主体都会遇到的母性之物（la chose maternelle）。如果有发生相遇的话，那么也是一次糟糕的相遇，因为这是与一堵墙的相遇，其把言在和实在切割了开来。但是，这里的母亲是双重的：既是身体的，也是言语的，用拉康应用于无意识的一个表达来说，是"言说的身体之谜"。事实上，与母亲的关系是双重的。

一方面，必须说没有母亲的身体的享乐。当然，有声音的、嗅觉的和触觉的接触，但这个身体仍然是他性的、陌异的，被收在其内在的晦暗性中，由镜像包裹着。在我看来，孩子的施虐狂没有别的意义，其意义不过就是指明与第一道边界的相遇，即对于另一个身体，你可以试图切割它，吃掉它，压碎它，等等，但它仍然是他性的。这就是孩子实在的攻击性和想象的攻击性所要面对的东西，直到话语所携带的禁止结束这些攻击性。没有能力抓住母性之物，不可能与之乱伦，这意味着主体只能得到其中的碎片，一点点对象，即乳房、声音、目光等，也就是说，如果大他者允许的话，主体就可以投放部分冲动。

但是，妈妈也言说。孩子如何识别出言语，如何区分言语和噪音，这样的问题我会先放在一边。母亲言说，而且经由言说提供了能指，这些能指将组织冲动的身体。她用要求的维度建立欲望和阳具能指的维度，即大他者之谜的维度。然而，需要强调的是，母亲的欲望之谜在被表述 / 链接出来时——S（A̸）从中浮现出来——增强了她身体的实在之谜。我们在这里又发现了跟"非全"有关的重叠。然而，有必要指出一点：我并不是说实在本身是神秘的。它只是在那里，没有意义，超越现实，而现实本身是建构的。这个谜来自象征界。这意味着，实在界对言在来说之所以是一个谜，是因为象征界将言在与实在分开了。因此，它仍然只是一个边界，一个以隐藏的形式选择性地想象出来的边界。

因此，我们可以说母性之物是所有隐喻的地点，是所有隐喻的目标吗？毫无疑问，每当女人试图说出自己的一些事情时，她们只能通过创造闪耀夺目的隐喻才能做到这一点，这并非偶然。正如米歇尔·蒙特莱（Michèle Montrelay）所说，确实有一种想象是她命名为"女性"（féminin）的想象，也许我们应该说，这是一种（对）女性的想象（un imaginaire du féminin），它植根于（对）母性的想象（l'imaginaire du maternel），其目的是将实在本身带入能指。正是因为母亲是首个大他者——而孩子就是相对于这个大他者来理解象征界固有的缺口的；后者便是那作为超越的以及不可穿透之物的实在——所以女性身体（le corps féminin）对于每一个主体来说，无论是对男人还是女人，都是"异性"。

在这里，人们可能会对从母亲到女人的这种转变提出反对意见。事实上，如果我们像我所做的这样去谈婴儿主体与母亲的相遇，我们无疑必须明确指出，只有在认识到性差异的那一刻，母亲才能被归类为女人。此前，对于两性来说，阳具首先是被归于母亲的，而且，我们非常清楚地知道，对一个女人来说，母性（la maternité）在一定程度上可以起到这么一个作用：恢复她被剥夺的想象阳具。

因此，只有在认出性差异之后，也就是认识到母亲的阉割，与母亲的关系才能回溯性地被当作与女人的关系。这种区别无疑值得更准确的阐述，但必须强调的是，一旦我们提到母亲之谜，这种区别就隐含在其中了，因为母亲之谜只有通过欲望在言语中的换喻型在场才能显现出来。

与母性之物的关系，最初对男孩和女孩来说是相同的，而现在对他们来说是如何变得不同了呢？我不会在这里讨论这个问题的方方面面。我想谈的只有两点。

在我看来，首先，一个女人是通过她自己的身体和这另一个地点建立关系的，而不只是因为话语；其次，是她的伴侣把她放在那里的。说一个女人通过自己的身体与那个地点建立关系，并不是在随便召唤身体。拉康谴责了与女人有关的这种滥用，在分析运动中，她们"从无意识中召唤身体的声音（la voix du corps），更确切地说，身体并不是从无意识中发出声音的"。我们不要怀疑，但也不要忘记，就像呐喊使沉默被听到一样，身体的声音使来自身体——实在的身体——又并未传入声音的东西显现了出来。然而，正是"身体所享乐的实在"，对一个女人来说，来到了母性之物的晦暗地方。这不仅适用于性享乐，也适用于被添加到性享乐中的一切，特别是怀孕和分娩期间的。在这种情况下，正如我们所说，一个女人总是被实在所超过。（另外，被超过并不意味着会有任何悲伤。）没有解剖学知识（connaissance）能站得住脚，没有无痛分娩能消除不可估量的相遇中无法形容的东西。此外，这种相遇不限于女人。男人也可能会遇到，比如在疾病中，或者甚至在一场超越了竞争的运动表现中。但简而言之，由于女人能生育，因此她们比男人更难忽视这一实在。米歇尔·蒙特莱提出，在分娩中，一个女人与实在的母亲得以相遇；更准确的说法难道不应该是说，她遇到了她母亲所遇到的，即享乐的身体，这个难以描述的实在？在启示和困惑之间，这种难以描述的经历填补了物之谜，根据情况摇摆在"就是这样"与"是这样吗"之间。因此，癔症的乔装显现了其真理的一面：它通过一些诡计，把那个假相（le semblant）展现为一个假相，并由此指明了是什么超越了它，即所有话语的失败点。

第二个差异来自母亲与孩子的关系，这取决于孩子的性别：大家乐意说，母亲对女儿的享乐不同于对儿子的享乐。

孩子是母亲的"爱若之物"（chose érotique），这是弗洛伊德从一开始就准确指出的一点。但在这里，孩子是作为能指被提起的，被困在小小的可分离的对象这个"等式"中。这虽是母性情感最明显和最普遍的方面，但也只不过是强调了孩子在女人与阳具功能的关系中的地位。然而，我认为还有更多的东西，而且强调得还不够。在这里，能指再次被具身化，获得身体，与实在打结在一起，因此，最能融入能指经济学的孩子也把最能逃离能指经济学的东西呈现了出来，后者即不可通约的实在。他／她更能代表这个实在，因为他／她是一个只在最低程度上仍然被能指标记的存在，非常接近"器官之夜"（la nuit organique）①；而且，在哭泣和睡眠之间，孩子仍然被化约为身体的生命之谜。在这方面，对于一个母亲来说，在一段时间内，她可能②不断地遇到她作为一个女人特别关心的问题：在象

---

① 米歇尔·蒙特莱使用过的一种表达。
② 可能会这样，但并不必然是这样。这里要考虑到这种可能性的前提条件是什么。

征界之外，在一切知识的边界之外。在这种情况下，孩子，作为一小块实在（bout de réel），对母亲而言，象征化了 S（A̶）。正是在这个意义上，他/她参与了自己的分裂；对母亲而言，他/她是大他者，就像女人对所有主体而言是大他者一样。也许母亲也是从孩子作为大他者的地位中获取享乐的。

在这方面，男孩和女孩是不一样的。女孩那里存在一种倍增效应（un effet de redoublement）。就解剖学和能指将她置于女人这边而言，她为母亲外化了自己作为女人的他者性。最近的一些文本，一再地且非常正确地强调了在和母亲自恋式的斗争中没完没了的是什么，强调了一个人是如何陷入一场想象的（或实在的）抗争的，其带来的发狂效应显而易见。然而，如果女人不代表大他者——也许是我试图解释的原因——那么，镜像认同将不足以解释这一抗争，实际上，这种认同也发生在父子关系中。所以说，同样地，想象并非没有象征的支撑，实际上，恰好是受到了此种事实的支撑：大他者总是别的，因此关于大他者我们什么也说不出来，除了哈德维奇·德·安弗斯[①]说的关于上帝的那些话———切都不是他，因为他超越了语言所能传达的一切。

话语把代表这种极限的任务归于女人，对她们来说，在和他者的关系里，仍然存在我所说的，在女人之间的交流中的那个基本的"我们"：它是感情流露和共谋的"我们"，是母性私密话（la confidence maternelle）的"我们"，总是号召着丢掉一些阳具希望

---

① Hadewijch d'Anvers 是一位神秘主义者，可参考拉康，《再来一次》，第70页。——译者注

（espoir phallique），也就是说，让女儿远离她们私密的无声享乐，让母亲独自一人。但是，这也是被困在和母性人物的关系中这种处境的反面，它也是感情奔放的"我们"，是我们因为缺乏另一个词而用生命这个词所指的东西所承载的存在之信心的"我们"。换句话说，它带着诸多话语。在阿涅斯·瓦尔达（Agnès Varda）的电影《一个唱，一个不唱》（*L'une chante，l'autre pas*）中，也许正是这种信念，让刚刚堕胎的女人一起歌唱。

现在我来谈谈这个具体的效果，即"另一种享乐"（autre jouissance）的问题。首先，有另一种享乐吗？在什么条件下我们可以提出另一种享乐？

有一种享乐是阳具的、部分的，它导致了"这不是它/不是这个"（ça n'est pas ça）的抗议，并隐藏了一种幻景，即这可能就是它，也就是绝对的享乐（la jouissance absolue），我们可以把这种享乐归于原父，因为这种享乐没有遇到阉割。但是，另一种享乐——如果我们追随拉康的话——与绝对的享乐不同：

> "这不是它"（Ce n'est pas ça），这种呼喊已经将获得的享乐与一直期待的享乐区分开来［……］结构［……］已经标记了其间的差距，即假如这就是它，将会涉及的差距；这不仅假定了可能是它的这个，还支持了其中的另一个。

这就是拉康叠放在非全上的另一个。他说，我们可以看到，"'非全'的逻辑力量位于女性性所掩藏的享乐的隐蔽处"。

有充分证据表明，两性在身体层面的享乐是不同的，然而这并不意味着女人的享乐是另一种。如果我们被授权说它是另一种享乐，那它一定是由能指性的存在以不同的方式决定和产生的。这就是拉康提出的。事实上，他不仅说 S（Ⱥ）象征化了女性享乐的晦暗性，还补充说，由于这个事实，女人更能够与 S（Ⱥ）有关系了，更甚的是，她们从 S（Ⱥ）这里获得了享乐。

这是一个公设吗，即享乐只通过能指性的存在而产生，它总是与象征界打结在一起？从分析经验的角度来看，能指性的存在组织了享乐，这是肯定的，但这并不能证明它组织了全部的享乐。毕竟，也不能排除说——例如就动物而言——活着的身体之实在可以在没有能指的情况下自行享乐。这同样也不能证明，在那组织了享乐的呀呀语所在之处，享乐的所有差异都可以归因于它。例如，假设这些差异中的一些仅仅来自有性的活生生的存在之实在，我们就会明白，这些差异都没有被纳入知识，而且正如拉康所说的，女人对这些差异什么也说不出来。说女人的享乐是不同的，女人作为主体更能够与 S（Ⱥ）有关系，这种结论并不足以证明她们从中获取了享乐。

然而，拉康提出了这个想法，并在神秘主义者那里找到了支持。事实上，他们非常相信存在着"另一种享乐"，我们由此可以——不能确保一定可以——尝试解释清楚女性享乐。这些神秘主义者指出，有一种享乐是通过唤起言词 / 道（le Verbe）之外的东西，通过唤起一个并非圣父的上帝而产生的。圣父对阳具功能说不，并且具身化了这么一个悖论：产生言词，又不臣服于言词，也不被言词所捕获。另一方面，对神秘主义的上帝的认同将超越能指的任何差异化。在神秘主义者看来，在这种享乐中，在场和缺位同时浮现，享乐的身体的晦暗性将填补能指系统的裂缝。

这里可能与部分冲动中发生的事情具有同源性。对于后者，拉康在试图阐明能指与享乐的辖域时，强调了"能指对力比多投资的安排在主体中所创造的开口"和身体装置的拓扑统一性，因为身体上面有孔洞。因此，爱若区是由这两个开口的重叠来定义的，这两个开口被同一个对象所填补。在这里，我们可以提到一个类似但不同的重叠，它定义了一个区域的反面。这将是身体之夜，在那里，我们的感官知觉不再固着于一个边缘，而是超越了任何限域化（localisation），从而将形象或能指的支撑置于回路之外，我认为，这可能是作为不可定界之物的身体，重叠于大他者的开口上。因此，在不排除此种可能性——即差异可能位于有性的身体之实在中——的情况下，我们可以谈论 S（Ⱥ）的享乐，在这种享乐中，身体中不可定界的东西会来代表，来象征化主体的分裂本身。因此，我们有充分的理由可以说，另一种感官享受（l'autre volupté）超越了所有对象，它也是能指性的产物。

因此，我们可以设想，这种享乐可以在分析中被调动起来。但是，若要说它是女性的，那难道不应该说，分析很可能将分析者，而不仅仅是女人，女性化吗，因为非全的逻辑与能指性的存在有关？就男人而言，这不是指某种同性恋，至少不是施瑞博那种，他的目标是成为圣父的女人；而是要唤起与拉康所说的上帝的另一面（l'autre face de Dieu）的关系，即由女性享乐所支撑的那一面：因此，它不是在父之名那边，而是在父之名之缺位的一边。

那么，这个始终悬而未决的问题是什么呢：分析中有一种关于性差异的说吗？我把这个问题留给你们来回答。有某种说，说有些许大他者，孤独的或是分裂的大他者，还有相遇的大他者——因此有偶然性——关于这些大他者，还有待澄清是什么在每一种性别中规定了它们。如果对男人来说，这些相遇就像是和那些"被算进去"（se comptent）的女人的相遇，那么我们可以说女人也以同样的方式把自己算进去吗？

致 谢

感谢广州医科大学附属脑科医院、广州市心理卫生协会、法国EPFCL精神分析协会、法国巴黎圣安娜医院精神分析住院机构的鼎力支持，造就了如今朝气蓬勃的精神分析行知学派。

自2015年以来，弗朗索瓦丝·格罗格（Françoise Gorog）女士、让-雅克·格罗格（Jean-Jacques Gorog）先生、马蒂亚斯·格罗格（Mathias Gorog）先生、吕克·弗雪（Luc Faucher）先生等法国同事不远万里来到中国，萨拉·洛多维齐-斯鲁萨齐克（Sara Rodowicz-Ślusarczyk）女士、乔莫斯·维吉尔（Ciomos Virgil）先生、马内尔·雷博洛（Manel Rebollo）先生等欧洲同仁通过线上研讨会，持续地为我们提供理论教学和临床训练，感谢他们的辛勤付出。

感谢广州医科大学附属脑科医院的各位领导，尤其是临床心理科的主管院长何红波先生，临床心理科的彭红军先生、郭扬波先生、徐文军先生以及各位同事。他们既从政策上支持着精神分析行知学派的发展，又为我们提供了许多宝贵的建议。

最后，感谢精神分析行知学派的同事们、成员们。能和大家一起为拉康派精神分析并肩作战，不胜荣幸。可以说，没有大家的共同努力，就没有眼前的行知丛书。